大学生
心理健康

Daxuesheng Xinli Jiankang

主　　编　郑冬冬

副 主 编　张　超　袁玲巧　张　薇

参编人员　姬迎喜　康海轩

　　　　　胡春莲　贠　佳

重庆大学出版社

图书在版编目(CIP)数据

大学生心理健康/郑冬冬主编.—重庆:重庆大学出版社,2014.8(2019.8 重印)

ISBN 978-7-5624-8505-6

Ⅰ.①大… Ⅱ.①郑… Ⅲ.①大学生—心理健康—健康教育—高等学校—教材 Ⅳ.①B844.2

中国版本图书馆 CIP 数据核字(2014)第 183234 号

大学生心理健康

郑冬冬 主编

责任编辑:李桂英 版式设计:唐启秀

责任校对:邬小梅 责任印制:张 策

*

重庆大学出版社出版发行

出版人:饶帮华

社址:重庆市沙坪坝区大学城西路 21 号

邮编:401331

电话:(023)88617190 88617185(中小学)

传真:(023)88617186 88617166

网址:http://www.cqup.com.cn

邮箱:fxk@cqup.com.cn (营销中心)

全国新华书店经销

重庆市国丰印务有限责任公司印刷

*

开本:787mm×1092mm 1/16 印张:15.5 字数:330千

2014 年 8 月第 1 版 2019 年 8 月第 10 次印刷

ISBN 978-7-5624-8505-6 定价:38.00 元

目录

第一章　绪　论

健康的心理既是大学生学习的基本保证,又是健康成长、成才的基础。随着社会发展的加速,生活节奏的加快,竞争压力的加大,心理障碍者日益增多,并呈现出“高文化和高发病率”的倾向。大学生既是一个接受高等教育的特殊群体,又是一个心理问题易发、多发的特殊群体,因此,对大学生进行心理健康教育是非常必要的。本章重点从心理健康概述、大学生心理健康分析、大学生心理健康教育的目标和基本途经等方面进行阐述。

第一节　心理健康概述

大学生面临着学习、交友和求职等一系列重大的人生课题。随着现代社会的快速发展,社会竞争的日益激烈,大学生由于心理发展尚不成熟,情绪尚不稳定等因素,很容易产生心理烦恼和困惑,甚至出现心理障碍,这些都严重影响着大学生的身心发展和健康成长。本节重点从健康的观念、心理健康的内涵及标准、心理健康的意义等方面进行阐述。

一、健康的概念

健康是全社会都十分关注的问题,个体从诞生伊始便祈求健康。然而,对于什么是健康,人们一直有不同的看法,对于健康概念的认识也随着社会发展及人类自身认识的深化而不断丰富。

(一)健康的初始概念

20 世纪初,《简明不列颠百科全书》对健康下的定义为:“没有疾病和营养不良以及虚弱状态。”《辞海》(1989 年版)中也将健康定义为:“人体各器官系统发育良好,功能正常,体质健壮,精力充沛,并具有良好劳动效能的状态。通常用人体测量、体格检查和各种生理指标来衡量。”

(二)健康新概念

随着现代科技的飞速发展与社会文化的迅猛变革,健康概念的内涵和外延也发生了重大的变化,健康不再局限于无躯体疾病。1948 年,世界卫生组织(WHO)成立时,在宪章中把健康定义为:“健康乃是一种生理、心理和社会适应的完满状态,而不仅仅是没有疾病和虚弱的状态。”这是对健康较为全面、科学、完整和系统的定义。这种对健康的理解意味着:衡量一个人是否健康,必须从生理、心理、社会和行为等各方面因素分析,不仅看其有没有器质性或功能性异常，还要看其有没有主观不适感，有没有社会公认的不健康行为。

为加深人们对健康的认识，世界卫生组织还规定了健康的 10 条标准：

1）精力充沛，能够从容地应付日常生活和工作压力，不会感到过分紧张。

2）社会生活的态度积极，对于大事小事，不过分挑剔。

3）善于休息，睡眠良好。

4）能够适应外部环境的变化。

5）能够抵抗一般性的感冒和传染病。

6）体重得当，身体匀称。

7）反应敏锐，眼睛明亮，眼睑不发炎。

8）牙齿清洁，无空洞，无痛感，无出血现象，齿龈颜色正常。

9）头发有光泽，无头屑。

10）肌肉和皮肤富有弹性，走路轻松。

由这 10 条标准可以看出，健康包括身体和心理两方面，二者相互影响，相辅相成，缺一不可。当生理产生疾病时，其心理也必然受到影响，会出现情绪低落、烦躁不安、容易发怒等情况，从而导致心理不适；当心理出现障碍时，也会导致生理疾病。

（三）亚健康概念

20 世纪 80 年代初，世界卫生组织提出了一个崭新的概念——“亚健康”，即一种介于健康与疾病之间的“第三状态”，又称为“次健康”“疾病前状态”“灰色状态”“潜临床状态”、“半健康人”等。它具有以下特征：生理、心理和躯体均存在活力减低，适应能力呈不同程度减退的现象，即有自觉症状，但在做全面的理化检查时又未能发现异常或处于临床状态，没有出现功能性或器质性病变。来自世界卫生组织的报告表明，全世界真正健康的人只有 15%，75%的人则处于亚健康状态。因此，1981 年世界卫生组织在对健康人群进行大量调查后，对健康的概念作了如下的阐述：“健康就是精力旺盛地、敏捷地、不感觉过分疲劳地从事日常活动，保持乐观、蓬勃向上及有应激能力。”

二、心理健康的内涵及标准

心理健康这一概念是由国外引入的，对于今天的人们来说，它已不再是一个陌生的词汇，而是已经进入普通百姓的日常生活，成为越来越多人关注的话题和追求的目标。

（一）心理健康的内涵

一个人事业上的成功，只有 15%的因素是由于他们的学识和专业技术，而 85%是靠良好的心理素质和善于处理人际关系。重视心理健康已成为当今世界的一种潮流。什么是心理健康？一个人的心理达到什么样的标准才算是健康的？这是两个复杂的问题，对此，不同学者有不同的论述。

1946 年第三届国际心理卫生大会认为：“心理健康是指在身体、智能以及情感上与他人心理健康不相矛盾的范围内，将个人心境发展到最佳状态。”精神医学者认为：“心理健康是指人们对于环境及相互间具有高效率及快乐的适应情况，不只是要有效率，也不只是要有满足感,或是能愉快地接受生活的规范,而是需要三者兼备,心理健康的人应能保持平静的情绪、敏锐的智能、适应于社会环境的行为和愉快的气质。”

心理学家英格里斯给心理健康的定义是:“心理健康是指一种持续的心理情况,当事者在那种情况下能进行良好的适应,具有生命力,并能充分发展其身心的潜能。这乃是一种积极的丰富的情况,而不仅仅是免于心理疾病。”

心理卫生学者阿可夫认为心理健康是指人具备“有价值心质”,即:①有幸福感。②和谐(指在情绪平衡,以及欲望与环境之间协调)。③自尊感(包含自我了解、自我认同、自我接纳与自我评价)。④个人成长(潜能充分发展)。⑤个人成熟(个人发展达到该年龄应有的行为)。⑥个人统整性(能有效发挥其理智判断力及意识控制力,积极主动,能应变)。⑦保持与环境的良好接触。⑧在环境中自我独立(独立自主,自由而自律)。⑨有效适应环境。

综合上述,心理健康是指生活在一定社会环境中的个体,具有一种持续良好的心境,其认识活动、情绪反应、意志行动处于积极状态,而且具有适当的调控能力,并能充分发挥其身心的潜能。

(二)心理健康的标准

人的心理怎样才算健康?以什么作为心理健康的标志?这是一个非常复杂的问题,我们都知道,衡量生理健康有一系列客观的标准,如血压、心率、体温、营养情况、身高与体重的比率,甚至还有视力和听力等。心理健康的标准并不像生理健康那样具体、明确和容易把握,目前,国内外不少的专家学者对此都有过研究和论述。

1.中国古代心理健康的标准 中国古人所讲的“君子”“仁人”“贤人”“至人”“圣人”等,就是具有健康人格的心理健康的人。具体来说可分为五种:①具有良好的人际关系。孟子曰:“老吾老以及人之老,幼吾幼以及人之幼。”②适当约束自己的言行。孔子曰:“非礼勿视,非礼勿听,非礼勿言,非礼勿动。”③保持情绪的平衡与道德。古人云:“怒伤肝,喜伤心,思伤脾,恐伤肾。”④抱有积极的生活态度。像孔子那样“学而不厌,诲人不倦”“其为人也,发愤忘食,乐以忘忧,不知老之将至”。⑤完善的自我发展目标。古人讲:“君子要有四心,即恻隐之心,羞恶之心,恭敬之心,是非之心。”孟子曰:“天将降大任于斯人也,必先苦其心志,劳其筋骨,饿其体肤,空乏其身,行拂乱其所为,所以动心忍性,曾益其所不能。”

2.国际心理卫生大会心理健康的标准 1946年第三届国际心理卫生大会明确心理健康的标准是:①身体、智力、情绪十分协调。②适应环境,人际关系中彼此能谦让。③有幸福感。④在工作和职业中,能充分发挥自己的能力,过有效率的生活。

3.美国心理学家提出的标准 ①有足够的自我安全感。②能充分地了解自我,并能对自己的能力作出适度的评价。③生活理想切合实际。④不脱离周围现实环境。⑤能保持人格的完整与和谐。⑥善于从经验中学习。⑦能保持良好的人际关系。⑧能适度地发泄情绪和控制情绪。⑨在符合集体要求的前提下,能有限度地发挥个性。⑩在不违背社会规范的前提下,能恰当地满足个人的基本要求。

4.多数人所认可的心理健康标准 ①充分的安全感。②充分了解自我。③生活目标切合实际。④善于与人相处。⑤情绪波幅不大,心境良好。⑥能有效地适应和改造现实环境。⑦保持健全的人格和优良的品质。⑧智力正常。⑨在不违背社会道德规范的前提下,个人的基本需要得到一定程度的满足。⑩心理行为符合正常要求。

上述标准可供参考,但多数人未必全能做到,这是很正常的。耶鲁大学前牧师威廉·斯隆·柯弗同曾明确指出:“我也有毛病,你也有毛病,这就对了。”因为完美的东西在世界上是不存在的,并且优秀的东西也不易求得。同样,完美的心理健康是不可能的,而且不切实际,违背了人类本性。我们只要能意识到自身的缺陷,并且在不懈地向优秀接近,我们就是很健康的了。

(三)进行心理健康判断时的注意事项

(1)一个心理健康的人并不意味着完全没有不健康的心理和行为。判断一个人的心理健康状况,不能简单地根据一时一事下结论。心理健康是较长一段时间内持续的心理状态,一个人偶尔出现一些不健康的心理和行为,并非意味着这个人心理一定不健康。不健康的心理和行为要持续多久才是心理不健康(或心理变态),这要视具体情况而定。

(2)心理健康是一个相对概念。心理健康所描述的只是一定时期一定社会环境下人们的心理表现状态或发展水平,并没有绝对的标准。而且,人们对心理健康的认识也是与时俱进、因地而异的。不同的时期,不同的社会环境应有不同的心理健康标准。心理健康者的整体人格协调,积极乐观,但也不是没有情绪低落的时候,其个别方面也可以有不适应,人格方面也会有一些弱点。同样,对一个所谓的心理障碍患者而言,他往往也只是人格的某一方面(如社交、情绪等)不适乃至偏离正常,所以仍有某些积极的人格特征,或者说在其他方面还可能表现得“很健康”,比如一个社交困难的学生其学习成绩可能很优秀。

(3)心理健康状态是动态的,始终处于不断变化之中。根据心理健康的状态、水平不同,可以将其分为健康、亚健康、心理障碍、精神疾病等不同的状态。每个人的心理在一定时期必然处于其中的一种状态,并且可以在这些状态之间转换。也就是说,一个心理健康的人遭受连续挫折、生活不顺利时,如果不注意心理调适,就可能情绪低落、精神萎靡,以致过渡到亚健康状态,甚至产生心理障碍。同样,一个有心理障碍的人也可以通过心理咨询和心理治疗,恢复到心理健康状态。我们所作的每一次判断都只能反映某一段时间内的心理健康状态,既不代表过去,也不代表将来,但与过去和将来都有一定的联系。所以应用发展的眼光判断心理健康状况。

(4)心理健康是一种生活体验、人生态度。快乐与忧愁、幸福与痛苦并不取决于外部环境,关键在于自己如何看待、如何感受。现实是客观的,但反映它的人的心理却是主观的。事物都有两面性,不利条件、挫折虽然给我们目标的实现增加了一些困难,但可以磨炼意志,更具有挑战性,能使我们体会到更大的追求乐趣并积累精神财富。唾手可得的成功和荣誉很可能会使一个人飘飘然而迷失自我,掩盖了自己的缺陷,为以后的发展埋下隐患。因此,无论顺境与逆境、成就大小、地位高低、富裕贫穷,都不应该成为我们心理健康的障碍。人人都可以选择快乐。

(5)正确理解心理平衡与适应。不少人认为“知足者常乐”“与世无争”等所谓的“心理平衡”是心理健康的标志。这种心态只是一种心理平衡状态,要么是对更美好生活缺乏追求的自信,要么是对现实矛盾的逃避,并非是真正意义的心理健康。同社会的不断发展一样,人的心理也处于动态变化之中,在“追求平衡——打破平衡——追求新的平衡”过程中不断发展。心理健康并不是平衡与适应状态,而是两极的中间位置。如果仅停留于平衡、满足的状态,就会失去前进的动力,心理就不能发展,只能停留在一个“健康”水平上。通常人们把适应理解成对周围环境的顺从,把平衡理解为内心无冲突。如果说“平衡”就是健康,那么一个满足现状、没有追求、不思进取的人,内心就很平衡,因为他不会有挫折感,也没有冲突。如果说“适应”就是健康,那么现在社会上有的人左右逢源,上下讨好,这种“健康”显然也不是我们所需要的。

(四)心理亚健康

1.**心理亚健康的含义** 健康心理学根据心理测验统计结果、症状分析、个人内心体验来评价人的心理健康水平,用健康与不健康来表达人的心理健康状态。事实上,在健康与不健康之间有一个很大的空间,既非健康又非疾病,“没有心理障碍与疾病,但又感觉心理不健康”,这就是心理亚健康,也称第三心理状态。

2.**心理亚健康的特点** 处于心理亚健康状态的人,虽然各项体检指标均为正常,也无法证明有某种器质性疾病,但与心理健康的人比却又显得生活质量差、工作效率低、极易疲劳,常有食欲不振、睡眠不佳、腰酸腿痛、疲劳乏力等不适表现。从心理健康的角度来看,处于心理亚健康状态的人,虽然没有明显的精神疾病和心理障碍,但又有情绪低落、反应迟缓、失眠多梦、白天困倦、注意力不集中、记忆力减退、烦躁、焦虑等不良表现。

现代人陷入心理亚健康状态有七大信号:①焦虑感——烦恼不堪,焦躁不安,生机的外表下充满无助。②罪恶感——自我冲突,有一种无能、无用感。③疲倦感——精疲力竭、颓废不振、厌倦、无聊。④烦乱感——感觉失序、一团糟。⑤无聊感——空虚,不知该做什么,不满足但不思动。⑥无助感——孤独无援,人际关系如履薄冰。⑦无用感——缺乏自信,觉得自己毫无价值,自卑内疚。

3.**心理亚健康的自我调适** 心理亚健康是一种比较痛苦而又无奈的心理状态,它正在成为现代社会的隐形杀手。正如联合国专家预言的那样:“从现在到21世纪中叶,没有任何一种灾难能像心理危机那样带给人们持续而深刻的痛苦。”

我国台湾心理学家吴静吉为现代人维护心理健康,走出心理亚健康状态开出了12条良方:①重视快乐的价值。②诚实待己,怡然自处。③不庸人自扰,拒绝杞人忧天。④抒发压抑感受,清理消极问题。⑤发展积极乐观的思考模式。⑥掌握此时此刻的时空。⑦确定生活目标有组织、有计划。⑧降低期望水平,放缓冲刺脚步。⑨追求人生理想,建立亲密关系。⑩追求有意义的工作,在工作中发挥创意。⑪尊重自己,亲近别人。⑫积极主动,分秒必争。

心理亚健康已成为现代社会十分突出的问题,它严重地影响着人们的生活质量,将人的精力引向非建设性的渠道,降低人际吸引,毁坏人的自我感受,降低人的自我满足感,束缚人的创造力。因此,只有帮助个体正确认知心理亚健康,掌握有效的调适方法,才能摆脱心理亚健康状态,形成健康的心理。

三、心理健康的意义

(一)心理健康是时代发展的要求

当代大学生面临着新世纪的挑战。世界范围内国家的竞争既是综合国力的竞争,又是科学技术的竞争,但归根到底是人才的竞争。科技的发展,经济的振兴,乃至整个社会的进步都取决于人才素质的提高和合格人才的培养。良好的心理素质是时代发展的需要,是社会全面发展对培养高素质创新人才的必然要求。培养大学生良好的个性品质,拥有开放、自信、进取、合作精神,使个体的心理素质、文化素质、专业素质和身体素质协调发展,是现代社会对人才的要求,也是大学生必备的心理素质。

(二)心理健康是大学生健康成长、完成学业的保证

心理健康对生理健康有很大的影响。健康的心理、良好的情绪,有利于人的身体健康。如果一个人情绪稳定、乐观开朗、心情舒畅,就会使其免疫系统功能增强,保持身体健康。

情绪健康、性格良好、意志坚强的学生能够正确对待学习上的压力,发挥学习主动性,采取科学的方法,克服学习上的困难,努力完成学习任务。研究表明,心情处于愉悦状态,有利于大脑皮层形成优势兴奋中心,使得学习效率提高。

(三)心理健康是大学生培养健全人格的基础

人格是不断发展完善的,在发展完善的过程中必然有心理活动的参与,也会受到各种因素的影响。在这个过程中能否保持心理各方面的健康发展,抵制不良影响,对于培养健全人格有重要意义。心理健康是人们进行工作、学习、生活最基本的心理条件。有了健康的心理,大学生才能保持积极乐观的态度,使思想和行为协调一致,使意志坚强,自我意识完善,保持融洽的人际关系,积极主动地适应环境。总之,大学生如能拥有健康的心理,就会慢慢养成稳定的、相对健全的人格,同时,健全的人格也是心理健康的内容之一,只有心理各方面的健康发展,才能为健全人格打下坚实的基础。而一个人的人格是否健全,直接影响到他对外部世界的认识与体验,影响到他对当前生活与处境的适应以及对未来前途与命运的把握。

(四)心理健康是大学生成才、智力发展的必备条件

心理健康对大学生成才有着重要的影响,健康的心理是大学生正常学习、交往、生活、发展的基本保证。在学习过程中,如果一个大学生朝气蓬勃、心情愉快,就会调动其智力活动的积极性,易在大脑皮层形成优势兴奋中心,进而促进智力的发展。反之,若是在烦恼、焦躁、担心、忧虑、惧怕等情绪状态下学习,就会压抑智力活动的积极性和主动性,使其感知、记忆、思维、想象等认知机能受到压抑和阻碍。

第二节 大学生心理健康分析

面对社会竞争的压力，许多大学生感到不知所措，产生了心理上的不适应。面对学习、生活、人际交往、自我意识和就业等问题，不少大学生苦闷、孤独、焦虑、冷漠甚至精神崩溃，由此可见，大学生的心理健康状况不容乐观。

一、大学生心理健康现状

（一）多数大学生的心理比较健康

当代大学生作为青年中文化层次最高的社会群体，被认为是风华正茂的一族，根据全国各地大学生心理健康状况的测评，多数大学生的心理都比较健康。他们具有较高的智力水平，有强烈的求知欲；有较稳定的情绪，乐观自信，有年轻人的朝气和活力，对未来满怀憧憬；有较健全的意志，不怕困难，果断、顽强，有自制力；人格基本完整统一，敢于竞争，努力向上积极进取；有较完善的自我意识，能较好地认识自己，悦纳自己；有较好的人际关系，对社会现实有比较客观的认识。

（二）大学生是心理障碍的高发群体

心理障碍是所有心理与行为失常的总称。大学生作为具有较高智力水平、较高文化程度和较高自尊心理的群体，通常有着不同于一般青年的更高抱负和追求，面临着更多的机遇和挑战，因而要承受更大的心理压力与冲突。近几年来，国内许多大学应用《SCL—90症状自评量表》对大学生的心理障碍进行测查，发现该量表所测的10项因子中，除躯体化一项外，其他各项因子皆显著高于国内成年人。这些测查结果都表明，大学生是心理障碍的高发群体，大学生心理健康的总体水平低于同年龄青年和正常成年人。

（三）大学生心理问题分布具有一定的特点

调查发现，大学生日常所遇到的心理问题在性别、年级、城乡等方面均呈现出一定的分布规律，这与他们的心理特点、生活方式及所遇问题的性质等因素密切相关。

不同年级的大学生出现的问题不同。大一主要是新生适应不良问题，如人际关系、生活方式、学习方法等的不适应；到了大二，各种问题开始暴露，住在同一宿舍，有的同学长期不打开水，只管享用别人的劳动成果，有的同学经常用别人的牙膏不打招呼等，这些日常琐事引发的矛盾也随之而来；大三的突出问题是恋爱情感问题、求职择业问题等。其中，大二学生心理问题发生率在大学各年级中最高。

从性别看，男生的问题比较分散，表现为人际交往、恋爱、自我发展、能力培养、个性塑造、自我评价等，各项比例均较低；而女生多集中在人际交往问题、恋爱和情感问题上，此外，情绪问题（尤其是自卑问题）、学习问题等也占有一定比例。

从城乡生源看，城市学生涉及的心理问题较广泛，但比例均较低，如人际交往、个性塑造、能力培养、事业发展、情感问题等；而农村学生的问题则多集中在人际交往、自卑情绪和环境适应上。

二、大学生的心理特点

（一）智力发育成熟，精力充沛

大学生这个年龄段，由于知识的丰富、经验的积累，他们不再满足于现象的罗列而开始主动地探究事物的本质和规律。他们一方面独立思考，理论思维的能力迅速发展；另一方面又容易主观片面，脱离客观实际。经历了紧张充实的高考生活后，到大学则放松了学习，导致生活无目标，有时表现为无所事事或胡乱发泄精力。

（二）自我意识增强

随着年龄的增长，社会经验的增多，大学生有了更多独立的思想和主见，对自我的认识能力也逐步增强。但有时在不能满足自己的需要时，则会表现得沮丧或对自己缺乏信心。

（三）情绪丰富但不稳定

随着大学生活各方面需要的日益增多，大学生的情感日益丰富且强烈。他们一方面对学习、工作、师长、同学、友谊、爱情以及周围事物充满积极情感，另一方面又容易走向极端，出现各种不良或消极情感。任何事物都容易激发其产生不同的情绪，自我控制情绪的能力不够，因而某些时候会因一点小事大动肝火。

（四）独立性增强

大学时期，由于脱离父母监护，生活空间扩大，大学生独立感、成人感增强。大学生迫切希望享受这样的独立生活，但又缺乏必要的自理能力反而不能适应。

（五）容易接受新的事物

大学生对校园和社会中出现的新事物、新观点、新理论表现出浓厚兴趣，容易受其影响。他们一方面喜欢求新求异求变，另一方面又容易真伪不辨，是非不清，产生偏激行为。

（六）渴望与他人交往，特别是与异性交往的愿望更为强烈

大学校园里青春洋溢，每个人都希望认识更多的朋友，但由于身体发育成熟，性意识迅速发展，越来越多的大学生希望在大学里认识异性朋友。

（七）意志的目的性和持久性突出

意志是人自觉地确定目的，并支配行动去克服困难以实现预定目的的心理过程。它直接制约人的成功、成才。大学生在学习上有明确的学习目的和动机，确立了富有社会意义的个人理想。为完成学习任务，实现自己的目标，能长期勤奋努力，克服困难，具有顽强的毅力。

三、大学生常见的心理问题

在大学生的心理发展过程中，自身的年龄及心理特点与现实生活发生了一系列冲突，如果能通过努力和他人帮助处理好这些矛盾，就能促进其心理健康发展；反之，如不能很好地调节，则可能诱发一系列心理问题。大学生中最常见的心理问题来自于学业压力、人

际交往、恋爱、就业等方面。

(一)生活适应问题

这一问题在刚入大学的新生中比较常见。新生来到大学后,吃、穿、住、行等方面都要自主独立进行,在自我认知、同学交往、自然环境等方面都需要调整适应。由于目前大学生的自理能力、适应能力普遍较弱,所以在大学生中生活适应问题广泛存在。如有的同学自理能力较差,抱怨打水太远、吃饭太挤、洗衣太累;有的学生连从事与自身有关的简单劳动,如洗衣服都不会;有的学生不习惯住校,觉得在寝室很别扭,特别是就寝时吵闹,不按时熄灯,感到睡眠严重不够,流露出对家乡、对亲人的思念与依恋之情,有一种难以消解的苦闷和忧愁。

(二)学习问题

高等教育大众化时代的到来,使上大学不再是“千军万马过独木桥”,但每一个走入大学校园的学生们都依然有过“挑灯夜读”的经历。进入大学后,不少学生会突然觉得学习压力没有以前那么大了,再没有人要求自己必须学习,从而放松了学习,降低了学习动机,等到学期结束或是毕业前夕,才发现已经有了严重的学习问题;还有一些同学缺少自主学习的能力,不适应大学里的学习方法,进而感到学习吃力、学习压力大。

(三)人际交往问题

进入大学不仅意味着来到了一个新的学习生活环境,也意味着进入了一种新的人际关系之中。面对来自五湖四海、不同口音、不同生活习惯的同学,如何建立和谐良好的人际关系就成了不少大学生所面临的难题。许多大学生对人际交往抱有比较理想化的期待,对他人要求过高,一旦他人没有实现,就会产生消极情绪或造成对人际交往的不满。还有一些学生,由于自身的缺陷或不足,产生强烈的自卑或自负情绪,不敢或不愿意与他人进行交往。

(四)独立和依赖的冲突问题

进入大学后,大学生的成人意识逐渐增强,渴望独立和自由,强烈要求社会和他人承认其成人资格。但由于他们生活经验不足,无法完全靠自己的能力去处理一些生活中的复杂问题,特别是他们在经济上不独立,不得不依靠父母和学校。所以,在大学生身上,一方面有强烈的独立意识,另一方面却又不得不依赖他人;既想摆脱父母师长这根“手杖”,但真的脱离又自感不行。西方心理学家把这种情况称作“为冲破父母的襁褓而战斗”。

(五)理想和现实的冲突问题

大学生步入大学后在脑海里都会设计美好的未来,然而现实中的种种客观因素会影响到理想的实现,这一矛盾严重影响大学生的心理状态。大部分学生试图努力重建被现实排斥的自我,重新树立人生目标,也有部分大学生企图逃避与现实的冲突而变得消极颓废、悲观失望、心理失衡、看不清前进的方向、目标模糊、成就意识淡薄,甚至破罐子破摔。

(六)情感情绪困扰问题

学习负担重,社会竞争激烈,心理压力大,人际交往等问题常使大学生的情绪处于紧张状态。大学生这一年龄段的人群又有其特殊的心理特征和情绪表现,因此,在生活中必然会有一些情绪困扰他们的心理，这使得他们容易大喜大悲，情绪很不稳定，这些都直接影响着大学生心理的健康发展。

（七）网络依赖问题

有研究发现，60%的大学生网络活动正常，主要集中在发邮件、学习、查资料方面。但也有不少大学生对网络产生严重依赖，一天上网六七个小时或更长时间，通宵达旦，夜不归宿，主要是玩游戏、聊天等，这必然影响其身心健康，减少对学习的投入和与同学的交往，不利于健康成长。

（八）情感恋爱问题

人到了青春期，生理发育成熟，性意识萌动，会渴望与异性交往。大学生活的特殊性更是将这种渴望转变成了现实。不少学生在大学阶段都有恋爱行为，但由于与异性交往的经验不足以及对爱情的理想化，则可能造成与异性感情沟通、交流的障碍，让不少学生产生心理问题。

（九）经济方面的心理问题

随着教育成本的提高、学费的增加，不少学生在校时常为学费、生活费发愁。高额的学费和生活费增加了他们的心理压力，再加上学生中存在盲目攀比的不良现象，使部分学生忘记了肩上的重任，忘记了父母的艰辛和期望，经受不住物质上的诱惑，因为爱慕虚荣作出了失范行为，甚至走上犯罪的道路。

（十）求职择业方面的心理问题

在大学的最后一学年，大学生最大的心理压力之一是求职择业。大学生在求职择业的过程中，对选择什么样的职业，如何寻找工作，要不要进行职业转换等，常会产生心理困扰。有的脱离社会发展需要盲目择业，有的过高地评价自己，造成就业困难。面对激烈的就业竞争，许多学生困惑不已甚至一筹莫展，长期的内心矛盾逐渐演变为心理障碍，如焦虑、抑郁等。

四、大学生心理健康的标准

（一）智力正常

智力正常是人一切活动最基本的心理条件，也是衡量一个人心理是否健康的首要标准。而大学生一般智力都比较优秀，主要是看他们的智力能否正常发挥。学习是大学生活的主要内容，心理健康的学生珍惜学习机会，求知欲望强烈，能克服学习中的困难，学习成绩稳定，能保持一定的学习效率，从学习中体验满足与快乐。

（二）保持正确的自我意识

自我意识是人格的核心，指人对自己以及自己与周围世界关系的认识和体验。正确的自我意识是指大学生对自己的各方面都能全面客观地进行分析，既不妄自尊大地做力所不能及的工作，也不妄自菲薄地放弃可能发展的一切机会。自信乐观，生活目标与理想切合实际，不苛求自己，能扬长避短。总的来讲，也就是能实现自尊、自爱、自信和自强。

（三）协调、控制情绪

情绪影响人的健康，影响人的工作效率，影响人际关系。心理健康的学生能经常保持愉快、开朗、乐观、满足的心境，对生活和未来充满希望。虽然也有悲、忧、哀、愁等消极体验，但能主动调节，能在适当的时候通过合理的方式宣泄自己的消极情绪，做到"当喜则喜，当怒则怒"。

（四）保持和谐的人际关系

人际关系状况最能体现和反映人的心理健康状况。心理健康的学生乐于与他人交往，能用尊重、信任、友爱、宽容、理解的态度与人相处，能分享、接受和给予爱和友谊，与集体保持协调的关系，能与他人同心协力，合作共事，乐于助人。既有较为广泛的人际关系，又有知心的朋友。

（五）保持完整、统一的人格品质

人格指人的整体精神面貌。大学生人格完整的主要指标是人格构成要素的气质、能力、性格、理想、信念、人生观等各方面平衡发展。完整、统一的人格指一个人的所思所想与其所说所做能完全一致，以积极进取的人生观做人格的核心，并以此为中心把自己的需要、愿望、目标和行为统一起来。

（六）社会适应能力强

心理健康的大学生能正确认识社会现实，在环境改变时能面对现实，对环境作出客观的认识和评价，使个人行为符合新环境的要求；能和社会保持良好的接触，对社会现状有清晰的认识；能及时修正自己的需要和愿望，使自己的思想、行为与社会协调一致。

（七）心理行为符合年龄特征

在人的一生中，每一年龄阶段的心理发展都表现出相应的特征，称为心理年龄特征。一个人心理行为的发展，总是随着年龄的增长而发展变化。心理健康的人，他们的认识、情感、言行、举止都符合他们所处的年龄特征。心理健康的大学生应该是精力充沛、勤学好问、反应敏捷，喜欢探索的。如果一个人过于"老气横秋"或"天真烂漫"，严重偏离其年龄应有的表现，都是心理不健康的表现。

五、影响大学生心理健康的主要因素

心理科学和医学研究表明，导致心理疾病的因素十分复杂，是生理、心理、社会诸因素共同作用于个体的结果。大学生心理障碍与心理疾病的产生是大学生所处的特殊年龄阶段与特殊学习环境以及社会诸因素相互作用的结果。

（一）生理因素对心理健康的影响

1.大脑的器质性病变 根据临床观察和专家的研究分析，脑器质性病变，如脑肿瘤、脑萎缩、脑炎、脑血管疾病、脑外伤等，会直接导致各种心理异常表现，出现意识障碍、智力障碍、严重遗忘症和人格异常等。

2.遗传因素 大量研究表明，在精神疾病中，尤其是在精神分裂症、躁狂抑郁症等的发病因素中，遗传因素占有重要地位。

3.神经系统的先天素质不健全 专家认为，神经系统的先天素质不健全，如大脑皮层和皮层下神经组织之间的相互协调作用有某种障碍，大脑皮层的兴奋和抑制过程的协调作用有某种障碍等，会导致病态人格等心理异常；神经类型属弱型的人更容易受到不良因素的影响而引发不健康的心理行为。

4.躯体疾病 慢性病人由于长期受病痛的折磨，心情忧郁，承受力下降，痛苦失望，悲观厌世，如果治疗效果不理想，就会想到一切不如意、不公平，产生愤怒与暴躁情绪以及内疚和恼恨感。危重病人如果对恢复健康缺乏信心，就会持悲观消极态度，情绪紧张、恐惧绝望，有时还会躁动不安、狂呼乱叫、仓皇失措；当患者得知自己的病情无挽救希望时，便害怕自己会突然死去，心情一落千丈，情绪变得异常激动、暴怒。

（二）社会因素对心理健康的影响

对大学生心理健康而言，社会因素比生理因素更为重要。这里的社会因素主要是指社会、学校、家庭等因素。

1.社会环境 社会的竞争越来越激烈，生活节奏越来越快，使人们的心理压力不断增大。当今时代的特点可以用一个"快"字来概括。科技发展快、观念更新快、关系变动快、信息增加快、生活节奏快、环境变化快，在这个几乎无所不在的"快"字的笼罩下，人们正承受着越来越大的心理压力。

随着改革开放的不断深入，西方文化大量涌入，东西方文化发生着前所未有的碰撞与冲突。东方重义，西方重利；东方尚礼，西方尚法；东方重和谐，西方重竞争；东方讲群体利益，西方重个人利益等。面对不同的文化背景和多种价值选择，大学生常常会感到茫然、疑虑、混乱。如对个人利益与个人主义、个性发展与个性放纵、自我意识与自我中心、享受与享乐等没有明确的认识。求新求异心理使青年盲目追求西方文化，而这些文化与中国现实社会又有很大差异，使青年学生陷入空虚、混乱、压抑、紧张的状态，在人生道路的选择上处于两难或多难的境地。长时间的心理冲突必然导致心理上出现适应不良的种种反应。

随着科学技术的发展，大众传媒手段越来越丰富。随着电视机的普及、广播电视节目播放时间的延长、报纸杂志的增多、信息高速公路的建设以及互联网的普遍应用，大众传播媒介对人们的心理健康影响越来越大。大学生一般求知欲强但辨别力弱，崇尚科学但欠缺辩证思维，当前一些格调低下的作品、书籍、报刊的泛滥，对青年学生的思想及行为带来了消极的影响。

2.学校生活中的消极因素 大学生活中的某些因素对大学生心理健康的影响直接而深刻。学校生活对大学生心理健康不利的因素主要表现在以下几个方面：

一是部分大学生不适应大学生活。从中学到大学，环境变化很大，无论是学习还是生活，乃至人际关系，都需要重新适应。如学习方面，中学老师讲很多，而大学要培养自学能力；生活方面，中学时父母照顾多，而大学要培养自理能力；从心理适应讲，中学的学习尖子周围充满着赞扬声，优越感强，但到了大学，人才荟萃，自己原有的优势不明显，学习上遇到一点挫折就会产生消极的自我评价而使情绪低落。

二是部分大学生专业选择不当。大学生选择专业时具有一定盲目性，因对大学专业设置不太了解，所以每年都有一些学生由于种种原因对所学专业不满意，认为不符合个人的兴趣和爱好，从而产生调换专业的要求。一旦解决不了，就闹情绪，表现出对学习无兴趣，消极悲观，随意缺课等。

三是学习生活的紧张。许多同学常常为学习成绩担心、不安，时时感到学习的压力。这种紧张和压力一方面来自繁重的学习任务，另一方面来自同学之间的竞争等。如果这种压力超过一定限度，就会成为一种心理负担。

四是业余生活的单调。当代大学生活仍然可以用“三点一线”来概括，学生的生活环境主要是课堂、食堂、宿舍，大学生称之为“一只书包，两只碗，教室、宿舍、图书馆”。他们的生活相对比较单调，缺乏足够的娱乐场所。而青年人处在长知识、长身体的阶段，好奇心强，精力充沛，对业余生活的多样化要求迫切，但因常常不能满足而缺乏生活的乐趣，感到枯燥无味。

五是人际关系的复杂。处于这一时期的大学生本来就有一种闭锁性的心理特征，但同时也渴望与人的交流和沟通。然而，不少人缺乏与人交往应有的勇气和方法，加之个性等原因，从而影响到他们与同学的相处。我国心理学家丁瓒教授曾指出：“人类的心理适应最主要的就是对人际关系的适应，所以人类的心理病态主要是由于人际关系的失调而来。”

六是个别教师心理不健康。教师的心理状况会对学生心理产生潜移默化的影响，如果教师的人格有某种缺陷，喜怒无常或偏执焦躁，很容易使学生产生情绪困扰，不仅影响学生专业知识的学习，同时也对其心理健康产生影响。

3.家庭因素 心理学研究证明，幼儿期的家庭感受将影响到人的一生，具有不可估量的影响力。假如，家庭环境不良，或者父母婚姻异常，将严重阻碍孩子身心的健康发展，孩子容易出现心理扭曲、人格问题或者人际关系不良等心理障碍。如父母婚姻失败，会造成孩子的自卑、封闭和屈辱感；父母感情失和、争吵，会使孩子焦虑不安，丧失安全感，或产生严重的怨恨心理，向社会发泄。单亲家庭的孩子会出现心理异常，影响到成年后的恋爱和婚姻等。

父母对子女的教育方法如果不当，也会出现不健康心理。如过分严厉，期望值过高，会使孩子感到有压力，自卑、胆怯，出现潜意识的抗拒情绪；如过分宠爱，会使孩子任性、依赖，不适应社会，不负责任；又如父母态度冷漠，缺乏爱心，则造成孩子冷酷、抗拒或者暴力倾向。

大学阶段家庭影响虽然有所减弱，但由于仍然存在血缘上的关系，经济上的联系，感情上的维系，家庭的风风雨雨都会牵动大学生的心绪。特别是家庭经济困难，更容易给一部分大学生带来沉重的心理压力。

（三）个体因素对心理健康的影响

大学生的个体心理因素是影响和制约大学生心理健康的主要内因。一般来说有以下几点：

1.情绪的不稳定 情绪是大学生心理健康的晴雨表,大学生的情绪处在最强烈而又最动荡的时期。他们的情绪富有冲动性,起伏大,左右不定,从而缺乏对事物的客观判断,强烈的情感需求与内心的闭锁,情绪激荡而缺乏冷静的思考,极易走向极端,使他们常常体验着人生各种苦恼。由此产生内心矛盾冲突而诱发各种心理障碍。

2.挫折承受力较差 如果心理承受能力强,对挫折能正确对待,妥善处理,化险为夷,或把损失减少到最低限度,心里就会好一些,就不会有损健康,如若承受力低,个人斤斤计较,对挫折灰心丧气,对困难唉声叹气,则萎靡不振。缺乏挫折承受力是引起心理障碍的关键因素之一。

3.性格缺陷 性格缺陷是指不健康的特殊性格,如好猜疑,不合群,易发怒,情绪忽冷忽热,不好社交,爱生气,多愁善感等。性格缺陷不仅给工作、学习、恋爱、婚姻、社交等带来很多障碍,产生痛苦和烦恼,同时对身心健康也是一种潜在威胁。

4.性的生物性与社会性冲突 处在青春期的大学生已经性成熟,有了性的欲望与冲动,但由于社会道德习俗、法律和理智的约束,这种欲望常被限制压抑。大多数学生可以通过学习、娱乐、社交等途径使生理能量得到正当释放、升华或补偿。但有一部分学生不能正确处理调节,存在性压抑,而出现焦虑不安感,甚至以某种变态的形式表现出来。性的压抑常常是导致心理障碍的重要因素。

第三节 大学生心理健康教育的目标和基本途径

大学生心理健康教育的目标是促进和维护学生心理健康,开发智力和促进能力发展,培养良好品德,形成完善人格,养成良好行为习惯,提高社会适应能力。本节重点从学校心理健康教育的基本目标、大学生心理健康教育的任务和内容、大学生心理健康教育的主要途径等方面进行阐述。

一、学校心理健康教育的基本目标

(一)促进和维护学生心理健康

学校心理健康教育要运用现代心理科学的成果,针对学生心理发展中出现的问题,采取有效的干预措施(咨询辅导、心理训练等),消除学生的心理障碍或矛盾,使其处于心态平和、情绪稳定、思维灵活、爱憎分明、举止适度这样一种有利于其健康成长的态势之中,从而使其成为心理健康的人。

(二)开发智力,促进能力发展

现代心理学的研究表明,青少年时期是人生心理素质形成的关键期,且可塑性大,及时给予心理指导或训练,有利于开发其智慧潜能,形成正常甚至超常的智能。

(三)提高道德修养,培养良好品德

把心理健康教育仅仅看作德育的途径是不恰当的,把学生心理问题当成道德问题更

是常识性错误,但心理健康教育对学生良好品德形成的促进作用却不容忽视。个体良好品德的形成不但与学生的理想、信念有密切联系,而且与其社会道德认识,情感、态度和行为评价等心理因素紧密相关。心理健康教育从学生具体心理需要入手,强调针对性、主体性和自我内化体验等思路和方法可以迁移到品德教育之中,这样能提高学校德育的效果,有利于学生良好品德的形成。

(四)培养学生主体性,形成完善人格

学校心理健康教育坚持以人为本,强调尊重、理解、信任学生,使学生感受到自身的存在与价值、优点与缺点、现实与未来,能更有针对性地确定人生目标,找准自己的位置,选择自己的成才道路。在学会处理与社会、他人的关系中,使人格得到升华和完善。

(五)养成良好行为习惯,提高社会适应能力

心理和行为是不可分的,良好的行为习惯总是受良好心理素质的支配,同时良好的行为习惯又可积淀为一定的心理素质。人的心理素质一旦形成,在相应情境中会产生条件性反应,进而表现为一定的适应能力。心理健康教育可以根据学生行为中的问题采取科学有效的心理咨询、辅导或训练等方式,提高学生相应的社会适应能力。

二、大学生心理健康教育的任务和内容

(一)大学生心理健康教育的任务

根据教育部《关于加强普通高等学校大学生心理健康教育工作的意见》,对大学生心理健康教育的任务作出了如下规定:

1)根据大学生的心理特点,有针对性地讲授心理健康知识。

2)开展辅导或咨询活动,帮助大学生树立心理健康意识,优化心理品质,增强心理调适能力和社会生活的适应能力,预防和缓解心理问题。

3)帮助大学生处理好环境适应、自我管理、学习成才、人际交往、交友恋爱、求职择业、人格发展和情绪调节等方面的问题,提高健康水平,促进德智体美等全面发展。

(二)大学生心理健康教育的内容

1)宣传普及心理健康知识,使大学生认识心理健康对成才的重要意义,树立心理健康意识。

2)介绍增进心理健康的途径,使大学生掌握科学、有效的学习方法,养成良好的学习习惯,自觉地开发智力潜能,培养创新精神和实践能力。

3)传授心理调适的方法,使大学生学会自我心理调适,有效消除心理困惑,自觉培养坚忍不拔的意志品质和艰苦奋斗的精神,提高承受和应对挫折的能力以及社会生活的适应能力。

4)解析心理异常现象,使大学生了解常见心理问题产生的原因及主要表现,以科学的态度对待各种心理问题。

三、大学生心理健康教育的主要途径

开展大学生心理健康教育,将心理健康教育活动渗透到学校工作的方方面面,优化整

个教育过程。开展心理健康教育主要有以下途径：

(一)宣传心理健康知识

在我国,从小学、中学到大学都缺乏相应的系统心理健康教育,以致大学生对健康的认识存在着不同程度的偏差。这些偏差主要表现为:一是对健康含义的片面理解。一部分学生并没有意识到心理健康是评价健康与否的重要组成部分,他们只注重身体健康而忽略心理健康;二是对心理健康含义的片面理解。他们往往认为只要没有心理疾病就是健康,而忽略大学生应具有的持续的、积极的心理状态,忽略自身潜能的发挥。为此要充分利用学校广播、电视、计算机网络、校刊、校报、橱窗、板报等宣传媒体,通过第二课堂活动,广泛宣传、普及心理健康知识,强化学生的参与意识,提高学生的兴趣。大学生掌握了心理健康的知识,就有了自助的能力,就能防患于未然,顺利地度过大学生活。

(二)开展心理普查,建立学生心理档案

通过问卷、心理测量等科学方法,了解学生的个性状况、智力水平、心理健康水平、学习状况等。将学生心理问题的历史和现状记录下来,建立大学生心理健康档案,即可及时掌握学生的心理健康状况,提高心理教育的针对性。可以对有心理问题及心理障碍的学生进行重点辅导和监控,以便及时有效地对学生进行心理健康教育,防患于未然。大学生心理健康教育是一项系统工程。进行心理普查,为每个学生建立心理健康档案,是这项工程的重要部分,也是把这项工作落到实处的一个重要措施。

(三)开设心理健康课程

在对心理健康教育的认识上,不仅要重视对心理问题的治疗,更要重视健康心理的养成。矫正学生的心理问题只是一种消极的手段,科学的预防和正确的引导才是积极的态度。开设心理健康课程可以帮助学生达到心理功能的最佳状态、性格的完善发展、心理潜能的最大开发等。课堂教学使学生系统地了解心理健康的基本知识,如教会学生正确认识与完善自我,有效地调节情绪,学会应对挫折,培养与塑造健全的人格,恋爱心理与爱的能力培养,确立职业生涯规划等。它可以使大学生树立科学的健康观念,提高健康意识,关心自身的心理健康状况,提高大学生积极合作、参与的意识。它有利于大学生及时发现、解决和干预自身的心理问题及心理障碍,培养健康的心理。

(四)开展实践活动

活动辅导是根据大学生的身心发展规律和年龄特征,寓心理健康教育于趣味性活动之中。学生通过游戏和其他饶有兴趣的心理辅导活动,逐步领悟到心理健康的重要性及其自我心理保健的方法。运用心理辅导法开展心理教育,活动设计要多样化,可根据不同的心理辅导内容和大学生的年龄特征设计不同的活动形式,每项活动设计至少要达到一项明确的心理辅导目标,教师对心理辅导活动要精心准备和组织。

(五) 进行心理辅导

心理辅导主要是针对少数有心理问题的学生所进行的辅导,以帮助他们解决心理问题,克服心理障碍,使其心理朝健康的方向发展。进行心理辅导应注意平等待人,尊重有心理问题的学生的人格,使自己成为这些学生的朋友,架起沟通心灵的桥梁。大学生心理

辅导的方法有：

（1）心理谈话和咨询。通过心理谈话和咨询，了解个别学生的心理问题现状，在谈话过程中对所了解的心理问题进行解释和辅导，指明克服这些问题的方法。

（2）心理行为训练。针对个别学生突出的心理问题，设计专门的活动对其进行心理行为训练，通过训练达到提高某种心理品质的目的。

（3）心理诊断与心理治疗。对有严重心理问题（疾病）的学生，建议他们到专门的医疗机构诊治。通过科学的心理测验和诊断，找出心理疾病，再运用心理治疗方法进行治疗，如认知疗法、系统脱敏法、放松训练法、模仿学习法、行为排演法、心理分析法、森田疗法等。

（六）营造良好的心理健康教育氛围

通过各种途径和方式营造一种良好的心理健康教育氛围，是提高心理健康教育效果的一种辅助方法。主要方式有：

（1）心理辅导室。由专职教师负责，专门解答学生提出的多种心理健康问题，负责指导全校的心理健康教育活动。

（2）心理信箱。学生书面提出的各种心理健康问题，均可投入心理信箱，然后由心理辅导老师作出解释或个别辅导，帮助学生提高心理健康水平。学生书面提出心理健康问题应允许他们不记名，以保护他们的自尊心。

（3）心理健康专题广播。通过学校广播开展心理健康知识专题宣传活动，以提高全校师生对心理健康教育的认识水平和心理健康的自我维护能力。还可通过广播公开解答学生提出的某些心理问题，这种方式影响大、效率高，是一种较好的宣传方式。

（4）板报、网络宣传。运用黑板报、墙报及校园网等形式，介绍心理健康教育的内容和方法，解答同学们提出的各种心理问题，是一种简单实用且富有成效的办法。由于板报、网络宣传具有方便、快捷和普及性强的特点，因此最适宜于心理健康教育知识的普及宣传，通过这种宣传，可以使全校学生耳濡目染、潜移默化地受到影响，从而提高自身心理健康维护意识。

（5）健全并完善心理健康三级保健网。一级保健网是在学生中培养一批学生骨干，做心理咨询员、辅导员。由于他们与同学们朝夕相处，能够及时发现学生中出现的问题，可以使心理问题得到及时的反馈和解决。二级保健网是强化学生处及各系部党总支书记、辅导员、班主任等学生思想政治工作者的心理健康教育知识培训，提高他们的心理健康及心理咨询知识水平，使之具有区分和处理一般心理问题的能力。三级保健网是学校的心理健康机构，也就是学校的心理健康教育中心。三级保健网主要是对学生实施心理健康教育，帮助有较为严重的心理问题的学生。建立学生心理健康档案，根据大学生实际的心理健康状况，有计划、有针对性地提出可行的教育与预防措施，帮助大学生提高自身的心理素质。

（6）心理健康教育专题报告。针对当前大学生中存在的主要心理问题倾向和最为关心的心理知识，聘请专家和学者为他们作针对性的分析与讲解，以满足学生的心理需求，解决学生的心理困惑，产生即时的心理效应。

（七）提高教师的心理健康水平

教师的心理健康状况不仅影响其本人的工作、生活质量，而且对学生也有一定的影响，其世界观、理想、信念等个性品质对心理尚未成熟的大学生来说，具有不可忽视的作用。目前，教师不仅面临着来自教学改革的压力，而且还有学历、职称、论文、课题、竞聘上岗、评等级、知识更新速度加快等各种压力。没有心理健康的教师群体，就不会有心理健康的学生。美国著名心理学家艾里克森曾说过："不良的师生关系会导致学生的心理疾病，好的师生关系可以治病，如果遇到一位好的教师，学生由于家庭等造成的不健康心理可以得到改变。"要通过各种途径提高教师的心理健康水平，加强教师对心理健康重要性的认识，为整个大学营造一个积极、健康、高雅、和谐的教育氛围。

（八）养成良好的生活习惯

健康的心理与健康的身体密不可分，良好的生活习惯是一个人身心健康的重要保障。一般来说，一个良好习惯多、不良习惯少的人，往往是心理健康的人。良好的生活习惯使人精力充沛，不良的生活习惯则会对人的身心健康造成危害。对大学生而言，健康的生活方式主要有合理作息，生活有规律，平衡膳食，科学用脑，积极休闲，适量运动，积极参加体育锻炼等。世界卫生组织认为有害健康的不良生活方式主要有吸烟，饮酒过量，体育运动不够或突然运动量过大，吃热量过高和多盐的食物及饮食没有节制，对社会压力产生适应不良的反应，破坏身体生物节奏和精神节奏的生活等。

第二章　环境适应

人生的首要使命是适应环境,适应环境是生存下去的另一种说法。心理健康的人应该是适应环境良好的人,所以,环境适应是所有人的心理健康标准之一,也是大学生心理健康的重要指标之一。无论是世界卫生组织(WHO)还是世界心理卫生联合会(WFMH)都对环境适应作出了明文规定,一些著名心理学家更强调人对环境的适应是心理健康的重要条件。现实中,大学生环境适应心理问题影响着大学生的生活与学习。故帮助大学生更好地适应环境,更好地发展自己是本章所探讨的主要问题。

第一节　适应概述

对正处于学习、成长过程中的大学生来说,环境适应是关系到大学生成才、成功和将来在社会中能否继续发展的重要因素。因此,学会适应是大学生的必修课,也是大学生人生发展的重要基础。下面就适应及其与发展的关系等进行讨论。

一、适应的概念

1.定义

(1)生物学定义上的适应即生理适应,指分析器的感受性由于受到刺激物的持续作用而发生的变化。通常在强烈刺激物的持续作用下分析器的感受性就降低,而在微弱刺激物的持续作用下感受性就会提高。如感受对声、光、味等刺激物的适应。

(2)心理学定义上的适应,通常是指遭受挫折面对危机和压力时,借助心理防御机制来应对挫折、危机,使人减轻压力,恢复平衡的自我调节过程。这是一种狭义的适应过程。

(3)社会学定义上的适应,指对社会生活环境的适应,包括为了生存而使自己的行为符合社会需求和努力改变环境以使自己能够获得很好发展的适应。

(4)《心理学词典》对适应的解释是:“机体对环境的顺应。适应的过程机体对环境因素的感受(主诉)和环境对机体的不利影响会减少。如‘入鲍鱼之肆,久而不闻其臭’,便是一种嗅觉适应现象。适应可以是暂时现象,也可以带有持久性。持久性的适应多数伴有机体内部的某些生理变化甚至组织上的变化。”

2.适应的含义　根据上面对适应的不同定义,可以从以下几方面理解:

(1)适应是个体伴随着环境的变化而出现的变化,没有环境的变化也就无所谓适应或不适应。环境总是不断地变化着,人也会每时每刻产生适应问题,不断产生适应新环境的需要。因此,适应是人的一种基本需要,是人的一生中随时都要面临的任务,也是人应具备的一种基本素质。

(2)适应的最终目标是达到或恢复人和环境间的平衡状态。即个人与环境、个人心理内部情绪结构及生理与心理之间取得平衡。许多著名心理学家用平衡表示人的心理活动的正常状态,也是心理活动追求的最高目标。平衡状态是一切心理活动最终的理想。

平衡既是静态的又是动态的,而且主要是动态的、变化的、发展的。平衡并不意味着多种矛盾都消除了,冲突都不见了,而是一个消除矛盾、消除冲突的过程。作为平衡的结果,人的心理结构(认知和人格结构)减少了焦虑,恢复了宁静。但这仅仅是暂时的,生活中还会有挑战,还会遇到矛盾,还会遇到挫折。

(3)适应的本质是个体面对新的环境所进行的主动的、积极的自我调节过程。同化和顺应都是心理调节的不同方式。所谓同化是指将客体融入主体已有的认知结构或行为模式的过程;所谓顺应则是指调整原有的认知结构或行为模式以适应环境变化的过程。人具有主观能动性,因此,适应也是一个主动积极的自我调节过程,在这个过程中,自我意识的发展水平起着决定性的作用。

总之,适应是个体在多种环境发生变化时通过自我调节系统作出能动反应,使自己的认知、情绪、情感方式、行为模式和人格结构更加符合环境变化和自身发展的要求,使个体和环境达到新的平衡过程。

二、适应的意义

1.适应是人生存的需要 适应原本是生物的一种本能,是使自身能够维持生命保持种族延续的基本能力,这种能力动植物都有,达尔文的生物进化论已经证明了这点。“适者生存”“物竞天择”指的就是能适应环境的人才能生存和延续。各种生物的适应是激烈竞争的,只有适应大自然才能生存。但是人类的适应不仅是维持生存的本能式的适应,更是一种通过改造自然正视现实和自身,以创造新的发展条件获得新的发展机遇的主动和能动的适应。不靠天不靠地靠的是自己的奋斗抗争,这和生物的适应有本质的区别。

2.适应是人发展的需要 人不仅需要生存,还需要发展身心,发展事业,为社会作出应有贡献、使生活更幸福更美好,使社会更进步更文明。所以应根据社会需要和自我实现的需要主动积极地改造社会、改变自我,这就是对社会的适应和自身发展的适应。因此,适应是人的发展的需要,对人的成才、成功有重要意义。

从心理学角度讲,人一生要经历几次重要转折和发展阶段。第一次转折是从母体里分娩出来。从一个非常封闭的、安全的环境来到一个充满变数的环境。第二次转折是从幼儿园到上学,从以玩为主变成以学习知识和技能为主。第三次转折是从中学到大学。面临着环境、学习方式以及价值观、理想、信念等方面的一些根本性变化。第四次转折是大学毕业到走向社会,以一个独立的个体去面对社会提出的各种各样的问题,去承担应承担的责任,扮演各种各样的角色。第五次转折是退休,从工作为主变成休闲为主。最后一次转折,是生命的最后历程。在这几次重要转折里,每一阶段个体都有它的核心任务。需要建立相应的行为方式、思维方式和处事方式等。两个相邻的阶段之间需要调整自己的行为方式和生活方式,而且人生的任何时候如果生活环境发生变化都应作出调整。尤其是从中学到大学、从大学毕业到走向社会，这两次转折对人生起决定作用，需要提高适应能力，这也是对大学生适应调整的重要内容。

3.**适应是心理健康的需要**　心理适应是心理健康的结果和外在表现。表现在认知端正、情绪健康、人格稳定、自我同一，多种心理活动的整体协调统一。学会适应、善于适应对保障心理健康具有重要意义。因此，个体适应能力的发展和培养是心理健康教育的重要组成部分。

三、适应与发展

（一）适应与发展的关系

如前所述，适应是一个人通过不断调整自身使个人需要能够在环境中得到满足的过程，也是自我与环境和谐统一、相互平衡的一种良好的生存状态。总的来讲，人与环境的适应通过两种途径来实现。一种是人自身作出改变，一种是环境改变。通常人们选择适应环境，改变环境是有一定限度的。大多数的时候人与环境的适应要求人自身作出调节，以适应既定的环境。同样，个人要在大学期间获得发展，最有效的方法就是调整自己适应现实环境。由于生活环境的不断变化，人们的适应就是一个连续不断的过程。

适应和发展是人生的两大基本任务。适应与发展是密切相关、相互促进的，它们是同一过程的两个方面，二者是辩证统一的关系。人的发展是适应推动的结果，同时发展过程也是获得新的适应能力的过程。发展要通过积极的适应来实现 ，同时又使个体在更高水平上获得新的适应。适应促进发展，发展是适应的结果和体现。积极的适应就是发展，由于人的生存环境总是不断地变化，个体就不断地适应、发展、再适应、再发展。如此周而复始，人生的境界和品位也就不断升华。

（二）适应与发展的理论

1.**人本主义关于人的发展理论**　以马斯洛、罗杰斯为代表的人本主义发展理论认为，人天生存在着一种发展潜能，人的发展的逐渐现实化和整合的过程形成了自我不断完善、成熟的各个阶段。

人本主义认为人的发展有三个阶段。每个阶段的基础都取决于自我的形成和发展，一个人在任何阶段停留多长时间甚至停留在某个阶段都是可能的。这三个阶段分别是：

(1)外在化自我阶段。这一阶段主要发生在出生前一年和出生后的最初三四年内。在这一阶段，婴儿发展的主动和决定力量在父母身上。因此，父母规定了婴儿的特性，赋予他意义，使他局限在某种作用的范围内。不成熟的人有可能终生停留在这一阶段。

(2)内在化自我阶段。人本主义认为人要打破周围那些决定个人的外在力量。强调个人应有自我反省、自我体验和发挥个人重要作用的机会，人们通常称之为成熟与成长、认识与情感的变化，社会心理发展和生存心理发展的变化都在这一阶段发生。人本主义认为，第二阶段的过渡可能发生在一个人一生中的任何时期，也可能根本不发生。

(3)整合化和现实化的自我阶段。这一阶段的特征是放弃和解放内在化自我。最终实现本质上的整合化和现实化，成为一个自由和谐的、充分发挥自我潜能的人。

2.**行为主义关于人的发展理论**　先看一个行为主义心理学家桑代克的迷箱试验：他用铁丝制作一个迷箱，箱外放有某种食物。然后将一只活泼好动而又饥饿的猫关进迷箱里。

箱门上装有门闩,猫必须能够操作与门闩相连的绳子或把手等装置,箱门才能打开。试验开始时,猫受饥饿驱动力的刺激,先是用爪抓取箱外的食物,取不到,便在箱子里表现出极度不安的状态,然后乱抓乱跳,用头和爪子乱撞箱门,或时坐、时咬箱壁。在这一系列的反应活动中,猫偶然碰到门闩装置,于是门被打开了,猫吃到了食物,然后平静了下来。

该实验形象地告诉我们,对于不能满足需要的环境进行适应,是动物的生存本能。动物为了满足自己的动机需要,会使用一系列的反应方式进行尝试,一直到能够达到需要满足重新适应为止。

人的适应和发展过程与动物有相似之处。当人产生了某种需要的欲望,而个体原有的问题解决模式又不能使自己的需要达到满足时,就产生了"阻挠",人们会产生不同程度的紧张和焦虑。为了满足需要,人就尝试着寻找新的解决问题的方式。在一次次的尝试中,人们找到了成功的适应方式,缓解了心里的压力,满足了个体的需要。在这个过程中,人们学会了适应,得到了发展。

3.**大学生七向量发展理论** 西方学者于1969年发表了大学生的七个发展范畴的理论,并使用了"向量"一词。此后,"七向量发展理论"在西方大学教育学生发展领域中被广泛使用和认同。其内容如下:

(1)发展能力。在大学期间,大学生可以增进和发展多方面的能力,使他们更有信心来表现这些能力。包括智力、体力、社交及人际交往能力等。

(2)管理情绪。大学生每天面对许多挑战。有些来自学习,如选修科目、考试、写论文,也有些来自人际关系、家庭、生活等方面,从而产生种种不同的情绪,有积极的也有消极的。大学生们要充分了解、认识自己的情绪,并以恰当的方式来处理情绪,这对整个人生都有着深远的意义。

(3)通过自主迈向互相帮助。作为大学生,学习独立、承担责任是十分重要的。在学习独立的同时也要学习如何互相帮助、如何互相包容。因为每一个行动都会影响自己和他人,在有些情况下个人需要作出牺牲、让步等。

(4)发展成熟的人际关系。与别人建立关系对大学生的生活有很大的影响。建立成熟的人际关系十分重要:一是要容忍和欣赏别人与自己的不同;二是要有能力与别人发展亲密关系。维持这样一种亲切的关系需要自我认识、自信心的支持和沟通等。

(5)确立自己的角色地位。确立自己的角色地位对大学生来说十分重要。它既影响自尊心、自信心的建立,也影响他人对自己的满意及接纳程度,还会影响对自己的评价等。

(6)发展目的。包括不断增强自己的能力,作出计划,定下方向、目标。人生目标的制订往往与大学生自己的价值观及信念有关。

(7)发展整合。大学生的价值信念引导他们的行为方向,也是他们为人处世的原则。整合是指包括行为与价值的一致,顾及别人的利益,尊重别人的意见,同时能够肯定自己内在的价值观及信念。

(三)大学生适应与发展的任务和要求

1.**适应社会要求** 大学生应把握社会需求的多样性和发展性。把握好社会需求的多样性,就能开阔选择发展模式的视野,避免把发展的目标禁锢在某种社会需求上。只要选择的发展模式适应某种社会需求,就会有光明的前途。同时,社会需求又是发展变化的,选择发展模式一定要顺应社会需求的发展趋势,只有这样发展的前途才会光明。

2.善于把握自我　选择发展模式要把握发展的主客观条件。把握发展的客观条件较易，把握发展的主观条件则较难。难就难在正确认识自我上，因为大学生自我认识的能力有限，社会经历比较简单，缺乏检验自身素质的实践，自主能力差，容易从众，也容易偏执……所以要引导大学生努力学习一些自我认识的知识，掌握一些自我认识的方法，积极参加展现自身素质的实践。主观条件认识清楚了，选择发展的模式也就容易了。倡导充分发挥自己的长处，但绝不意味着可以忽视自己的短处，了解自己短处的目的不是为了将其作为支持点，而是为了尽可能避免它。

3.学会做人　适应与发展的目的在于使人日臻完善。使人格成熟，不断增强自主性、判断力和个人的责任感。使人拥有正确的人生观、价值观，拥有明确的伦理道德观念和是非观念，能够遵守社会公德，使自己的各项行为符合新时期大学生的行为规范。

4.学会做事　大学生要有敬业精神和社会责任感。要有独立的生活管理能力，独立选择、独立决断、独立处理问题的能力和应付各种情况以及各种环境的工作能力。能够不断积累做事的相关经验，使工作更有成效。

5.学会交往　在现代社会中，与人和谐相处既是一种人际交往的能力，也是人成功的一种人际资源。大学生对他人应当有尊重、真诚的态度，能够接纳他人的长处与不足，能够与他人进行良好的沟通。在沟通中建立亲密的合作关系，在相互交流与分享中促进自我与他人的成长与发展。

6.学会学习　学习是一个人终生的任务，也是大学生的主要任务。在科技迅猛发展的信息时代，大学生们不仅要善于学习书本知识，而且还应善于学习实践知识；不仅要能够在老师的指导下进行学习，而且离开了学校也要善于学习和创造。因此要不断激发和提高学习动机，学会计划和安排学习，总结学习经验，提高学习技能和技巧。

7.提升个人素质　素质，简言之，就是人的内在素养和品质，是在先天和后天的共同作用下形成的人的身心发展的总体水平。素质的最大特点是它的内在性，是本而不是末，是里而不是表，是质而不是量，但它可以通过外在形式表现出来，如一个人的行为方式、思维品质、精神境界、处理各种问题的能力等。

素质的另外一个特点是综合性，包括思想道德素质、文化素质、专业素质和身心素质，其中思想道德素质是根本，文化素质是基础。对大学生而言，要十分重视创新能力、实践能力和创业精神的培养。

8.实现角色转换　大学生毕业进入社会也就意味着承担新的社会角色。但这种新的社会角色的确立并不是一蹴而就的，它是一个行为过程。获得承担某个角色的认可，表现出扮演这个社会角色必须的社会品质和才能，积极地从精神上和行为上完全地投入这一社会角色。择业的过程就是选择新社会角色的过程。新角色的获得就使得角色转变成为可能。大学生要学会从一个受教育者转变成一个能承担社会责任的、通过工作为社会作贡献的人。

第二节　适应不良及其原因

适应不良是指个体不能根据环境的需要改变自己的行为或不能很好地适应环境，由此产生一些情绪、行为上的偏差。在大学生入学初以至整个大学期间有很多适应不良的现象，表现为不同类型，且各有不同的主、客观原因。

一、适应不良现象

大学生活是一个从单纯走向成熟，从依赖走向独立的裂变时期。刚刚踏入大学校门的新生，单纯、幼稚却又渴望长大、成熟，这是人生的“第二断乳期”。要获得成熟与相对独立，他们不得不扔掉单纯的率性以及与生俱来的依赖心理。

每一名大学生都曾有过关于大学生活美妙的联想：幽静的林荫道，一眼望不到尽头的阶梯教室，笑声朗朗的宿舍楼……然而，对于涉世未深的大学生来说，要在短时间里适应大学生活，无疑是对自己心理素质和能力的考验。在这一时期很多大学生感到迷茫、困惑，这种现象常常被人们称之为“大一现象”。

研究证明，大学生适应不良的现象中，抑郁、强迫、焦虑占 30%~60%。由于每个学生的生活经历不同、人格特点的差异与应激和自我调适能力的不同，在适应新生活的过程中会显示出明显的差异性。有人对广州地区 12 所高校 800 名学生的心理状态进行抽样调查，结果表明：新生从陷入“彷徨迷失”到“走出困境”这段时间，34%的学生需要 3~5 个月就可以完成，53%的学生需要 1~2 年时间，还有 13%学生需要的时间更长。也就是说，有些学生在整个大学期间都存在适应不良的问题。据有关方面统计，在近年来因各种原因休学、退学的大学生中，由于心理问题而导致休学、退学的学生人数已占休学、退学学生总人数的 50%左右，并有继续上升的趋势。

一般来说，新生群体的心理健康水平略低于普通人群，尤其在强迫、抑郁、焦虑、恐怖、偏执等症状上表现显著。

入学之初，大学新生心理上的种种不适应一般表现在以下几个方面：

(1)对一切都感到无所适从。这些同学没有认识到自己需要在大学阶段如何成长，如何全面发展，结果蹉跎岁月、迷茫、彷徨、浪费时间、无所事事、无所用心、失魂落魄等。

(2)跨过了高考这个门槛后，当面对更广阔、复杂的生活时，不但没有从心理上和生理上作好迎接更大困难的准备，反而放松了对自己的要求，幻想着能轻松度日，表现出懒散、散漫等现象。

(3)有些同学在高考中没有把握好，与理想大学或专业失之交臂，或因与同学相比感到在中学时的学习优势消失，使得精神颓废，表现出失落感、自卑感等。

(4)由于对新的生活环境的不适应而产生失望感。无论是食堂饭菜、作息时间，还是学校管理等都不能适应，以致产生失望感和压抑感；甚至因为“水土不服”而产生躯体疾病，如头痛、胃疼、食欲不振、失眠等。

(5)因初来乍到，人生地不熟，师生关系、同学关系还不协调，加上中学时期只顾埋头学习，缺乏各种人际交往知识和技能，各种人际关系不适应而产生孤独感和恐惧感等。

入学后期，有些大学生还不能适应生活环境和学习、交往等，就会出现一些严重的适应不良问题，甚至是心理障碍或心理疾病。如强迫行为、焦虑、抑郁、恐怖、偏执等。

二、适应不良的类型

适应不良会影响大学生的生活和学习，也阻碍大学生的进步和发展。大学生适应不良现状可以分为以下几种类型：

1.**成长的失落**　大学新生进入大学后，生活环境、生活条件、人际关系、学习方式与方法都与中学时期大不相同。这一系列变化，逐渐打破了他们原有的习惯、心理结构与心理定势。但在他们原有的心理上还残留有依赖性、理想化、盲目自信等心理特征，表现为留恋家庭、父母、同学和中学环境等。由于盲目地向往未来，容易随心所欲地把生活理想化，一旦遇到问题就会引发复杂的心理矛盾。由于摆不正个人与社会、个人与集体的关系和位置，盲目自信很可能变得自我膨胀或自暴自弃。如此种种心理反应都会引起大学生成长过程中的失落感。

2.**生活的陋习**　现代大学生的生活可谓“丰富多彩”，如抽烟、喝酒、通宵上网等，这些不良生活习惯在一定程度上影响了他们的心理和生理健康。所谓“习与性成”就是指长期的某种习性会形成一定的性格，于是“积习难改”，所以生活的陋习会给大学生带来很多麻烦甚至危害。

3.**社交的困惑**　大学生活中最棘手的问题莫过于人际关系适应不良。大学生的交往触角很多很广，他们积极主动地把触角伸向老师、同学、校外、社会，渴望从这些“无字之书”中获得真正意义上的交往体验和真知灼见。然而，一室难以交往，何谈走向社会。交往中的语言艺术、沟通技巧的缺乏和认知偏差带给他们更多的是打击和困惑，从而产生了社交上的恐惧和孤独感。

4.**厌学、逃学**　有些大学生缺乏明确的学习目标、理想，缺乏学习动力而形成混日子的心理，一味追求享乐、潇洒，得过且过，没有上进心、进取心。有些学生学习习惯不良，方法不当，计划不周，成绩不佳，出现“挂科”的次数多到无法应付的地步，对学习索然无味、失去信心导致厌学或逃学，东游西逛混日子。

5.**贫困的重压**　大学生中有一个特殊贫困生群体，因为家庭困境使他们生活艰辛，吃、穿、住、行都不如别人，心理适应能力弱的大学生就会产生自卑、焦虑、抑郁、失眠等不良情绪，或者怨天尤人、责怪父母，或者嫉妒、仇富，或者感到无奈、无助，陷入极度的烦恼、困惑与苦闷之中。

6.**择业的彷徨**　就业是人生的重要转折点，也是目前大学生们最为关心的问题。在求职择业过程中，有部分就业观念陈旧的毕业生面对人才市场会感到困惑，抱着“铁饭碗”“银饭碗”“金饭碗”思想不放，对求职、择业过程产生种种矛盾心态。迷茫和困惑干扰了他们正确的就业心态，彷徨和无奈使他们成为游离在高校附近的“校漂族”，错失了不少较好的就业机会。

7.**情爱的迷失**　从大学生的身心发展来看，这一年龄段应是情的施展年代，大学生谈情说爱无可厚非，是精神需要。大学校园有很多大学生在谈恋爱，但成功率相当低！为情所困的大学生不在少数。当恋爱以其特有的魅力闯入大学生的心扉时，他们都希望恋爱成功,但大学生的恋情幼稚,而且特有的激情给它蒙上了一层神秘的色彩,有时也会酿成一杯杯爱的苦酒,既会为得不到爱而焦灼,也会为失去爱而伤心。所以失恋、暗恋、单相思、一见钟情现象比比皆是。失恋后的烦恼和迷茫严重影响了他们的生活和学习,而网恋更可能使他们失恋、伤心、伤身、伤感不已,甚至精神崩溃,断送一生的前程。

三、适应不良的主客观因素

大学生适应不良是多种因素共同影响的结果,归纳起来可以包括客观因素和主观因素两大方面。

(一)客观因素

1.**家庭因素** 家庭中,父母的教养方式和态度是最关键的。弗洛姆指出,如果个体被父母多年错误对待,他们将变得虚弱,长大成人后将变得焦虑和脾气变化无常,其结果就形成神经官能症的性格结构。另外,家庭正常结构的破坏,如父母不和或离异,继父(母)虐待以及亲人死亡等,往往使一个人失去良好的家庭教育和家庭温暖,备受精神磨难,因而造成心理创伤,形成心理障碍等。

2.**学校因素** 当前学校教育中最突出的问题是片面追求升学率,加剧竞争压力,造成学生的紧张、压抑,长期得不到缓解就会产生厌学和对抗情绪。一些不正确的教育措施也严重影响学生的身心健康,某些经济制裁手段(如罚款等)扭曲了学生的心灵。有的教师不了解学生心理而采用简单化甚至惩罚性的教育方法来处理学生问题,使他们感到极大的委屈、沮丧和愤恨,由此导致学生精神失常。中小学校教育方法的不当造成的心理阴影也延伸到大学阶段,而且大学教育过程也存在很多问题,如学校管理不力,教师只教不育,师生关系不融洽等,都是造成学生适应不良的重要因素。

3.**社会因素** 社会变化、生活节奏、社会风气等也是造成大学生适应不良的不可忽视的因素。随着社会竞争意识增强,生活节奏加快,择业就业压力逐渐加大,大学生适应不良的问题更为突出,心理障碍发生率越来越高。根据统计,心理障碍发生率在发达国家比在发展中国家高,在先进地区比在落后地区高,在城市比在农村高。一位美国未来学家曾说,今后30年的变化在规模上可能等于过去2~3个世纪的变化,一部分人会感到难以适应未来世界的变化而产生心理危机。

4.**其他因素** 一些重大的生活事件也是个体心理不适应产生的诱发因素。这些重大事件包括升学、考证、职业选择、工作调动、恋爱以及亲人的生死离别等,这些都使人消耗相当的精力去适应由此引起的生活环境的变化和某种情感上的冲击。无论它们是成功的还是受挫的,作为一种刺激都可能诱发心理问题,影响人的心理健康。

(二)主观因素

1.**生理因素** 首先,神经系统类型特点对大学生的适应能力有很大影响。人的高级神经活动过程具有强度、平衡性和灵活性三个基本特征。强度是指神经系统所能承担的工作能力。强的神经系统能承受较繁重的、较长时间的负荷,而弱的神经系统却不能,在同样的负荷下易发生心理障碍。平衡是指神经活动过程的兴奋和抑制力量的对比。力量相当，是平衡的，若一方占优势，则是不平衡的，不平衡易引发过度兴奋或抑制方面的障碍。灵活性是指兴奋和抑制的变换速度。变换快为灵活的，反之为不灵活的，不灵活的易引发刻板、固执等心理障碍。

其次，内分泌活动也影响着大学生的适应性。青春期是内分泌活动加剧、激素分泌旺盛的阶段，某一种腺体活动失调就会影响人的心理活动。如甲状腺功能亢进者，神经系统兴奋性提高，易激动、紧张、烦躁、多语、失眠等；肾上腺功能发达的人，情绪易兴奋、激动，而功能不足的则易抑郁、疲劳、缺乏工作兴趣。

再次，青春期性发育会给青少年带来最初的性生理和性心理的冲击，如女子的月经和男子的遗精，往往使一些缺乏性知识的青少年产生羞耻感、罪恶感、焦虑、烦恼甚至恐慌。如果不正确地处理则会造成将来的性心理障碍。

最后，身体疾病和营养状况也会产生适应不良。如身体不适会引起焦虑，某些疾病会导致神经系统紊乱，产生心理障碍；高碳水化合物，高糖分食物的大量饮用，易引起疲劳、抑郁等；如果每天饮用较多的咖啡则容易导致神经过敏、失眠、易怒、心悸等。

2.**心理因素**　首先，具有正确人生观、价值观的人，能够正确看待人生、金钱、地位等问题。在千变万化的现代社会生活中始终头脑清醒，具有明确的生活目标，即使在生活中遇到挫折和打击，也能在正确的世界观、价值观的指导下，克服障碍，化解烦恼，保持健康的心理状态，反之亦然。这是心理适应的动力因素，也是大学生一生发展的根本动力。

其次，能力素质、气质特征、性格特征等是否健全完好，对个体适应大学生活和各种环境都具有重要影响。比较而言，有以下特征的人更易陷入适应不良：①情绪特征表现为不稳定、易冲动、易怒、消沉、冷漠、抑郁寡欢等。②意志特征表现为固执、刻板、胆怯、优柔寡断、缺乏自制力、耐挫力差等。③自我意识特征表现为过分自尊或自负，缺乏自信、自卑等。④社交特征表现为孤僻、退缩、自我封闭、敏感多疑、心胸狭窄、嫉妒心强等。⑤认知特征表现为以偏概全、夸大后果、爱钻牛角尖等。⑥人格特征表现为认知能力不高、脾气急躁、粗暴、执拗、性格不健全、人格不良、狭隘、自私、懒惰、行为不端、情商低下、意志薄弱等。

最后，个人主观努力水平和积极实践活动也是影响大学生适应能力的重要因素。大学生应该积极进取、奋发努力、满怀激情地投入到大学生活之中。倘若悲观、消极、退缩、回避、自卑、自轻、自贱、自怨自艾等，不仅会出现适应不良，严重心理障碍和心理疾病也会光顾。

第三节　适应心理问题与调适

部分大学生由于个体因素等原因，引起适应不良以至于产生比较严重的适应心理问题，需要加强心理健康指导和调试才能解决。因此，下面主要从大学生适应不良、适应心理问题的调适和促进大学生全面发展的主要策略等方面进行探讨。

一、大学生适应不良的调适

1.大学校园环境适应不良的调适 校园是大学生学习和生活的重要场所，熟悉并适应校园环境，有利于大学生的学习和生活。一些新生离开家长来到学校会感到无所适从、不知所措，只有尽快熟悉校园环境才能使自己更早更好地融入新生活之中。

适应校园生活的方法有：第一，主动观察。入校后应尽早抽出时间到校园各处转转，了解校园的基本布局。如办公楼所处的位置，各部门的位置及职能，教室、图书馆的使用规定，食堂、商店的开放时间等。第二，登录学校网站。一般情况下，学校网站都会对学校基本情况、各部门设置及职能，尤其是对各个专业有较详细的介绍。及早了解专业特点，确立专业思想，掌握正确的学习方法等。第三，虚心求教。即虚心向老师或高年级同学或同乡请教。第四，参加集体活动。一般情况下，学校都要对新生进行入学教育，大学生一定要积极参与，一方面了解学校，认识老师；另一方面也增加同学之间的交流机会，缩短彼此之间的心理距离。与老师和同学交流得越多，锻炼的机会也越多，对促进能力的提高就越有帮助。

2.大学生活环境适应不良的调适 大学生活对于大多数学生来讲都是独立生活的开始，尤其是独生子女。大学生活是一种集体生活，部分新生由于过去过于依赖家庭，进入大学后就容易产生生活习惯不适应。如饮食难合口味、作息习惯不适应、集体宿舍人多口杂、自理生活不适应、气候的变化、语言环境改变和风俗习惯不同等。适应大学生活是大学生学习与发展的前提和基础。因此大学新生如何尽快适应新的生活环境就成了一门必修课。

大学生活环境适应不良常见的调试方法有：第一，客观地评价原有的生活习惯，养成良好的生活习惯。对自己原有的生活习惯进行客观评价，找出某些与大学生活要求不相容的部分，对影响集体或他人的不良习惯要改正。应制订严格的作息制度，保持旺盛的精力，饮食有规律，坚持锻炼身体，保持健康的体魄等。第二，培养独立生活能力。学会独立生活是迈开人生的第一步。大学新生要尽早度过“心理断乳期”，尽早鼓起独立面对新生活的勇气。一般来说，集体生活一段时间后，只要稍加努力和注意自我锻炼，再加上同学之间的彼此影响，新生的自理能力会很快提高。独立生活的重要方面是钱的管理，要防止消费欲过度膨胀，相互攀比，考虑哪些开支是必需的、基本的，哪些是可有可无的，提前计划，将多余的钱存入银行，把自己的生活安排得当。

3.大学管理环境适应不良的调适 在大学新生问卷调查中有人这样写道：“我们似乎成了没人管的羔羊。辅导员一周到我们宿舍的次数不到一次，上课的教授如同屏幕上的明星一样，下课就不见了，同学之间还都不太了解，彼此谈不上管理和照看。难道我们就要在这样的状态下度过大学生活吗？如果真是这样，我可真要受不了啦！”实际上，刚从中学跨入大学的新生对大学的管理普遍感到不适应，他们仍然渴望像中学一样，有人监督，有人管理，不了解、不适应大学管理的特点，于是便出现一些适应不良现象。大学的管理是针对青年的特点来进行的，大学生正处于青年中期前的一段时间，这是人生中心理变化最大的时期,也是身心发展最不稳定的时期。他们的认知、情感、意志还不太稳定,不太均衡,不太协调统一,容易出现人云亦云,缺乏主见,情绪波动,变化剧烈,意志薄弱,自制力差等现象,这些都需要引导和教育。由于大学生文化层次较高,思想活跃,对大学生的管理不能沿用对中学生管理的模式。

大学管理环境适应不良调适常用的方法有:第一,积极参加各种活动。学校开展各种活动的主要目的是精通学业、丰富精神生活、陶冶道德情操等。参加的活动多了,对学校管理环境的适应能力也自然增强了。第二,了解大学的管理制度和管理办法,提高大学管理环境适应能力。第三,增强自立意识,提高自理能力。要克服依赖思想,学会自觉地、自制地自己去看书学习,解决学习中的问题,培养独立思考的能力,独立生活的能力,适应社会的能力,通过自己的努力去提高各方面的素质。

4.**大学生学习适应不良的调适**　学习是大学新生关心的首要问题。很多同学在入学一段时间后猛然发现大学学习并非中学老师所说的那么轻松。大多数同学在开学初的那段时间采用中学的方法,希望通过老师的反复灌输掌握知识,不会合理地安排时间,不会科学地、充分地利用图书馆这种大学才有的资源来进行学习。有些同学适应较快,有些同学到了考试才发现问题。因此,大一上学期“挂科”的同学比较多,有的同学甚至“挂科”两三门。如果不及时调适,就会产生厌学、逃学现象。因此,大一新生应该多与师兄、师姐交谈,求教学习的秘诀,逐渐适应大学的学习特点,找出规律,不断提高学习效率和质量。

大学生学习适应不良常用的调适方法主要是:第一,树立科学的学习观。学习观是价值观在学习生活中的反映,是人们在了解学习的内涵及其特征的基础上逐步形成的,是对学习的规律、方法、途径、目的、意义和价值等所持的看法、立场和态度。大学生要树立终身学习的观念,包括学会认知,学会做事,学会共处,学会生存,学会发展。第二,掌握科学有效的学习方法,如探索和发现法学习,创新性学习,辩证思维等。这些都是学习的利器,对学习起事半功倍的作用。第三,培养优良的学风。学风是指学习的风气,包括学习态度、学习精神、学习风格和学习方法等。优良的学风能促进和保证学习任务的完成,有利于丰富其精神世界,有利于美好心灵的塑造。而且在其参加工作以后,会转化为优良的工作作风,具体来说是要勤奋刻苦、严肃认真、求实创新。

5.**大学生角色转换适应不良的调适**　许多大学生在中学时都是学习尖子、优秀学生、班干部、模范团员,平时深受家长、老师和同学们的关注和关怀,通常都是生活中的中心人物。进入人才济济的大学,接触面广了,才发现自己不再拥有这些优势,好像是河流汇入大海一样,由此产生了心理上的失衡。

大学生角色转换适应不良常用的调适方法是:第一,以平常心态接纳现实。重新排定座次,只能有少数人保持原来的中心地位和重要角色,而大多数学生会面临着从中心角色向普通角色的转变。大学生应知道山外有山,天外有天,人外有人的道理,适当地降低自己的期望值,接受“不完美”的自己。第二,向同学学习。发现和学习其他同学的优点和长处,而不是嫉妒、虚荣或自怜自卑、自暴自弃。只有这样才能以阳光的心情投入大学生活,从而得到丰富多彩的人生。第三,正确对待学习成绩。要看到大学新生的入学学习成绩,不是评价大学生的唯一标准,要以发展的眼光、进取的心态发现自己的优势,增强自己的信心,不断完善自己,不断提高自己的竞争力,增强自己立于不败之地的信心。

二、大学生环境适应心理问题的调适

1.大学生环境适应自负心理的调适 自负心理,亦即自我中心心理,在学习和交往中均有表现。自负的人为人处世总是以自己的需要和兴趣为中心,只关心自己的利益得失而不关心别人的利益得失。总是从自己的经验出发来解释世界,并且盲目地坚持自己的意见,顽固不化,唯我独尊,自尊心过分强烈。这种心理会严重影响大学生的人际交往,使别人对自己敬而远之,使自己处于自我封闭和自我隔离状态,长此以往终将导致一个人形成自卑、孤独、退缩等心理障碍。

自负心理常用的调适方法有:①学会接受批评。只有能够接受别人的正确意见、承认自己的错误,才有可能通过批评改变过去固执己见、唯我独尊的形象。②平等相处。以一个普通人的心态和身份与别人相处,不过分苛责,不冷眼看待。③丰富自己。一个人越有知识,越有能力,越有修养,就越不会陷入狭隘的自我中心之中。④淡化自我。以自我为中心的人有过于敏感的自我评价。心目中的自我地位过于膨胀,采取"自我淡化"法,使心中的自我地位削弱,对别人的计较就会少得多,自然会听进建议,接受别人的看法从而与人和谐相处。

2.大学生环境适应自卑心理的调适 自卑心理,亦即自卑感,是一种因个人自认为不如别人而产生的一种轻视自己的不良心理,平常的表现是忧郁、悲观、孤僻等。自卑感形成的原因有:①生理存在缺陷。如残疾、丑陋、矮小等。②家境贫寒。生活拮据,容易使人感到卑微、不如人。③自我认识不足。过低估计自己,用自己的短处比别人的长处,如"我不行"的消极自我暗示。④性格内向。悲观反省自己,容易发现自己的不足,忽视自己的长处,从而加重自卑感。⑤遭受挫折。如多次的交往挫折或学习挫折使心理脆弱的人变得害怕交往,产生自卑。

自卑心理常用的调适方法有:①正确认识生理缺陷及家庭贫寒。一个人的生理条件与家庭是自己无法选择的,我们可以通过自己的奋斗不断增长知识,提高自身的全面素质,改变家庭状况,提高社会地位,减轻生理缺陷的影响。②正确认识自我,提高自我评价。要善于发现自己的长处,肯定自己的成绩,改善自我形象。③进行积极的自我暗示,自我鼓励。面对新局面,尤其处于不利地位时,要暗中鼓励自己"一定行",竭尽全力争取成功。④积极与人交往。自卑的人往往容易把自己孤立起来,并形成恶性循环,越怯于交往就越自卑。平时要积极与人交往,并通过成功的交往开阔自己的胸怀,走出自卑心理的阴影。

3.大学生环境适应焦虑心理的调适 焦虑是个体主观上预感到似乎即将发生不幸的一种不安情绪,并伴有烦恼、害怕、紧张等情绪体验。大学生焦虑的表现是怀疑自己的能力,常常夸大自己的失败(哪怕只是受到一次小小的挫折),经常闷闷不乐和讨厌别人,脾气古怪等。过度焦虑持续或频繁发生会导致身体全面衰弱、食欲减退、睡眠不良和过度疲劳,恐惧、紧张和无助感加剧,注意力涣散,夸大自身的无能,顾虑重重,灰心丧气。有时对恐惧预期还会导致易怒、暴躁、怨天尤人和厌烦。严重的焦虑会使人失去一切希望和情趣,甚至导致心理疾病。

焦虑心理常用的调适方法有:①正视现实。分析引起焦虑的因素,认识自己,宽容自己。过度的忧虑常常隐藏在潜意识中,它往往是由于对某事耿耿于怀或过分自责引起的。认真分析引起焦虑的原因,正确评价自己,可以逐渐摆脱焦虑的困扰。②强化自我调节作用。排除情绪障碍,控制焦虑的增加,同时掌握人际交往技能,提高社会适应能力,减轻社会应激压力,也可降低焦虑、恐惧等负性情绪。③积极参加集体活动。交流思想感情,有利于恢复心理平衡,缓解心理压力。④默想法。默想自己置身于某个安静的环境,那里空气清新,色调淡雅。或依据个人生活体验,默想那些容易让人平静愉悦的情景,默想越具体越有效。⑤注意转移法。把引起焦虑情绪反应的注意力转移到其他事物上。有的大学生在特定的时间、地点、任务、事物面前易产生焦虑,应让注意力尽可能离开这类刺激物,尽可能从事那些转换心境的事,避免坏的想法在大脑中回旋。注意力转移的幅度越大,焦虑情绪转变的可能性也越大。

4.大学生环境适应抑郁心理的调适 抑郁是大学生常见的情绪困扰,表现为情绪低沉、兴趣丧失、不安或反应迟钝,干什么事都无心思,并伴有失眠、食欲减退、心跳减缓、血压降低等现象。引起大学生抑郁的原因有两个:一是反应性抑郁。是由一定的事件(社会或心理的)引起的。生活中或学习上交往挫折引起心境的改变,如悲伤、失望、无助等强烈而持久的负性情绪破坏了感情生活的平衡;或由于自尊心受到伤害,动摇了对能力和品格的信心等。二是体因性抑郁。是由一些身体疾病(比如内分泌、大脑等)或外来有害物质(如用药后的反应)引起的。轻度抑郁情绪在大学生中表现较多,神经衰弱产生抑郁情绪的学生性格孤僻、内向、不爱说话与交往,严重影响身心健康。

抑郁心理常用的调适方法有:①改变生活习惯。早晨早点起床,进行稍稍出汗慢跑训练。制订计划要切实可行、留有余地,以保持对完成工作的满足感。尽量多参加讨论会、演讲会,多与充满活力的人接触,养成积极主动的习惯。②如果可能的话,脱离现在正在做的事情,修养一阵子,恢复元气,调节好运动和修养的平衡,看些有益的图书。③保持满足感。想想境遇不如自己的人,这样能使心情舒畅。精神上要充实,物质上要简朴,怀着感激的心生活。要积极处理自己所能办到的事情,不要耽搁拖延,要有效地利用笔记本把所有要办的事情记下来,一个个解决。

5.大学生环境适应恐惧心理的调适 恐惧心理是人面临危险而又难于立即摆脱时产生的情绪体验,适应恐惧心理是人在社交活动中产生的一种恐惧色彩的情感反应。如见到生人会脸红、害羞、说话紧张、怯于人际交往等,是大学生中常见的不良情绪。社交恐惧心理的成因:一是产生于气质型恐惧。这种人生性孤僻、害怕与人交往,常怀有胆怯心理、谨小慎微、顾虑重重。二是属于挫折性恐惧。由交往中受到挫折使自尊心受到较大刺激而产生,一遇到类似的社交场合就会产生恐惧心理。三是怕在社交活动中暴露自己的弱点而受到歧视,从而产生的一种自我保护性恐惧。

恐惧心理常用的调适方法有:①提高认识。要深刻认识到当今和未来的社会里,人际交往能力是个人在社会生活与职业工作中不可缺少的重要能力,所以要积极主动地去面对社会交往。②弄清自己在社交活动中恐惧的对象,认真分析产生恐惧的原因,并在后续的社交活动中提前作好心理准备,以便减轻或消除恐惧。③正确认识、对待自己的缺点和弱点。通过积极努力克服自身弱点,增长才干,增强社交的自信心。

6.大学生环境适应孤独心理的调适 孤独心理是一种经常独处或受到孤立而很少与人接触而产生的孤单、无依靠的心理。长期的孤独心理会使人心情郁闷、精神抑郁、性格古怪,严重影响人的身心健康。孤独心理产生的原因:一是性格孤僻,喜欢一个人独处,不喜欢与人交往,将自己的内心封闭起来,拒绝别人的友谊,这些人大多数受过心灵的创伤,往往具有极强的自卑感。二是性格过于内向,又不愿与人交往。由于长期独处一隅,极易产生孤独感。三是因与众人不和、受人打击遭到他人有意孤立而产生孤独的心理。四是由于个性内向。刚进大学不久,远离家乡、父母及亲人,身处陌生环境与陌生的同学难以尽快建立同学友谊,再加上生病无人照顾,吃不到可口的饭菜等原因,很容易产生孤独心理而暗自哭泣,想念家人。

孤独心理常用的调适方法有:①逐渐改变孤僻的性格。要认识到不良性格会给自己带来不良影响。多与同学沟通、交往,学习别人的优点,多参加社会实践活动,扩大交往范围,在集体中体验与感受温暖与友情。②不断自我反省。当受到别人孤立时,要剖析自我,分析是否是自己不对。如果原因在于自己,应积极改正自己的错误,并主动向对方检讨道歉;如果原因不在自己,则可暂时摆脱这个小圈子,转移或扩大交往的方向与范围,从新的人际交往中寻求精神支持而不要被动地去忍受被孤立。

7.大学生环境适应嫉妒心理的调适 嫉妒是人自觉不自觉地在多方面与他人比较,当发现自己的才能、机遇、名誉、地位不如他人时而产生的一种羞愧、怨恨、愤怒相混合的复杂心理。这是一种十分有害的不良心理,持有这种心理会明显妨碍社会交往,并且影响到自己的心理健康,因此大学生要学会对嫉妒心理进行调试。

嫉妒心理常用的调适方法有:①纠正自己认知的偏差。要认识到别人的成功完全在于努力,他有权获得这份荣誉。不应当把别人的成功等同于自己的失败,而应当学会用比较的方法,善于学习别人的长处来克服自己的短处。②积极的升华。在别人比自己强时,应当把不服气的心理引导到积极的方面,化嫉妒为求上进的力量。③要积极进行注意力的转移。嫉妒的产生总是在闲暇的时间,如果我们能积极参加有关的活动,使自己的生活充实起来,也许就没有工夫去嫉妒别人了。④学会欣赏别人的成功和优点。嫉妒者总是认为别人的成功和优点是对自己的威胁,是对自己利益的侵占。要学会接纳他人,学会赞美别人的成功和优点,在真诚的祝愿中确立"我好,你也好"的交往态度。

8.大学生环境适应猜疑心理的调适 猜疑心理是由主观推测而产生不信任的一种不良心理。猜疑心重的人常常疑心重重,总觉得别人在背后议论自己,看不起自己,算计自己。这种人在社交中不但不信任他人,严重的还会产生心理病变。猜疑心理的形成与人的个性特点有关,如心胸狭窄等易产生猜疑心理。另外,在社交中发生误会或听信流言蜚语,而自己又缺乏相关的证据时也容易产生猜疑心理。

猜疑心理常用的调适方法有:①改变自己为人处世的准则。逐渐开阔自己的胸襟,坦坦荡荡,不过于拘泥小事,不斤斤计较个人得失。社交中以诚信为基础,诚以待人,宽以待人。②不轻信流言蜚语。如果产生问题的原因不明时,应冷静地以合理的方法去调查了解以找到真凭实据,促成正确的分析判断。已证实是误会的,应及时消除猜疑心理,避免形成一种成见。即使一时找不到症结所在,也不要害怕,继续走自己的路。③加强交流与沟通。出现猜疑时要暗示或督促自己赶紧加强与其的交流和沟通,理解他人,而不是继续无端猜疑。

9.大学生环境适应怯懦心理调适 怯懦者害怕面对冲突,害怕别人不高兴,害怕丢面子,所以很多时候因为怯懦,他们常常退避三舍,缩手缩脚。在陌生人面前唯唯诺诺,不是语无伦次就是面红耳赤、张口结舌。他们谨小慎微,生怕说错话,害怕回答不好问题而影响自己在他人心目中的形象。在公平的竞争机遇面前,由于怯懦,他们常常不能充分发挥自己的才能,竞争受挫,错失发展的良机,于是产生悲观失望的情绪,导致自我评价和自信心的下降。所以,大学生要努力克服怯懦心理。

怯懦心理常用的调适方法有:①树立信心。积极参加集体活动并在其间发挥自己的特长,从而使自己进一步融入这一群体之中,培养自己的勇敢精神。②客观评价自己。相信自己的才能,多肯定自己,并用积极进取的态度看待自己的不足,减少自责和挑剔,摆脱自我束缚。③积极自我暗示,勇敢面对现实。可以通过默念指令性语言来增强自己的信心。如反复默念“我能行”“我一定能行”,学会正眼盯着对面的人。

10.大学生环境适应冷漠心理的调适 冷漠是一种对外界刺激漠不关心、退让的反应模式。冷漠是个体受到挫折后的一种消极的情绪行为反应。通常在个体不堪承受挫折压力、攻击行为无效或无法实施,又看不到改变的可能性时产生。长期反复遭受同一挫折而又无力改变,以致长期的努力得不到相应的回报时,有些学生也会用退让、逃避、冷漠的方式进行自我保护,产生冷漠反应。如对学习的冷漠,表现为厌学;对交往的冷漠,表现为对人冷若冰霜等。冷漠状态对大学生身心危害极大,是个体压抑内心愤怒情绪的表现。他们表面冷漠,内心却倍受痛苦、孤独、寂寞、愤恨的煎熬,有强烈的压抑感。由于没有宣泄途径,巨大的心理压力无法释放,便会破坏心理平衡,诱发多种疾病和心理障碍。冷漠的更大问题在于可造成当事人与周围人的格格不入,得不到周围人的认可。

冷漠心理常用的调适方法有:①要充分认识到冷漠情绪对身心健康和个人发展的危害。不能听之任之,而要积极行动起来分析自己产生冷漠反应的原因,找出症结所在并勇敢地面对。②现在的生活和将来的生活都是属于自己的,要认真负责地对待。③对现在正在做的每一件事都要聚精会神、全神贯注,去体验去感受,克服原来被动逃避的不良习惯,积极投身于各种活动中,打开闭锁的心灵,在友谊的暖流中融化冷漠的坚冰,发展广泛的兴趣,从中体验生活的丰富多彩。只要有改变现状的愿望和行动,就一定能够摆脱冷漠困扰,拥有充满朝气和热情的笑脸。

三、促进大学生全面发展的主要策略

高等学校对大学生的教育是全面发展的教育，对大学生全面素质的提升和发展起着重要的推动和促进作用。从大学生心理健康教育工作来看，着重从以下几方面来促进大学生的全面发展。

1.教育和指导大学生正确调控自我

(1)建立理性的认知方式。正确认知是人适应和发展的前提和基础。人对生活的不适应大多来源于对现实的不合理认知方式。如自己对别人的绝对化要求，自己对别人以偏概全的过分概括化，对自己行为“糟糕至极”的悲观预期等。因此大学生要培养自己的辨证思维方式，改变自己对自我、对他人、对环境的不恰当认识，形成理性的认知方式以促进其全面发展。

(2)适应角色要求。大学生的发展要符合社会要求，发展社会性知识、能力、情感、态度和健全个性，成为一个合格的社会角色。因此大学生要客观地了解自己，了解自己的长处和缺点，了解社会对自己的要求，使他人的“角色期望”和自己的“角色采择”一致，从而有助于自己去控制或改变自己的态度和行为，以达到改善人际关系，提高工作或学习效率的目的。使现在的自己不断向理想的自己靠近，促进自己的全面发展。

(3)正确控制情绪。情绪不仅影响人的认知活动，而且对人的意志、行为和个性心理等起着积极或消极的作用。同时情绪还主宰人的健康，影响人际关系、学习和工作，以致影响个人的成功与发展。大学生面对社会的巨大变革及环境和角色的改变，难免会产生不良情绪，若不及时疏导、控制和调试，轻者会陷入情绪低落和淡漠之中，重者则会产生恐惧、焦虑、烦躁等情感障碍，影响全面发展。大学生应当使自己有积极、乐观、稳定的情绪。

2.教育和指导大学生合理规划目标 目标是方向，是动力，是大学生全面发展的出发点和归宿。制订目标要合理、切实可行。首先，要根据社会发展和自我发展的需要制订一个远期目标，还要制订一个为实现远期目标所设立的近期目标，即短期内立即要做的事。其次，目标的确立应当从自身实际出发，如自己的个性特点、能力水平以及客观环境提供的条件等，不可盲目追随别人或社会时尚。另外，还应该随时根据情况的变化及时调整目标，以免因为目标脱离现实而不能实现。只要我们能确立一个合适的目标就一定会有行动的方向和动力。

3.教育和指导大学生形成自主能力 生活的实质在于独立，每个人都应该具有独立思考和独立解决问题的能力。日常生活的自我管理、社会生活中的多种矛盾、复杂的人际关系，都需要每个人独立面对，人不可能永远依赖父母和他人。但这种独立处理问题的能力不是天生的，主要靠在生活和实践中去培养，去锻炼。有的人害怕失败，遇到问题不是躲避就是依靠比自己能力强的人，于是就独立不了。其实，只要尝试着独立去解决，无论结果是成功还是失败，个人都会得到锻炼和提高。取得经验成功了，能力自然会提高；失败了，吸取教训，纠正错误，未来就会获得成功。只要你勇敢地一次次去尝试，去实践，就会拥有应变多种环境和社会变化的能力。大学生全面发展的一个重要方面就是独立、自主能力的发展。大学生要注重在实践活动中形成和发展自主能力。

4.教育和指导大学生学会人际交往　人生的美好是人际关系的美好。有了良好的人际关系，就有了支持的力量，有了归属感和安全感，心情才能愉快。大学生要全面发展，就要学会与人和谐相处，密切人际关系，学会主动关心别人、帮助别人。以主动开放的心态、开放的个性，真诚热烈的情感增进人际交往，增进对别人的了解和理解。本着“求大同存小异”的原则，学习别人的优点，包容别人的缺点，以赢得更多的朋友和友谊，为将来进入社会打下广泛的人际交往基础。要指导大学生掌握必要的人际沟通的技巧和方法。

5.教育和指导大学生采取积极行动　大学生要全面发展，就要为自己定一个目标。用目标支配自己的思想，增强自己的活力，并鼓舞自己的斗志。积极的行动可以摆脱由于环境不适应带来的孤独、苦闷、烦躁、恐惧和焦虑。当你对环境不熟悉，不满意时，只要你积极行动，为集体为他人做一些事情，你就会逐渐熟悉了解环境，别人也会从你的行动中了解你。逐渐融入到新的环境中，行动会使你获得充实和愉快。当你全身心地投入到工作中去的时候，你就不会像往日一样去琢磨自己的心境。为“活着太累”而烦恼的大学生们赶快积极行动起来吧！行动会带给你心理的健康与快乐，行动会使你真正得到全面发展。

第三章 学会学习

学习是大学生活的主导活动，影响着大学生心理过程和心理特点的发展，影响着大学生对职业所要求的重要知识、技能和能力的获得程度。学会学习不仅关系着大学生的就业和进一步深造，也与大学生的心理健康密切相关。了解大学的学习特点及要求，养成良好的学习习惯，对于大学生顺利、高效地完成大学阶段的学习任务，成为符合社会需要的专业人才有着非常重要的作用。

第一节 学习概述

学习，这是我们每一个人在生活和工作中接触得非常频繁的一个词。不过，生活中说学习的时候，人们似乎更关注学习的方法与技巧而忽略了学习与心理健康的关系。

一、影响学习的心理因素

所有人学习的心理过程是一样的，但为什么不同的人学习的效果却不一样呢？这是因为人们在学习过程中的心理因素不一样，这些心理因素被心理学家分为智力因素和非智力因素两种。

(一)智力因素

智力因素指在智慧活动中直接参与对客观事物的认知和处理各种内外信息等具体操作认知性心理机能，包括注意力、观察力、记忆力、想象力、思维力五种能力。智力因素是学会学习的必要心理条件，智力是以人脑的神经活动为基础的对客观事物和信息的反映、认识、储存和处理的能力。它反映的认知能力，表现出人脑对客观事物的反映深度、广度、速度和准确度。简单地说，智力就是一个人的聪明程度。

智力因素是进行学习活动的基础。一般来说，智力水平的高低直接影响学习的效率和质量。而智力水平的高低既有先天的遗传因素，也有后天环境影响和教育开发的因素，先天的因素决定一个人的智力潜能有多大，而后天的因素决定一个人能否充分开发自己的智力与潜能。

智力的构成要素相互区别又相互联系，作为一个整体对人的学习效率和质量产生直接的影响。有人对这五种能力作了非常形象的比喻，注意力和观察力好比门窗，没有它们，知识的阳光就无法进入智慧的房间。人的大脑通过注意和观察不停地接受外界信息，然后加工、整理、储存并输出信息。没有注意和观察，人的一切认知活动就成了无本之木。

想象力是智力的翅膀,它将接收到的信息进行加工和改造,创建出新的形象,使学习具有创造性。记忆力是智力的仓库,只有储存得越多,智力工厂才能生产和加工出越好的产品。思维力是核心,犹如一部高速运转机器的指挥系统,其他因素提供原材料和动力,只有在系统的指挥下才能生产出好东西。没有这个系统,一切原料和动力资源都只是一堆废物。任何人的智力都是作为一个完整的有机体发挥作用的,缺少哪一方面的因素都会限制智力的发展。学习就是通过智力活动感知客观世界,积累经验,掌握知识,解决各种问题,从而认识客观世界发展变化的本质和规律的过程。因此,智力水平的高低直接影响着学习的效率和质量。一个人智力水平的高低,受到先天遗传因素和后天环境、教育因素的影响。先天因素决定一个人智力潜能的大小,后天因素决定一个人是否充分地发掘自己的智力潜能。大学生正处于智力发展的高峰时期,也是智力潜能开发的黄金时期,一方面,大学生的注意力、观察力、记忆力、想象力、思维力均达到了人生的最佳发展时期;另一方面,大学生的创造欲望增强,受传统思维的束缚少,对新事物接受快,反应敏捷,思维异常活跃,并具有一定的灵活性、独创性和批判性,容易形成新观念、新看法,从而有所发明创造。

另外,人的智力发展趋势也不是单调递增的。婴儿从出生到5岁时智力发展得最快;5~10岁时智力发展速度不如5岁之前,但仍有很大的增长;10~13岁时智力发展速度减慢,14~16岁以后智力发展渐趋成熟;20~34岁是智力发展的高峰,以后则缓慢下降。大学生正值智力发展的高峰期,所以要抓住有利时机,充分挖掘自身的智力潜能。智力因素得到很好发展将会有助于学习效率和学习质量的提高。

(二)非智力因素

一般而言,非智力因素可以从广义和狭义两个角度来理解。广义的理解是指除智力以外的一切对学习有影响的心理因素、环境因素、生理因素等;狭义的理解则指那些不直接参与认知过程,但对于认知过程起直接制约作用的心理因素,主要包括动机、兴趣、情感、意志、个性等。其中个性是核心,心理学中所讲的非智力因素,多指狭义的非智力因素。这些因素虽然不直接参与认知过程中对外部信息的接收、加工和处理,但它们对认知过程起着动力和调节作用,是智慧活动的推动者和调节者。

在学习活动中,与智力因素不同,非智力因素的诸多基本因素各自发挥其作用,某一个别因素的高低不一定影响其他因素的水平,而且只要其中某一种或几种基本因素有突出发展,就可以在智慧活动中取得较大的成功。另外,智力因素受遗传的影响较大,而非智力因素则主要是后天形成的,所以,优化非智力因素主要在于后天的努力。

非智力因素不仅在学习中起重要作用,而且与创造力的发展关系更密切。日本心理学家曾对日本160名有突出成就的科学家或发明家进行调查,结果发现,这些人都具有与众不同的心理特征:具有恒心、韧劲,甚至在看来希望渺茫的情况下,仍然坚持到底,从童年时代起就具有强烈的求知欲,鲜明的独立倾向和独创精神;凡事有主见,雄心勃勃,肯努力,不甘虚度一生;精力充沛,干劲十足。这证明成功成才的过程是一个智力因素与非智力因素相互影响,其中非智力因素又起决定作用的过程。大学生要想成为具有创造精神的杰出人才,就要努力培养自己的非智力因素。

智力因素和非智力因素对一个人的学习究竟会有什么样的影响？心理学研究表明，学习成绩好的学生之间的差距与智力因素有较大关系，与非智力因素没有直接关系，因为学习成绩好的人一般非智力水平都比较高，而学习成绩差与非智力因素水平有密切关系，与智力水平关系较小。简单地说，成绩优异的学生在成绩上存在差异是因为智力的问题，而通常学生成绩差的主要原因不是因为智力问题，而是非智力因素造成的。美国心理学家曾对 1528 名智力超常的学生进行了长达 50 年的追踪研究，结果说明智力水平高的人不一定能成为杰出的人才，而成功者的非智力因素起关键性作用，如坚韧、恒心、毅力、有主见、不怕失败、坚持到底等。

二、学习与心理健康的关系

(一)学习对心理健康的促进作用

学习是现代人赖以生存的必要条件，是促进人的全面发展的根本途径。学生以学习为本，学习是学生的第一任务，学习能促进学生的心理健康和心理发展。这种积极影响作用有以下几方面：

1.能发展智力，开发潜能 每个人都有与生俱来的智力和潜能，但是这些潜能必须通过后天的学习才能被挖掘出来，并进一步得到开发。一个人的智力也是在学习中不断发展提高的。新时期的大学生应该利用大学的有利条件勤奋学习，在学习过程中开发、利用、提高自己的智力和潜能。心理卫生学认为，一定的智力水平是心理健康的基础，而智力的发展程度也反映了心理健康的水平。

2.带来满足和愉快 大凡善于学习、勤于工作的人，也总是把学习和工作当作自己的所爱并从中体味到幸福和快乐。通过努力学习，取得一定的成绩，得到学校老师和同学的认可，获得一定荣誉，就会发现自己的价值和尊严，就会收获喜悦和满足。而当遇到不如意的事情时，如果埋头学习则可以忘掉不快，并从学习成果中得到安慰，以学习为乐，有助于健康心理的发展。

3.促进自我意识的发展 古人说“学然后知不足，知不足然后能自反也”。只有多学习，才能提高自身的理论水平，从而提高认识问题、分析问题的能力，掌握科学的认知方法，这样才能更好地发现自身的不足，才能正确认识、评价自己和他人，才能不断根据社会需要进行自我调节，以便更好地适应社会。

4.使心理健康的水平不断提高 大学生的学习活动能逐渐纠正错误的认知观念，形成正确的认知观念，学会合理的认知方式。通过学习活动，尤其是文学、艺术方面的学习，有助于发展健康的情绪和丰富的情感。在集体中学习，同学之间能够相互学习，各取所长，既有利于培养健全人格，提高自己的适应能力，又有助于同学之间的交流、合作，从而建立和谐的人际关系。心理健康不是一蹴而就的，它需要不断地去学习，去实践，只有不断加强学习，才能提高心理健康水平。

学习活动是人类实践活动的一个重要方面，通过学习去认识世界，就必须遵循学习活动的心理规律。大学生的学习是一项艰苦而复杂的脑力劳动，如果不遵循学习心理过程的规律，也会给心理健康带来消极影响。如有的同学对学习的期望值超过自己的能力，造成心理压力过大,从而产生过度紧张和焦虑;有的同学学习方式不当,付出与收获不成正比,丧失了学习的积极性;有的同学学习不健康的内容,则会造成心理污染,甚至误入歧途;还有的同学不懂得劳逸结合,忽视了必要的休息、娱乐活动,产生了过度疲劳等。以上这些情况,都会对自身的心理健康造成不利影响,应当学会调节。

(二)心理健康对学习的影响

研究证明,大学生的学习成绩和智商之间并没有一一对应的关系。现在的大学生都是经严格选拔进入大学的,智力的个体差异不是很大。但是在学习成绩方面,有的同学突出,而有的则较差,可以说,对于具备一定智商基础的大学生来讲,学习动机、兴趣、情绪、态度、意志等心理因素对学习更具有影响作用。因此,正常的智力、良好的情绪、坚强的意志、良好的个性、适当的自我意识、和谐的人际关系、较强的适应能力等,都是大学生进行学习活动的重要保障。反之,如果心理健康状况较差,甚至发展成心理疾病,则会不同程度地影响大学生的学习。如一个女同学,在刚入学时,成绩在班内居中上等,后来由于与家庭父母之间缺乏沟通产生误解,自己偏执地认为自己非父母亲生,这种心理倾向刚开始没有得到及时调整,而且性格内向的她在学校又不善于与其他同学交流,以至于发展为精神分裂症,不得不休学治疗。所以,大学生一定要注重自身的心理健康状况。

第二节　大学生的学习

学习是人最基本的需要之一。对大学生来说,掌握学习的规律,了解学习的特点,明白学习的基本形式是非常重要的。

一、大学生学习的特点

(一)特殊性

大学生学习是学习的一种特殊形式。大学生学习有其特殊性:一是大学生的学习是一种特殊的认识活动,是掌握前人积累的文化、科学知识,即间接的知识。在学习中会有发现与创造,但其主要内容还是学习前人积累的知识与经验。二是学生的学习是在教师的指导下,有目的、有计划、有组织地进行的,是以掌握系统的科学知识为前提的。三是学生的学习是在较短时间内接受前人的知识与经验,重要的是间接经验的学习与掌握,学生的实践活动是服从于学习目的的。四是学生的学习不但要掌握知识经验与技能,还要发展智能,培养品德及促进健康个性的发展,形成科学的世界观。

(二)自主性

自主性是大学生学习的一个非常显著的特点,主要是由大学教育自身特点和大学生自身因素决定的。与中学相比,大学里开设的课程科目很多,而教学课时相对较少,大学老师难以像中学老师那样对科目内容进行面面俱到、精致细微的讲解,而主要是就难点和重点进行讲授,其他的就留给并引导学生自学。同时由于课时较少,大学生拥有了更多的可以自由支配的时间,要合理地安排和利用这些时间,就要求大学生具有较强的自学能力和自制能力。在这些时间里,大学生或者阅读各种参考书扩充课堂所学知识;或者听喜欢的选修课,看喜欢的课外书,拓宽自己的知识面;或者参加一些课外活动,发展多方面的能力。从大学生自身来讲,他们经过十几年的学习,已经掌握了一定的知识,积累了一定的学习经验,为自主学习打下了一定的基础。

(三)专业性

所谓专业性,主要是指要有扎实的专业知识,能够较好地掌握和运用专业知识。大学生的学习活动是一种以掌握专业知识和技能为特征的社会活动,围绕着如何使大学生尽快成为高级专门人才而进行。从入学开始就有了职业定向,再经过几年的学习,大学生逐步成为基础知识扎实、专业知识结构合理、能力强、创造性高、品行高尚的德智体全面发展的高级专门人才。大学生的知识结构、智能结构和各种素质结构都深深地打上了专业的烙印。

在学习过程中,必须正确处理好“博”与“专”的问题,做到“博”与“专”的统一。博指学习知识的广度,而专指学习知识的深度,博是学习成才的基本条件,而专是对人才的基本要求。

(四)广泛性

大学生学习的广泛性特点主要表现在学习的内容和途径上。在学习的内容方面,大学生需要学习多方面的知识,发展多方面的技能。不仅要学习书本知识,还要学习社会知识;不仅要培养学习能力、工作能力,还要培养组织能力、观察能力、创造能力等。在学习途径方面,课堂教学是获取新知识的主要途径,但已不再是唯一途径。在课堂学习外,大学生通过自学、讨论、实习、实训,听学术报告和讲座,参加第二课堂活动、社会调查等途径来拓宽知识面,积累知识和发展技能。这也要求大学生处理好理论课与实践实训课、课内活动与课外活动、课本知识与课外知识、专业知识与能力发展的关系。

(五)探索性

大学的培养目标、教学内容和模式决定了大学学习具有探索性。大学生不仅要掌握知识,还要培养将所学知识应用于实际的能力。这种能力需要学生进行探索性的学习。从教学内容和模式来看,大学教育是将知识和方法的传授与培养学生解决实际问题的能力相结合,教学内容也从既定结论转向广泛介绍各个学术流派理论纷争及最新学术发展动向。因此,大学生不但要学习新知识,而且要掌握科学研究的基本方法,善于发现和解决实际问题。

二、大学生学习的心理特点

大学的学习活动与以前的学习相比是一种更高层次的学习,不仅具有专业性、自主性的特点,而且已具有了职业定向性、社会实践性的要求。因此,大学阶段的学习需要大学生的学习意识、学习动机及学习策略等多方面的心理机能参与,且需要逐渐形成稳定的学习心理特点。

(一)学习意识基本成熟

学习意识的形成是学会自主学习的关键,大学生的学习意识具有更强的独立性、自主性和可控性。

大学生的学习意识的独立性表现在大学生在学习时间的安排上有了较大的支配权，表现出独立发现问题的意识，独立地从多个角度思考问题的求异意识，敢于发表不同见解，敢于坚持自己观点的勇敢精神，敢于批判课本、权威的质疑精神等。

大学生学习意识的自主性表现在大学生对学习内容的选择已经有了一定程度的自由，可以根据自己的兴趣、特长和需要选修某些课程，在完成教学计划规定的基本任务并达到教学基本要求的同时，有所侧重地扩充某些知识，发展某种能力。从学习方法来看，大学生善于动脑，善于对事物变化的机制进行探究，渴求找到疑难问题的答案，喜欢寻找缺点并加以批判，有自己独特的学习策略，创新意识强；从学习过程中的人际交往看，学生能主动与老师进行沟通，敢于说出自己的见解，同学之间善于合作，经常相互讨论；从学习的态度来看，大学生能主动配合老师的教学设计，参与教学过程。

大学生学习意识的可控性是指大学生在学习中能够觉察到自己的学习过程和学习状态，并对自己的学习动机、学习兴趣、学习方法进行监控和调整。如学习计划的制订、学习时间的安排、学习活动的自控等。在学习过程中，能够依靠自己学习结果提供的信息对自己的学习活动自动进行调节和控制，如果发现自己在学习过程中的状态或方法不能适应学习需要时，能够主动地进行调整，以符合学习的要求。

（二）学习动机多元化与复杂化

由于大学生正处在特殊的历史时期，处于特定的年龄阶段和人生阶段，因此每个人的人生观、价值观、理想抱负水准和个性心理特点等是不相同的，这就决定了他们学习目标和动机模式的差异性。对于一个大学生而言，努力学习的动机因素往往不再那么单一，可能同时存在着几种学习动机，共同促进着学习。有些同学并不能或不愿意表明其学习动机，有时自己意识到和说出来的动机与实际上起主导和支配作用的动机往往不一致。

虽然大学生的学习动机在内容上有多元化与复杂化倾向，但大学生的学习动机总体上是积极向上的。国内的一项研究指出，大学生学习动机一般的发展进程是直接性学习动机随着大学学习年级的升高而逐渐减弱；学习社会责任感成为主导的学习动机，随着年级的升高而加强；专业性（职业的定向目标）的学习动机随着年级升高而巩固和发展。总的来说，在大学生的学习动机中，以学习的社会意义、人生意义作为学习的内在深层动力，使大学生学习活动具有更高的自觉性、竞争性和紧迫感，作为一种内部动机，将对学习起到持续有力的推动作用。

（三）智力与学习能力达到最佳

虽然不同研究对于个体智力发展速度和高峰期的看法并不特别一致，但是一般认为，青少年时期是智力快速发展的时期，20~35 岁发展保持高水平，以后开始下降。大学生的年龄一般在 18~23 岁，所以大学时期是人生智力发展水平的最佳时期，已经接近发展的高峰期，有利于个体接受复杂、深刻、专业的学习，良好的教育条件和主观努力是可以促进大学生水平进一步提高的。

三、大学生学习的目的和任务

大学生是民族的希望，国家的未来。大学生要真正成为社会未来的建设者和接班人，就需要珍惜大学学习的时光，不断充实自己，培养自己各方面的能力，以适应未来社会的需要。因此，大学生在校期间的学习任务应该是全方位的，应包括学会学习、学会做人、提高素质和能力、学会调理生活等诸多方面。

（一）学会学习

大学生将来所面临的社会是一个学习型的社会。学习型社会要求其成员不断学习，不断完善自己、充实自己，才能适应不断发展的社会。学会学习，是在这个社会生存下去并为之作出贡献的最基本要求。大学生作为社会的中坚力量，学会学习也就自然成为大学生学习的首要任务。学会学习不但要学会继承，更要学会创新。

学会学习就是要培养独立自主的学习能力，摸索出一套科学的、适合自己的高效学习方法。养成良好的学习习惯，学会合理安排自己的时间，学会并熟练地掌握查阅文献、综合分析信息的方法。学会学习是一个过程，它不是一蹴而就的，需要具有培养自己学会学习的意识，在学习基础知识和专业知识的过程中不断探索。要在学习中处处留心，不断总结，逐步达到真正会学习的境界。

（二）学会做人

当前大学生大多数是独生子女，没有独立生活与集体生活的经验，在父母的呵护下往往以自我为中心，不懂得如何与别人相处，更不必说谦让别人。大学是一个小社会，是大学生独立人生的开始，大学生要适应未来的社会和工作，在处理问题时，就必须跳出以自我为中心的圈子，多角度、多方位地观察和思考问题，培养自己完善的人格，使自己成为一个全面发展的人。学会做人是学会做事和学习的基础，不会做人就不会做事，也将影响学习的心情和效果。为此，大学生从入学的第一天起，就要给自己制订一个做人的标准，从小事做起，严格要求自己，努力实现做人的目标。

（三）提高素质和能力

大学培养的是高级专业技术人才，大学生要做一番事业需要具备一定的素质和能力，为将来的事业奠定基础。大学生必备的基本素质有四个方面：一是思想政治素质。包括科学的人生观、世界观，坚定的政治立场，正确的政治方向，坚定的共产主义理想和信念等。二是道德素质。包括强烈的爱国主义情感、全心全意为人民服务的思想和艰苦奋斗的精神、集体主义精神、科学创业精神、敬业奉献精神、民主精神、合作精神等。三是科学素质。包括精深和广博的知识结构，正确的科学意识和科学观念，科学的思维方式和工作方法，求实的科学精神和科学态度。四是身心素质。大学生要保障身体健康和心理健康，才能谈创业谈发展。

能力是工作的必备条件。能力不是天生的，要经过学习和训练才能获得。新时期的大学生应当具备以下几种能力：一是熟练运用专业知识的能力。二是敏锐的信息收集、分析、综合、利用能力。三是一定的组织管理能力。四是流畅的语言表达和写作能力。五是勇往直前的开拓创新能力。六是建立和谐人际关系的能力。

（四）学会调理生活

学会生活是做好其他一切工作的基础。一个不会生活的人，在学习和工作中必将遇到一系列的困难，很难将学习和工作搞好，在与周围人相处中也易遇到障碍。因此，学会生活是大学学习的重要任务之一。大学生要学会生活，就是要形成文明的生活习惯和健康的生活方式，主要包括以下内容：

1.**树立科学的健康观**　这里的健康不仅指身体的健康，更强调一种在现实的环境中有效运作的能力，即在经常变化的环境中能对抗紧张，经得住压力和挫折，能积极安排自己的各种生活，使自己的智慧、情感能融为一体，生活和精神充满生机，真正达到生理和心理的健康。

2.**培养合理的理财观念**　调查发现，80%的同学其经济支出来源于父母，小部分的同学以勤工助学作为生活来源，也有一小部分学生以奖学金或助学贷款作为主要生活来源。在个人理财方面不少学生理财意识淡薄，不懂得合理规划收支，结果影响了学习、生活、交往等活动。

大学校园里往往有这样一种现象，一到学期末，有的同学手里还或多或少有余钱，而有的同学却不得不四处借钱度日。目前，超前消费在学生群体中很受欢迎，高校中甚至流行这样的话——“用明天的钱”。然而，大部分学生对如何偿还“明天的钱”却少有考虑。大学生的无序消费势必影响其家庭的整体支出，若不予及时纠正则容易养成虚荣奢侈的习惯，不利于今后独立生活。如果将来工作后收入不能满足消费，就容易引发心理和社会问题。如何理财成为大学生学习的必要内容。

对刚入校的大学生，学习理财可以从以下几方面入手：①学习经济方面的知识。了解经济方面的基本原理，学会用经济知识分析生活中的经济现象。②生活中尝试记账作预算。学会记账和编制预算，是控制消费的方法之一。除了学费之外，大学生的生活费较科学的预算是这样的：60%的钱用来吃饭；10%的钱用来买书补课；20%的钱零花；10%的钱储蓄以备急用。把大宗消费记账，以便掌握自己的收支情况，及时调整消费。③学会开源节流。生活中往往有很多小开支，这里几元，那里几元，看似不起眼，但积少成多就是一个大数目。因此，必须花的钱一定花，不必花的钱不花，可花可不花的钱尽量不花。

如果在大学就能树立一种正确的理财观念，在对待“钱”的问题上就会显得更为理性，也为以后的生活打下良好的经济基础和心理基础。

3.**积极参加各种有益的社会活动和集体活动**　大学通常给予大学生很大的自主安排时间的权利，大学生要学会合理安排时间，使得学习之余能够参加健康有益的文艺、体育等娱乐活动，社会实践活动。通过活动积累经验，可以放松身心，调节情绪，提高素质，陶冶情操等。

4.**养成文明、良好的集体生活习惯**　在宿舍、教室等共同学习和生活的环境中，同学间相处要互谅、互让，要维持集体的利益。做到心胸豁达，情绪乐观；生活规律，坚持锻炼；劳逸结合，善用闲暇；不吸烟、不酗酒；适应环境，与人为善；自立、自尊、自爱、自强。

四、建立合理的能力结构

在现代社会中，除对不同专业的大学生有一定的知识结构要求，同时还需具备一些共同的基本能力外，还要求具有从事本行业的某些专业能力。从某种意义上说，能力比知识更重要，大学生只有将合理的知识结构和社会需要的各种能力统一起来，才能在社会竞争中立于不败之地。合理、科学的能力结构主要包括以下几方面：

（一）自学能力

知识经济时代的一个重要特征就是知识的更新比以往任何时候都要迅速，新的知识不断产生，旧的知识不断地被替代。从长远看，不在大学阶段培养出较强的自学能力，大学毕业以后就很难进入创造期，也无法适应社会的需要。培养自学能力，首先是提高学生的阅读能力、资料检索和资料整理能力，融会贯通能力以及发现、分析和解决问题的综合能力，即对所学知识与技能进行独立的选择、综合和应用的能力。其次是自律能力的培养，制订学习目标和学习计划，约束自己的学习行为，克服惰性和依赖性。再次是能够及时总结经验教训，反馈调节自己的自学活动，并不断提出新的合理的学习任务和学习目的。

（二）时间管理能力

时间管理能力，也就是合理地安排和使用时间的能力，能够在有限的时间内完成最多的工作，取得最大的效益。

要最大限度地发挥时间的效益，首先要具有现代的时间观念。随着社会生活节奏的加快，时间已经成为现代社会最紧俏的资源，时间观念也已成为衡量人们，特别是大学生现代社会素质的重要标准之一。

其次，要科学地支配时间，掌握运筹时间的艺术，以免在繁重的学习和工作中顾此失彼，时间安排要做到全面、合理、高效。

（三）实际操作能力

实际操作能力主要是指专业学习中所必备的实践能力和动手能力。在一切社会活动中，尤其是教学、科研和生产第一线，没有熟练的实际操作能力是很难胜任工作的。大学生在校期间必须注重培养实践能力，应该多看、多想、多练，这样才能提高自己动手操作的技巧和能力，如参加具体的教学实践活动等。

（四）组织管理能力

组织管理能力是指运用管理者的知识和能力去有效地影响一个组织机构的活动，并达到最佳的工作目标。它主要包括组织计划能力、组织实施能力、组织决策能力、组织指导能力以及平衡各种关系的综合能力。尽管不是每个大学毕业生走上社会后一定都从事组织管理工作，但是每个人将会在工作中不同程度地需要运用组织管理能力。随着科学技术向整体化、综合化和网络化的方向发展，不仅领导干部要具备组织管理能力，其他专业技术人员也应当具备。同时，现代社会的科学技术高度发展，每一项工作完全依靠一个人去完成是不可能的，都有一个相互协调、相互配合的问题。如果没有一定的组织协调能力，专业技术工作也就无法完成。大学生可以通过社会调查、实验、实习、社团活动、勤工助学和参与社会工作等多种途径锻炼和提高自己的组织管理能力。

（五）表达能力

表达能力是指以口头或书面的形式，准确、鲜明、生动地表达自己思想、认识和情感的能力，其中准确性是表达能力强弱的主要标志。大学生的学习活动、毕业后的职业生活都离不开与他人进行信息交流，表达能力的培养则显得尤为重要。对于理工科大学生，除了需要语言、文字表达能力之外，还需要图表和数字表达能力，人们常把图表和数字表达能力称为“工程师的语言”。培养良好的表达能力,要克服心理障碍,大胆在各种公共场合发言、积极参加演讲比赛,并勤学苦练、长期坚持,提高文字表达能力。

(六)创造能力

创造能力是指对已积累的知识和经验进行科学地加工,从而产生新知识、新思想、新概念、新成果和新产品的能力,是一种高层次的思维能力和行动能力。在大学生的能力结构中,创造能力是核心,在成长活动中起决定作用,创造能力是在实践中不断地锻炼和培养出来的。培养创造能力必须做到以下几点:

(1)培养创造的胆识和勇气。要有强烈的创新意识和创新精神,克服对创造性活动的迷信,相信自己的潜能。

(2)培养高尚的创造动机。动机是人们创造性活动的内在推动力,大学生应该树立远大的创造目标和强烈的社会责任感,有超越前人水平和建功立业的事业心,同时能根据个人的兴趣、爱好和社会需要选择自己的创造方向。

(3)有批判继承和开拓创新精神。任何发明创造都是继承和创新相结合的产物,人们要有效地创新,就要继承和吸取前人的经验和教训。批判继承性和思维独立性的统一是创造能力必备的思维方法。

(4)培养强烈的进取精神。以坚定的意志和顽强的毅力挑战未知事物,向高深而又艰难的领域展开进攻。

以上是大学生能力结构的六个组成部分及其优化的方法。结构优化主要是能力结构中各方面能力的相互补充、相互促进及相互关系与相互配合。大学生要根据自身能力结构的特点做到扬长避短,通过结构优化弥补各方面能力的缺陷与不足,更有效地发挥整体结构的功能。

培养合理的知识结构,进而不断地优化能力结构,这是大学生早成才、成好才的关键。只要坚持不断地探索,不断地实践,不断地总结,知识结构和能力结构就会不断地完善优化,不断地趋于合理。

第三节　大学生学习中的心理困扰及调适

圆满地完成大学期间的学习任务,掌握扎实系统的专业知识,为将来的工作和学习打下坚实的基础,这是每一个大学生都希望实现的愿望。现实生活中,有一部分学生存在时间或长或短,程度或轻或重的学习困难,致使学习效率低,学习效果差,学习任务不能顺利完成。常见的学习心理困扰有学习动机障碍、学习焦虑、考试过度焦虑等。

一、学习动机障碍及调适

动机是由某种需要所引起的有意识的行动倾向,它是激励或推动人去行动以达到一定目标的内在动因。大学生的学习动机是直接推动学习的内部力量,是学习成功的源动力。有些学生总觉得对学习提不起劲来,一拿起书就觉得很厌烦,学习上拖拉、散漫,这些都是缺乏学习动机的表现。

（一）学习动机对学习的影响

学习动机和学习的关系是辩证的，学习能产生动机，而动机又推动学习，二者相互关联。动机可以增强行为方式，促进学习，而所学到的知识反过来又可以增强学习的动机，动机具有加强学习的作用。对大学生而言，学习动机在学习中发挥着重要作用。

1.**学习动机决定学习方向** 学习动机以学习目的为出发点，是推动学生为达到一定的学习目的而努力学习的动力。没有明确学习目标的学生自然不会产生动机力量，因此，学生首先要懂得为什么而学，朝着什么方向努力。

2.**学习动机决定着学习注意力** 研究表明，学习动机对学习活动的促进作用，主要是以注意的加强为中介来实现的。学习不良的主要原因之一，就在于没有养成良好的注意习惯，注意广度不足，易受刺激的影响。学习动机强的学生往往能够迅速地将注意力集中于学习的对象。

3.**学习动机影响着学习效果** 心理学家洛威尔在一项实验研究中，比较了成就动机强度不同而其他条件相同的两组大学生的学习效果，他给两组大学生被试者的任务是要求他们把一些打乱的字母组成词，19 名成就动机强的大学生在完成学习任务过程中能不断取得进步，而 20 名成就动机弱的大学生进步缓慢，且有倒退现象。

（二）学习动机缺乏

1.**学习动机缺乏的主要表现** 学习动机缺乏是指学习上没有明确的目标和方向，学习无压力和动力，从而导致对学习无兴趣，也就是有的学生常讲的"学习没劲儿"。其主要表现在以下几个方面：①没有明确的学习目标和计划。在学习上既不做长远规划，也不做近期安排，对于学习什么内容、如何合理地安排时间也不做计划。②尽力逃避学习。不愿学习，上课无精打采，不愿看书，课后不复习，不做作业，对学习敷衍了事。③注意力易分散。兴趣易转移，学习肤浅，易受各种内外因素的干扰，满足于一知半解。④缺乏成就感。缺乏学习的自尊心和自信心，无抱负和理想，无求知欲和上进心，不思进取，懒于学习，没有紧迫感。⑤厌倦情绪。把学习看成苦差事，对学习冷漠、畏缩，常感厌烦，对学校生活感到无聊，享受不到学习带来的乐趣。

2.**学习动机缺乏的原因**

（1）社会原因。不同的社会条件、家庭背景对学生的不同要求，导致大学生的学习动机有差异。首先是社会要求通过家庭对学生的学习动机起影响作用。如封建社会中读书人普遍具有追求功名富贵的学习动机。在社会主义市场经济发展趋于完善的过程中，还存在一些不良现象，如拜金主义、分配不公、知识贬值、腐败现象等，对大学生难免会产生一些影响，导致大学生的学习动机减弱或缺乏。

（2）学生的性格特征和个别差异。学生本人的兴趣爱好、好奇心、意志品质都影响着学习动机的形成。如所学专业如果与个体的爱好、兴趣相去甚远，就容易使其在学习中感到疲乏和厌倦，从而减弱学习动机。又如，对于一个意志不坚定的大学生而言，如果在以往的学习过程中经常遭受到挫折与失败，就会引起痛苦和沮丧的情绪，挫伤学习信心，导致学习动机减弱以致消退。此外，成功与失败对不同学生的作用不同也反映了个别差异。

成就动机对学习动机也有影响，趋于进取、力求获得成就的人会有更强烈的学习动机；而力求避免失败的人其学习动机相对较弱，这在一定程度上反映了个别差异。

（3）学校、教师的榜样作用。校园的环境、教学设施、师资水平、校风、校纪、学风等都会影响到学生的学习动机。如学校专业设置得不合理，教育教学方法陈旧，单调的校园文化活动等都会导致学生学习动机缺乏或减弱。调查研究证明，教师在学生学习动机形成中是一个十分强有力的因素。首先，教师本人是学生学习的榜样。如果教师本身治学严谨、学而不厌，以极大的热情和兴趣从事他的专业和教学，就会给学生留下极深刻的印象；相反，如果教师对他的工作表现出厌烦和冷淡，这种情绪也会影响学生。教师的期望也会对学生的动机和行为产生不同的影响。教师不仅有榜样作用，也是沟通社会、学校与学生的纽带。教师要善于把各种外部因素和学生的内部因素结合起来，学习动机的培养和激发，要通过教师配合各方面力量去完成。

（4）家庭原因。学生家庭经济条件的优劣、家庭成员的文化素质高低、家庭的稳定和睦与否、父母的期望等都会对学生的学习动机产生直接的影响。美国心理学家对两组打算上大学的男孩进行调查研究和互相比较，目的在于找出两组学生学习动机上的差异与父母的态度之间的关系。结果发现，父母的期望与管教对其具有相当大的影响。

（5）学生的志向水平和价值观。社会责任感不强，学习动机不明确，价值观念不健全，自我意识不成熟，自我效能感缺乏，学习方法不当，学习毅力不强，对所学专业缺少兴趣等都是造成学习动机缺乏的主要原因。大学生的情绪、爱好、意志、经历、兴趣、健康状况等个体特征都会对学习动机产生影响。

（6）学习上遭受挫折。以教师为核心的教学模式变成了以学生为核心的自学模式。老师不再为学生的一切学习活动负责，而由学生自己决定要学的专业、发展的方向、学习的重点等，这一切使一部分学生无法适应。当自己在学习、能力等方面与他人的距离表现出来或者达不到学校的要求以后，他们往往会产生失落、忧虑、紧张、自卑的情绪，陷入自我怀疑、自我否定的困惑之中，挫折感强烈，严重的可能会患上抑郁症。

（三）学习动机的激发

其实每个人都有学习需要，只是出于个体所处的客观环境对人的要求不同，人的学习需要存在一定的差异。学习动机的激发是指利用一定的诱因，使已经形成的学习需要由潜在状态变成活动状态，形成学习的积极性。

1.提高认识　了解学习的意义所在，是激发大学生学习动机最直接有效的途径。当大学生认识到今天的学习是为了明天的幸福生活、为了社会发展、为了将来自我价值的实现时，学习就有责任心和紧迫感，就会产生强烈的学习动机。知识就是力量，大学生要充分认识到，未来社会的发展对知识的需求将会越来越强烈，知识的价值将越来越得到体现。国与国之间的竞争实际上就是人才的竞争，而在社会上人与人之间的竞争实际上就是知识与能力的竞争。意识到学习对社会发展以及个人自我实现的重要性，就会增强大学生对学习的责任心和使命感，学习动机就会更为强烈。

2.树立目标　只有树立明确的学习目标，才能产生强烈的学习动机，保持高度的学习自觉性。因此，学习目的作为产生和保持学习动机的因素，在学习行为中起着重要的指导作用。人有了明确的学习目的，学习就有了动力，动机总是在个体意识到自己有某种需要，并且又发现了可以满足这种需要的目标的情况下才被激发起来的，没有行为目标也就无所谓动机。行为目标作为对行为结果的一种预想，其意义和价值就决定了动机的意义和价值。目标远大、高尚，可以最大限度地满足个体的需要，就会产生较大的激励力量和内在动机，推动人们坚持不懈、全力以赴地去追求，“伟大的精力只是为了伟大的目的而产生的”。

3.培养专业兴趣 兴趣是最好的老师，对所学专业的浓厚兴趣是推动学生学好专业知识的最强有力的因素。目前，由于社会、教师、家长等因素的影响，大学生入校前选择专业时存在学习兴趣和所学专业不相符的现象，致使入校后产生学习动机缺乏障碍。大学生可根据所在学校的条件，转入感兴趣的专业。学校方面有必要对学生进行专业思想教育，有目的地培养学生的专业兴趣，让学生了解本专业的特点，了解本专业在社会发展中的作用等。同时围绕本专业开展丰富多彩的活动，吸引学生、激发学生学习本专业的兴趣，从而增强学习动机，学好专业课。

4.增强成就动机 所谓成就动机是指个体对认为重要的或有价值的学习和工作，积极地去从事和完成，并能取得进步或者获得成功的一种内在的推动力量。成就动机是推动个人进步和成长的力量源泉，激发学生的成就动机，能增强学生学习的主动性和自觉性，使其在学习过程中体验到获得知识的乐趣，在战胜困难过程中增强自信和勇气。大学阶段是为人一生的发展奠定基础的关键阶段，只有确立奋斗的目标，并采取切实的行动，才能不断激发和增强成就动机。

5.引导学生正确对待挫折 在新的学习环境下，学习受到挫折是正常的事情，要引导大学生正确对待挫折。首先要让学生认识到产生挫折的原因，分析自己的问题出在哪里，是学习的态度不积极，还是学习方法不妥当。引导大学生正确认识大学期间的学习特点，以适应环境，提高学习成绩。在学校学习的过程中，引导他们树立积极的学习态度，掌握正确的学习方法，区别对待大学期间的各种活动和课程，使自己有限的时间和精力得到充分利用。

6.改善学习的外部条件，创设良好的学习氛围 针对学生学习动机不足的外部原因，要通过多方面的努力改善外部环境和外部条件。应切实提高知识分子的社会和经济地位，形成一种尊重知识、尊重人才的良好社会风尚。学校要严格要求，提高教师的教学科研水平，保证教学质量，改善教学条件，净化学校风气，使学校环境更利于学生学习。

氛围对人有熏陶作用和约束作用。当大学生置身于浓郁的学习氛围中时，就会受到感染，不知不觉地对学习产生兴趣，从而激发起积极的学习动机。创设良好的学习氛围是每位同学的责任，如果一个班级中或一个宿舍里每个同学都认真学习，那么这个班级或宿舍就会产生互相促进、共同进步的学习氛围，从而激发和增进每个同学的学习动机。

二、学习焦虑及调适

(一)学习焦虑的表现

学习焦虑指大学生感到来自现实的或预想的学习情境对自己自尊心构成威胁而产生某种担忧的心理反应倾向。无论是学习优秀的学生还是学习较差的学生，都将体验到学习所带来的各种压力，并由此引发不同程度的紧张和焦虑。学习焦虑主要表现在以下几个方面：

1.**心理压力过大** 学习中感到忧虑、紧张、恐惧、坐立不安，面对繁杂的学习内容茫然无措，不知道从哪里着手开始学习，情绪压抑。

2.**怀疑自己的学习能力** 怀疑自己的能力不足。总担心学习会达不到自己的期望，对可能取得的成绩顾虑重重，信心不足，害怕失败，忧虑过度。在学习中不能集中自己的注意力，记忆力衰退，思维迟缓，学习效率下降，变得更加急躁。

3.**夸大学习中的困难** 由于长时间担忧、紧张等负性情绪的积累，情绪抑郁、容易发怒、烦躁，对学习活动逐渐丧失耐心和信心。心绪不宁、焦虑不安，学习中遇到困难会觉得自己无法克服。在生理上多表现为食欲不振、困倦疲乏、睡眠不良、神经衰弱、大小便频率增加、多汗、恶心、胃肠不适等情况。

（二）学习焦虑的原因

1.**学习压力过大** 一部分大学生在学习中感到力不从心、身心不堪重负，同时在进入大学后，他们发现身边“高手如云”，大家在学业上既是帮手又是竞争对手，在各种评选和成绩比较中，难免会遭受失败和挫折。在失败与挫折的经历中，多少会体验到痛苦与难过，他们开始害怕给自己带来失败，引起学习焦虑。

2.**理想与现实的冲突** 有些大学生对自己的能力缺乏正确认识，确立的目标远远超过自己的实际能力所能达到的水平，就会感到现实离期望相差甚远，他们在自己努力的情况下，会担心结果是否能如己所愿，容易出现学习的焦虑。

3.**对专业学习缺乏兴趣** 部分大学生在不断的学习中逐渐丧失了对所学专业的兴趣。自己感兴趣的不是所学的专业，对专业课学也不是，不学也不是，在这种矛盾冲突中，会产生学习的焦虑，不知道如何应对学习。

（三）学习焦虑的调适方法

1.**找出学习焦虑的原因** 在看清了自己的焦虑以及焦虑的表现以后，应该找出焦虑的原因并加以解决。学习负担过重的学生要学会放松自己，合理地宣泄自己抑郁、焦虑的情绪，保持良好的心态。如可以向自己信赖的亲朋好友诉说，这样既可以缓解自己的焦虑情绪，也可以从他们那里获得一些有益的指导。

2.**正确认识和评价自己的能力** 根据自己的能力，确立切实可行的学习目标，培养良好的意志品质，勇敢地面对困难和挫折。寻找快乐，保持情绪的和谐稳定，善于总结经验，找出适合自己的学习方法等。

3.**改变不合理的认知** 大学生的学习焦虑有时来自一些日常琐事，几年、几个月、几天甚至只有几个小时过去之后，会突然发现自己许多次的焦虑只是为了一件琐碎的小事儿。事实上，个人的情绪等心理问题不是由于遭遇的事件本身决定的，而是由个人对该事件的认识和看法决定的。“天下本无事，庸人自扰之”道明了自己对个人、对事件的认识影响到我们的情绪反应。所以要改变不合理的认知，不要让小事使自己变得焦虑。

三、考试过度焦虑及调适

在大学里，考试仍然是大学生面临的重要刺激源之一。虽然不像高考影响那样严重，但是考试种类多，如期终专业课考试，各种竞赛活动，英语四、六级考试，计算机等级考试等，仍然给大学生们带来很大压力从而产生过度焦虑。

（一）考试过度焦虑及其危害

考试焦虑是一种正常的心理反应。一般来说，考试过程中有适度的焦虑会对个体产生一定的激励作用，使其在考试中较好地发挥自己的水平，取得较好的成绩，随着考试的结束，焦虑也随之消除。如果对考试毫无焦虑，甚至满不在乎，是不可能取得较好成绩的，同样也是不正常的。

考试过度焦虑则是不正常的，且一般考试过后，焦虑感仍然不能消除，其表现有紧张、恐惧、心烦意乱、情绪失常、失眠、注意力不集中等。过度的考试焦虑对学习有极大的危害，甚至能够对人的身心健康造成不利影响。具体表现如下：

1.影响考试中正常水平的发挥 考试过度焦虑时，注意力不能集中，不能专注于学习和考试过程，而是专注于各种担忧之中，记忆受影响，无法回忆起学过的内容，思维陷入混乱，甚至停滞，创造性思维更无从谈起。

2.易引发心理问题 像失眠、神经衰弱，特别是考试过后长久不能消除焦虑的就容易转为慢性焦虑，而慢性焦虑会影响大学生的学习和生活，甚至转为焦虑症。

3.危害身体健康 考试过度焦虑会使消化系统功能紊乱，如有的学生在考试期间出现不明原因的腹泻，就是消化系统功能紊乱的临床表现。若这种状况持续下去，就容易发展成胃炎等胃肠疾病，还会影响心血管系统的功能，出现心律不齐、高血压、冠心病等。

总之，长期的考试过度焦虑既不利于学生在考试中的正常发挥，又会危及学生的身心健康。

（二）考试过度焦虑的原因

考试焦虑的产生是内因和外因相互作用的结果。产生考试焦虑的原因具体有以下几个方面：

1.不能正确对待考试 有些学生过于看重考试成绩，把考试成绩与很多事情联系起来，认为考试成绩会影响自己在同学中的威信，影响老师对自己的看法，影响今后的就业等。

2.对考试的期望值过高 一些学生给自己提出了过高的学习目标，要求自己的考试成绩必须名列前茅，因为害怕达不到目标，考不出好成绩，所以导致精神上的紧张和行为上的异常。

3.考试能力较差 大学生虽然经历过无数次的考试，但由于个人的心理素质差或不善于总结经验，没能掌握应对考试的技巧，在考试中不能很好地调节自己的心理状态，不能充分调动心理因素，挖掘自己的潜能，考出好成绩。

4.外部压力 父母过高的期望、老师同学的评价及未来就业的压力，都给学生造成了心理负担。

（三）考试过度焦虑常用的调适方法

1.端正考试态度 考试的目的是检验学生对所学知识的掌握情况，学生可以根据考试成绩总结学习经验和教训，重新确立学习目标，调整自我认识、自我评价，以便在今后的学习中取得好成绩。对考试成绩的期望值要符合学习实际，不要给自己设定过高的目标。对不恰当的期望目标，要及时进行调整，根据自己实际能力和水平确定期望值。要让学生认识到考试成绩的高低不是取决于考试本身,而是取决于平时的努力程度。

2.认真复习和充分准备　考试要有适度紧张,早作准备,认真复习,在知识技能上真正灵活掌握,作好物质和身体两方面准备,确保身体心理的良好状态,准备好学习用具,避免临时慌乱。在作好各项准备的基础之上,增强对考试的自信心,相信自己的知识水平能够自如地应对考试并取得令人满意的成绩。

3.进行积极的自我暗示　积极的自我暗示,对人的心理和生理都有很大的影响。学生在考前就要给自己一个积极的心理暗示,"我肯定能行""我有实力""要相信自己"。考试中如因过度紧张,致使头昏脑涨、大脑一片空白,可停止答题,闭目默念"放松",反复暗示自己"不要着急",待情绪稳定后再答题。

从前,有一位将军,在率兵打仗之前总要当着全体将士的面进行占卜。每次抽签时,全体将士都屏住呼吸,因为抽签的结果将会告诉这次出征能否取胜,将军把签郑重地举到将士面前,上面清清楚楚地写着"神将帮助你们赢得战争的胜利",全体将士欢呼雀跃。结果,将军率领他的军队取得了一个又一个胜利。在庆功会上,将士们纷纷说:"如果没有战神,我们将不可能取得胜利,让我们为神而干杯!"听了将士们的提议,将军微笑着拿出所有的签来,众人奇怪地看到所有的签上都写着同样的话。看着惊呆了的众位将士,将军激动地说:"勇敢的将士们!你们才是赢得胜利的决定力量,没有什么神帮助我们,我们完全靠的是自己!让我们为自己干杯吧!"这个故事说明了积极自我暗示的作用。

4.掌握必要的应试技能　考试主要考查学生对知识的掌握情况。考试成绩的好坏主要取决于学生的知识水平,在知识准备充分的基础上,学会一定的应试技能,则会消除考试焦虑,有利于提高学习成绩。如以平静的心态对待考试,提前入场,先适应考试环境,发下试卷后,先将试卷整体浏览一遍,了解题量及各题的难度等,以便分清轻重,合理分配时间;参加多科考试时,在一场考试结束后,将已考过的课程抛开,全心准备下场考试,有利于减轻考试焦虑。

5.培养积极乐观的情绪　消极的情绪会使人对任何事情都感到索然无味、思维迟缓、想象力差,遇到问题时心浮气躁,焦虑不安。积极乐观的情绪会使人精神振奋、想象力丰富、思维敏捷,从而使能力得以充分发挥,如果学生能以积极乐观的心态对待考试,就能够正常地发挥自己的水平,避免焦虑。

6.进行训练,学会放松　考试焦虑患者缺乏在特定情景下控制自己的能力,因而有必要帮助他们进行这方面的行为和认识再造。增强学生自己对自身考试焦虑的认知,使他们在自己紧张时能够运用意念控制、调整呼吸、情绪宣泄等多种方法放松躯体,转移注意力,抑制交感神经过度兴奋,以达到调整心理状态的目的。在考试前感到焦虑难以安枕、心神不宁时,可以用听音乐、运动、洗热水浴等方法来缓解紧张。如果觉得自己难以克服考试过度焦虑,应积极寻求心理咨询老师的帮助,在心理老师的指导下进行放松训练,让心情平静下来。

大多数考试焦虑患者通过上述措施能够好转,对少数严重者则需要进行专门的心理治疗或配合药物治疗,且还要进行长期的训练。由于考试焦虑发生率很高,对于家长和老师来说,注意培养学生的健康心理以及树立正确的应试心理是非常重要的。

第四章 情绪管理

情绪是人心理状态的晴雨表,它反映着每个人的心理状态。人的内心世界非常丰富,正如恩格斯所言,它是“地球上最美的花朵”。丰富的内心世界决定了人的情绪也是多种多样的,常言说“七情六欲”——喜、怒、忧、思、悲、恐、惊,寓含着人情绪的丰富多彩。正是因为人类情绪的复杂多变,才使得我们的生活跌宕起伏,人生才有喜、怒、哀、乐。

情绪渗透在人们生活的方方面面,影响着人们的学习、交往及身体健康,也影响着人们的观点和态度,特别是处于社会转型时期的大学生,面临着学习、就业等方面的压力,容易出现不良情绪。因此,增强情绪调节能力,有利于提高大学生的生活质量,促进大学生的成长健康。

第一节 情绪概述

人非草木,孰能无情。每个人在生活中都曾体验过不同的情绪,情绪能给人带来满足和快乐,也不可避免地使人遭受苦恼和折磨。本节重点对情绪的含义、情绪的功能、情绪健康的标准等内容进行阐述。

一、情绪的含义

(一)情绪定义

关于情绪的定义一直存在众多的争议。人们通常以愤怒、悲伤、恐惧、快乐、喜爱、惊讶、厌恶、羞耻等反应来说明情绪。中国人常说的喜、怒、哀、惧、爱、恶、欲七情,也可以被称作情绪。

情绪总是同人的需要和动机有着密切的联系,如人的某种需要得到满足或目的没有达到时,他会产生愉快或者难过等感受。因此,从一般意义上讲,情绪是指人们在内心活动过程中所产生的心理体验,或者说,是人们在心理活动中,对客观事物的态度体验,是人脑对客观事物与人的需要之间关系的反映。

(二)情绪的要素

1.情绪的生理变化 在不同的情绪状态下,人生理上的心律、血压、呼吸乃至人的内分泌、消化系统等,都会发生相应的变化。如人在焦虑状态下,会感到呼吸急促、心跳加快;在恐惧状态下,则会身体颤抖、瞳孔放大;而愤怒时,则会出现汗腺分泌增加、面红耳赤等生理特征。这些变化都是受人的自主神经支配的,是不由人的意识控制的。因此,情绪状态下的这些变化,具有极大的不随意性和不可控制性。如当我们遇到考试失利、情感挫折、学习上的压力时,不可避免地会出现一些情绪上的反应 。

2.情绪的内心体验 人的不同情绪生理状态必然会反映在知觉上,反映到人的意识中来,从而形成人不同的内心感受和体验。情绪的四维理论认为,人对情绪状态的自我感受,是在强度、紧张度、激动度和确信度四个维度上产生的心理感受。愉快度表示主观体验的享乐色调;紧张度表示情绪的心理激活水平,包括肌肉紧张和动作抑制等成分的激活水平;激动度表示个体对情绪、情境出现的突然性,即个体缺乏预料和缺乏准备的程度;确信度表示个体胜任、承受感情的程度。内省的情绪体验是人脑对客观环境和客观现实的重要反映形式之一,这种反映形式不同于认知活动,它不是对客观事物本身的反映,而是带有主观色彩的反映。如人在受到伤害时,会感到痛苦;在朋友聚会时,会感到由衷的快乐;当面临极度危险境地时,会产生毛骨悚然的恐惧感;当自己的某些需要得到充分满足时,会感到幸福愉快;在被欺辱时,会感到愤怒。

3.情绪的外在表现 情绪不仅体现为生理上的反应和内心的体验,而且还以面部表情、声音表情和动作表情等外在形式表现出来。面部表情最直接地反映人的情绪状态,人们可通过一个人面部表情的变化,了解一个人的情绪状态。如当自己所希望的球队获胜时,会不由自主地喜笑颜开;当遇到困难和挫折时,会愁容满面。体态表情同样反映着一个人的情绪状态,如在期末考试过后,我们可通过考生们的坐立不安、手舞足蹈和垂头丧气看出他们此时此刻的情绪状态和面临的境地。声态表情则是指人们在与人交流时的声调、音色和声音节奏的快慢等方面的变化。如一个人悲伤时,语调低沉、言语缓慢、语言断断续续;而当人兴奋时则会语调高昂、语速加快,声音抑扬顿挫,清晰有力。

(三)情绪的类型

1.形式分类法 按情绪的形式可以把情绪分为喜、怒、哀、惧四种,这四种情绪与人的生理需要相联系,称为基本情绪。

(1)喜即喜悦,是需要得到满足,目的达到后的情绪体验。喜悦会使人感到轻松、舒畅和满足,如考试取得了好成绩,得到了自己喜欢的物品,就会产生喜悦的体验。喜悦可以有满意、愉快、欢乐、狂喜等不同的程度。

(2)怒即愤怒,是需要未能得到满足,目的未达到,并且受到阻碍时产生的情绪体验。愤怒的情绪会使人产生紧张、压抑甚至狂躁的感觉。愤怒可以有不满、生气、恼怒、暴怒等不同的程度之别,愤怒的程度取决于对阻碍物的认识程度。当人们遇到挫折时,都会产生一定的不满情绪,但不一定会发怒;如果人们意识到这种挫折是由于他人的恶意中伤造成的,怒气就会油然而生;特别是当人的自尊受到伤害,人格受到侮辱时,往往会产生强烈的愤怒情绪,甚至勃然大怒。

(3)哀即悲哀,是所热爱的事物丧失或希望破灭而引起的一种情绪体验。如果说喜悦是幸福的表露,悲哀则是不幸的散发,如亲人去世、升学考试失意等都属于这种情况。悲哀也有遗憾、失望、难过、悲伤、哀痛等程度之别,悲哀的程度取决于失去东西的价值,悲哀的情绪会使人产生一种失落、无奈、痛苦的心理感受。

(4)惧即恐惧,是面临危险的情景或预感到某种潜在的威胁时产生的情绪体验,如大难临头又无路可走时，人们就会产生恐惧心理；一个人夜间单独行走，本无危险，但想象到某种可能的危险时也会产生恐惧。恐惧有害怕、惊恐、恐怖等程度之别，恐惧的程度取决于面临危险的大小。恐惧的情绪会使人感到呼吸急促、紧张、心悸、全身颤抖，甚至使人本能地产生想逃离的心理。

由于人的需要多种多样，不断变化，同一事物在不同时间、不同条件下和人们的需要处在不同关系中，所引起的情绪就不同，如悲喜交加、啼笑皆非等。成人除了上述基本情绪以外，还有许多复合情绪，如对自己的态度有骄傲和谦虚，与他人相联系的有爱与恨、羡慕与妒忌等，这些都是基本情绪的反映。

2.状态分类法 按情绪发生的强度和持续时间的长短等特性，可以把情绪分为心境、激情和应激三类。

(1)心境是一种比较微弱而持久的情绪状态，即常说的心情，如愉快、忧愁、烦闷等。心境一般不是关于某一特定事物的体验，而是一段时间内的情绪体验，它具有弥散性。某种心境一旦产生，会使人的全部活动都染上这一情绪色彩。如董永、七仙女从"长工棚"中解脱，在奔向建立美好小家庭的路上，所以心境愉快，于是唱道"绿水青山带笑颜"；孟郊41岁第三次参加科举考试如愿以偿，在诗《登科后》中写到"春风得意马蹄疾，一日看尽长安花"。当然，人心情悲伤时，良辰美景也会使他伤感，林黛玉就有一首著名的《葬花吟》。所谓的"忧者见之则忧，喜者见之则喜"，就是人们心境的写照。

(2)激情是一种猛烈爆发，时间短暂的情绪状态，如暴怒、狂喜等。当客观事物与人的需要突然发生强烈冲突，激动时则容易产生激情。激情有积极和消极之分，积极的激情能激励人们克服艰险、攻克难关，如运动员最后的冲刺，战场上战士们的冲锋；消极的激情使人们丧失理智、情绪和行为失控，如争吵中的打斗，范进中举后的狂喜等。

(3)应激是突然出现紧急情况时的情绪状态。当遇到对人有切身利害关系的场景，又要迅速作出重要决定时，容易出现应激状态。在应激状态下，人们往往能做成平时难以做到的事，使人尽快地转危为安。应激状态下有两种表现，一种是惊慌失措，目瞪口呆，语无伦次；另一种是急中生智，化险为夷，转危为安。应激也有很大的消极作用，当人在紧急情境中的应激状态下，会导致知觉狭窄，行动刻板，注意力被局限；过于强烈的应激情绪，会导致人临时性休克甚至死亡，还会导致心理创伤。一个人长期或频繁地处于应激状态中，会导致身体疾病和心理障碍。

二、情绪的功能

情绪对于大学生来说具有重要的作用，概括起来，它对大学生的作用主要表现在以下几个方面。

(一)自我保护的功能

不少人认为愤怒、恐惧、焦虑、痛苦等负性情绪是不好的或是不该出现的。其实很多情绪，包括一些负性情绪，在我们生活中也是必要的，有其不可替代的作用。曾经有一个小伙子，在爬山比赛时手臂被甩在岩石上，当时没感觉怎样，直到后来发现胳膊红肿到医院检查，才发现是手臂骨折了。原来他患了一种骨髓炎症，痛感神经已坏死，丧失疼痛感，所以即使骨折了也全然不知。可见,一个人一旦丧失了痛感,也是很危险的。其实,每一种情绪都是有其功能的,如当人处于危险的境地,恐惧的情绪反应能促使人更快地脱离险境;当人在工作或学习中承担的负荷超出了自身的承受能力时,疲惫的情绪状态会使人不得不放弃一些工作而休息;在被人伤害时,愤怒的情绪会促使人奋起反抗进行自我保护。

(二)人际沟通的功能

人际交往不仅是出于信息上的交流和工作中的协调等方面的需要,更是带有情绪上的需求与满足。曾有一位大学生面对着人声嘈杂的、拥挤的宿舍,自叹自己特别孤独,引来周围同学的诧异。有同学问:“这么拥挤的生活环境,想找个清静的地方都难,你怎么还感到孤独?”这位同学自嘲地说:“我就像是被关在一个透明的玻璃瓶中,尽管周围有的是人,可对于我而言,只是看得见而摸不着的啊!”其实这位同学感到孤独,正是缺少情绪上的沟通,是对情感交流的一种渴望。情绪在人际沟通中起着非常重要的调节作用,像微笑、轻松、热情、喜悦、宽容和善意的情绪表达,会促进人际的沟通和理解;而冷漠、猜疑、排斥、偏执、嫉妒、轻视的情绪反应,则会构成人际交往中的障碍。

(三)信息传递的功能

情绪还能起到信息传递的功能。如情人之间的一个眼神、一个微笑,就可互表爱意;知己之间的一个动作、一个表情,就能使对方心领神会;考场中,监考教师威严的目光,就足以使那些想投机取巧的人望而却步。情绪还可以相互影响和传播,当一个人兴高采烈时,他就会将这种情绪传递给周围的人;而当一个人沮丧、愤怒时,也会使这种情绪在周围传播开来,并且还会将这些负性情绪迁移到他人身上。

三、情绪健康的标准

1.心理学家瑞尼斯等人提出情绪健康的六项指标

1)发展某些技巧以应付挫折情境。

2)能重新解释与接纳自己与情绪的关系,不会一直自我防卫,能避免挫折并安排替代的目标。

3)知觉某些情境会引起挫折,可以避开并找到替代目标,以获得情绪满足。

4)能找出方法,缓解生活中的不愉快。

5)能认清各种防卫机制的功能,包括幻想、退化、反抗、投射、合理化、补偿等,避免养成错误的习惯,以致防卫过度,造成情绪困扰。

6)能寻求专家的帮助。

2.心理学家索尔提出情绪健康的八个特点

1)独立,不依赖父母。

2)增强责任感及工作能力,减少与外界接纳的渴望。

3)去除自卑情结、个人主义及竞争心理。

4)适度的社会化与教化,能与人合作,并符合个人良心。

5)成熟的性态度,能组织幸福家庭。

6)培养适应能力,避免敌意与攻击。

7)对现实有正确的了解。

8)具有弹性以及适应力。

3.大学生情绪健康具体表现

1)能及时、准确、适当地表达自己的内心感受。

2)情绪反应正常、稳定,能承受生活的考验。

3)能从平凡的生活中发现美,得到快乐的享受。

4)能与人为善、和睦相处,建立良好的人际关系。

5)能给予人爱或接受他人的爱,待人热情,乐于助人,有同情心。

6)能有正确的自我意识,对前途充满信心,富有朝气,勇于上进,坚韧不拔。

4.情绪健康标准的评价 情绪对人的发展影响极大,如何评价一个人的情绪健康和成熟成了心理学家关注的问题。

(1)日本心理学家关中文在《青年心理学》一书中提出了情绪成熟的标准:在客观评价自己的基础上能控制一时的情绪和欲求,忍耐不满情绪;能够设计现实的生活。

(2)美国心理学家赫洛克提出情绪成熟的标准为:能够保持健康,自己能控制因身体疲劳、睡眠不足、头痛、消化不良、疾病等引起的情绪不稳定;能够控制行为,不是想干就干,而是先预料后果,再采取行动;能使情绪的紧张消除到无害方面,不是压抑情绪,而是将情绪转变,升华到社会的高度;能够洞察、理解社会。

第二节 大学生的情绪

大学生学习负担重,竞争激烈,心理压力大,情绪经常处于紧张状态。大学生这一年龄段的人群又有其特殊的心理特征和情绪表现,因此,在生活中必然会有一些情绪困扰他们的心理,影响他们的健康成长,对此应引起重视。

一、大学生的情绪特征

大学生随着知识经验的丰富和思维水平的提高,情绪体验也越来越丰富和深刻,但由于他们生理、心理还处在逐渐成熟阶段,他们的情绪反应具有一些明显的特征。

(一)大学生情绪活动具有丰富和复杂性特点

从人的生理方面来看,大学生正处在青年时期,这是一个面临多种选择的时期,学习、交友、恋爱等人生大事基本上都在这个阶段完成。研究表明,大学生较早或频繁的恋情可能对其社交发展产生消极影响。对大学生的一项调查显示,恋爱中的大学生比未卷入恋情的大学生列举出的朋友数要少些,而那些恋爱成功的大学生列举的最少。一对大学生的恋情越深,他们就越少尊重朋友的意见,对私人事务也越少暴露,对亲人也是如此。随着大学生认知能力的提高,他们的情感体验也在逐渐加深,这主要表现在道德感、理智感、美感等高级情感方面,如大学生部分确立了道德、正义观念,当出现与之不符的行为甚至是观念时,他们通常会感到自己犯有过错,感到痛苦,并进行严厉的自我谴责,情绪体验极端痛苦。

大学时期社会情感的发展决定大学时期情感教育的重要性。学校、家庭以及全社会都应关注情绪教育的内容、方式与意义，采取有针对性的措施培养大学生良好的高级社会情感。

（二）大学生情绪活动具有冲动性、爆发性特点

“热血青年”“血气方刚”“初生牛犊不畏虎”等形容青年人活动特点的词语，所描述的正是大学生冲动性情绪活动的特点。大学生对某种具体的体验特别强烈，富于激情，“喜怒形于色”。大学生对新事物比较敏感，加上精力旺盛，虽然具有一定的理智和自我控制能力，但做事情往往不计后果，其冲动爆发的情绪活动一旦失控，往往造成可怕的后果。如集体斗殴、离家出走、因感情挫折而自杀等都与大学生情绪的冲动有关。

情绪冲动特点表明大学生情绪活动程度强烈，但另一方面，强烈的情绪活动在大学生身上容易时过境迁，激情不能始终一贯地保持下去，而且其是非好恶标准也不稳定，情绪活动随标准的改变而改变。今天可能对某个人物崇拜得五体投地，明日又可能恨之入骨，情感活动具有双极性，常常会从一个极端走向另一个极端。

（三）大学生情绪活动具有外显性和内隐性特点

一方面，由于大学生思维敏捷、反应灵活，对外界刺激敏感，喜怒哀乐常形于色，表现出情绪外显性。另一方面随着意志的发展，大学生自我控制与调节能力提高，往往会掩饰自己的真情实感。他们情绪的外在表现和内心体验并不总是一致，他们会根据特定的时间、地点、场合和人物等方面的因素来表达自己的情感，在某些场合和特定问题上，有些大学生会隐藏或抑制自己的真实情感，有时会表现出内隐、含蓄的特点。如对学习、交友、择业等具体问题，他们往往深藏不露，具有很大的内隐性。有时会把自己的真实情感伪装起来，用一种与内心世界不一致的方式来表达，如某种事引起了强烈的愤怒，但觉得不直接表露更好时，便会努力压抑自己的情绪，有时还会用间接的方式来表达自己的情绪。

大学生情绪还与其想象丰富的思维特点相关。大学生富于理想，遇事爱幻想，由刺激引发的情绪反应易受当事人想象的影响，想象对情绪反应的程度、持续时间都起着催化剂的作用。大学生常会陷入某种想象性的情绪状态，而难以被另外一种情绪所取代。

（四）大学生情绪具有阶段性和层次性的特点

大学生情绪的发展有一个从不成熟到成熟的过程。大一新生面临着适应环境、改变学习方法、确立新目标等问题。新生进校后都有一个兴奋的阶段，面对新的环境、新的生活，头脑里出现美好的幻想，对各种知识领域都有广泛的兴趣，对各种活动都有参加的热情。多数学生能很快地适应大学生活，但也有一些学生适应较慢，遇到问题则产生孤独感、失落感。二年级学生已经适应了大学生活，他们既没有新生的那种兴奋和轻松，也没有高年级学生那种毕业前的紧张和忧虑，情绪一般比较稳定。三、四年级学生临近毕业，更多地思考人生，对就业、择偶等问题的想法和打算变得越来越迫切，越来越现实。他们的情绪出现矛盾性、复杂性，情绪的丰富性、内隐性明显增加。

二、情绪对大学生的影响

情绪与大学生的生活、学习、人际交往、个人发展密切相关，对大学生的身心健康、学

业发展和个人成长都具有直接的影响。

（一）影响身心健康

现代医学研究证明，人的生理疾病中，70%同时伴有心理上的病因，情绪对人的身心健康具有直接影响。良好的情绪状态不仅使大学生对生活充满希望，对自己满怀信心，而且能够使他们的求知欲增强，思维敏捷、兴趣广泛，促使他们全面发展；而消极情绪则危害大学生的身心健康，突然而强烈的情绪会使人的意识范围狭窄，判断力减弱，失去理智和自制力。一些学生的失眠、紧张、神经性头痛、消化系统疾病等，大都是因为情绪状态没能得到很好的调整。因此，保持良好的情绪状态，是大学生心理健康的重要标志。

（二）影响学习

对于大学生来讲，情绪状态对于学业有着重要的影响，良好的情绪使大学生有兴趣学习和活动，有助于开阔思路，集中注意力。研究发现，精神愉快、心情舒畅易于使思考和研究处于最佳状态。不少大学生都有这样的体验，当自己的情绪积极乐观时，学习效率很高；而当自己的情绪处于低迷、忧郁或是烦躁不安时，学习效率就会较低，长期的情绪困扰可导致智力缺损，危及学习能力。一个良好的心态，是一个人最大限度地发挥自己能力的前提和基础。

（三）影响人际关系

大学生不同的情绪状态会直接影响到大学生的人际关系状况。良好的情绪特征，如乐观、热情、自尊、自信，是人际吸引的深层心理因素，能使彼此间的心理距离缩短、关系融洽，有助于大学生的人际交往；而焦虑、抑郁、冷漠、愤怒也会影响大学生的社会行为，从而影响人际交往和人际关系，使人际关系疏远。由于情绪具有感染力，积极情绪多于消极情绪的人，更容易获得别人的赞赏，更容易建立良好的人际关系。

（四）影响潜能发掘

心理学家埃普斯顿的研究表明：当体验到的是积极的情绪，如感到高兴、亲切、安全、平静时，大学生的行为目标也往往是积极、生动的，对新经验的领悟和接受、对周围人的尊重和理解、对价值和长远目标的献身精神等，都会明显增强；当体验到痛苦、愤怒、紧张或受威胁等消极情绪时，一部分大学生的社会兴趣下降，反社会行为增加，对新经验持谨慎甚至闭锁的态度，而另外一些大学生的行为并没有向消极方面转化，而是汲取教训，准备再干。因此良好的情绪有助于增强学习兴趣，提高学习效率，促进潜能发掘和能力发展。

保持良好的情绪状态，不仅可以促进大学生的身心健康，有助于预防和抵御各类身心疾病的侵蚀，还有利于提高大学生的心理健康水平，使他们能以积极的态度、饱满的热情和旺盛的精力投入到自己的学习、生活和社会交往等各个方面。

三、大学生的情绪问题

（一）焦虑

焦虑是个体主观上预料将会有某种不良后果产生或威胁出现时的一种不安情绪，并伴有忧虑、烦恼、害怕、紧张等情绪反应。

焦虑有一个度的限制。现代社会竞争激烈，每个人都可能处于一定的焦虑状态中，学习负担重,就业压力大的大学生更是如此。适度的焦虑可以激发人的上进心,是生活中必不可少的。研究认为,中等程度的焦虑最有利于学生能力的发挥,对学习起促进作用,而无焦虑或高焦虑则不利于水平的发挥。在此所说的成为情绪障碍的焦虑指的是高度焦虑。

高度焦虑常使人烦躁不安、思维受阻、动作迟缓、身体不适、失眠健忘、食欲不振等。严重的焦虑会使人失去生活的乐趣和希望,导致心理疾病,在心理上摧垮一个人。

因此,我们应改变观念,增强自信,磨炼意志,主动调整,积极行动,把注意力从担心失败转移到积极行动、争取成功上,把过度焦虑转为适度的焦虑,从而既有利于健康,也有助于成功。

(二)抑郁

抑郁是一种以持久的情绪低落为特征的消极性情绪障碍,常伴随有厌恶、痛苦、羞愧、自卑等情绪体验。这种情绪反应大多数人都体验过,但多数人只是偶尔出现,很快就会消失,也有少数人长期处于抑郁状态,甚至患上抑郁症。

抑郁会使人情绪低落,思维迟缓,反应迟钝,不愿参加社会活动,兴趣丧失,体验不到生活的乐趣,并引起食欲减退,失眠健忘,易怒生气,给人表情冷漠,倦怠疲乏,无精打采之感。长期的抑郁会使人的心身受到严重损害,使人无法有效地学习、工作和生活。

大学生应正确地认识自己、评价自己,增强自信,培养积极心态,扩大人际交往,寻求人际支持,积极乐观地面对生活,改善抑郁的心态。如果抑郁较为严重,应及时寻求心理帮助。

(三)愤怒

愤怒是因目的不能达到,愿望不能实现,一再受阻而产生的强烈情绪反应。

愤怒对一个人的心身健康有明显的不良影响。人发怒时,心跳加速,血压升高,血黏稠度增加,容易导致心脏缺氧、缺血,引起心绞痛或心肌梗塞,脑出血或脑血栓以及一系列胃肠疾病。人在生气发怒时,情绪高度紧张,精神恍惚,心理失衡,易造成害人害己的严重后果。在现实生活中,很多人因“气”而死。例如,三国时期,诸葛亮与王朗阵前相遇,诸葛亮历数王朗的不是,王朗被气得浑身哆嗦,怒火冲天,结果撞死于马下。此外,众所周知,愤怒使人丧失理智,阻塞思维,导致损物、打人甚至犯罪等许多失去理智的不良行为。正如古希腊学者毕达哥拉斯所说:“愤怒以愚蠢开始,以后悔告终。”

大学生要明白事理,宽以待人,学会转移注意或场景,用坚强的意志控制自己,有效地控制发怒。

(四)冷漠

冷漠是一种对人对事漠不关心的消极情绪。大学阶段应该是人一生中最多姿多彩、最富有热情的时期,然而,有的学生却对一切都不关心,对什么都不感兴趣,不重视学习,不在乎成绩好坏,不关心集体,对同学冷漠无情,对周围的人和事无动于衷。

冷漠情绪的产生与个人的经历和个性特点有关,如长期的努力没有结果,好心受到误解,历经挫折,心灰意冷,思维狭隘,过于内向,等等。其实,冷漠的人有一种压抑感,他们的内心也很痛苦。

冷漠情绪既不利于身心健康，也不利于发展，因此，应消除冷漠。要改变观念，建立良好的人际关系，寻求情感支持。

（五）嫉妒

嫉妒是对才能、名誉、地位等比自己强的人产生的不愉快和怨恨的情绪，是人际交往中普遍的一种心理反应。嫉妒者主观、敏感，整日关注那些超过自己的人，不是想更加努力去弥补差距，而是借助贬低、诽谤、中伤等手段攻击对方，为对方设置障碍，以求心理上的满足。

嫉妒对人身心多方面产生不良影响，使人心跳加速、心情抑郁、食欲减退、失眠多梦、身体消瘦等。由于免疫功能受到影响，嫉妒者往往抵抗力低下，容易患病。周瑜与诸葛亮才能相当，但周瑜心胸狭窄，嫉妒诸葛亮，千方百计要置诸葛亮于死地，结果被诸葛亮三气而亡，临终留下“既生瑜，何生亮”的感叹。嫉妒者不但害己，而且害人。李斯因嫉妒同学韩非的才能，向秦王进谗言而将韩非害死于狱中；隋炀帝因薛道衡写了一句比自己高明的诗句，竟然把他杀了，在刑场上，隋炀帝恶狠狠地说：“看你还能不能写出‘空燕落燕泥’这样的句子。”

巴尔扎克说过：“嫉妒者所受的痛苦比任何人遭受的痛苦更大，他自己的不幸和别人的幸福都使他痛苦万分。”嫉妒会严重影响大学生的人际关系，使自己处于烦躁、痛苦的情绪中。要改变认知观念，学会正确地对待，充实自己的生活，努力缩小差距。

（六）猜疑

猜疑是指没有事实依据，凭主观臆想推测，相信自己，怀疑他人，挑剔他人的一种不良心理。

由于社会复杂多变，在现实生活中，有许多事情未必能彻底搞清楚，有人以猜疑代替事实，根据主观臆想支配行动。一个经常无端猜疑他人的人，势必思虑过度，大脑和神经常常处于过度兴奋状态，心情焦虑不安。这些易诱发各种疾病，如不思饮食，身体消瘦，头晕失眠，重者则会出现精神错乱。

喜猜疑的人，生性孤僻，敏感多疑，心胸狭窄，极端自私，戒备心强。猜疑是人性的弱点之一，历来是害已害人的祸根。曹操生性多疑，当他刺杀董卓未遂时，逃到其父亲的结义弟兄伯奢家，因猜疑伯奢可能会出卖他，便把其全家人杀死。思想家卢梭患了猜疑症，一闻到玫瑰花的香味，就以为是企图杀害他的毒药，甚至发展到精神失常的地步。喜剧家莫里哀在舞台上创作了许多著名的喜剧，赢得观众喝彩，但在现实生活中却陷入到猜疑的无限痛苦中，这严重损害了他的健康。培根在《论猜疑》中认为：“这种心理使人精神迷惘疏远朋友，而且也扰乱事物，使人不能顺利有恒。”因此，我们做人应襟怀坦荡、自信乐观、实事求是，重证据、少臆断。

（七）内疚

内疚是问心有愧的心理状态，感到自己所做的事愧对他人。

不必要的内疚是一种恶劣情绪，可造成极大的精神压力，损害人体各个器官的功能，导致心身疾病的发生。美国一位心理学家对内疚作过调查，证实许多人每天竟然有两个小时是在内疚中度过的，对生活的各个方面都能产生内疚。

人无完人,由于多种原因,人难免会有过失、会犯错误,要学会从过失和错误中取得经验、教训,杜绝再犯;同时也要学会自己原谅自己,减轻精神压力,防止不良情绪的出现,损害身心健康。人生苦短,每天的时间是有限的,如果每天让内疚占去大量时间,影响自己的学习、工作、生活,自己折腾自己,损害自己的健康,实在是得不偿失,所以要学会心理自助。

(八)悔恨

悔恨是对自己某段历史错误的后悔、自责,并企图否认和改变这段历史错误的情绪反映。

悔恨是一种恶劣的情绪,它使人深陷于幻想改变已成事实的情绪之中,他们整日苦思:"当初如果不那样做,就不会出现今天这种事情;如果……就会……"实际上这是自己虐待自己,泼出去的水是收不回来的,过去的错误已成历史,不可能因后悔而改变。人非圣贤,熟能无过?关键是要面对现实,勇于改正,杜绝再次发生。悔恨不可能改变历史,但这种不良情绪持久地存在于人身上,就会侵害人的身体健康,引发神经官能症、消化性溃疡、高血压、冠心病等多种心身病症。

(九)忧愁

忧愁是人们在生活中遇到挫折、意外及一些不顺利的事情时产生的一种情绪反映,如失学、失业、失恋、失去亲人等。忧愁使人失眠、食欲下降,使人精神涣散、思维迟缓、记忆力下降、学习和工作效率降低,可导致酗酒、吸毒,使人须发早白,过早衰老,是影响健康的一大消极情绪。辛弃疾说:"闲愁最苦。"忧愁百害而无一利,因此,出现了问题,我们就要集中力量去解决它,而不是忧愁。

(十)悲观

学业的不顺,交往的障碍,感情的失意都能造成悲观情绪,表现为无精打采、悲观失望、自暴自弃,常用不满的牢骚掩饰失意。几乎每个人都体验过这种情绪,觉得自己的努力不会有好结果,也就放弃了。实际上,完全成功者不多,有人能很快确立新的目标,有的人则长期不能从失败的情绪中解脱出来,于是,悲观的情绪常萦绕于心头。其实,现实生活中,并非所有的愿望都能实现,应该珍惜现在,不妨劝自己:"谋事在人,成事在天。"

第三节　情绪控制与调节

在大学生中,情绪问题主要表现为情绪比较低落、不稳定、做事情没有兴致等现象,时间长了,对学习、生活肯定会造成影响。通过情绪管理学习能使大学生坦然面对自己的情绪,更好地适应社会生活。能促进大学生人格健全发展,满足自我实现的需要,因此,对大学生进行情绪管理教育是非常重要的。

一、大学生情绪控制与调节的意义

(一)有助于提高心理活动效率

人类心理活动包括认知过程、情感过程和意志过程三个基本方面,其中情感过程的核心是情绪活动。从三者的关系看,情感过程与认知过程和意志过程不是彼此分离、互不相干而是密切联系、相互影响的。其中,情感体验所构成的恒常心理背景或一时心理状态,是认知过程和意志过程的心理背景,对信息的接收、选择、加工、储存、回忆、思维等认知活动,对态度、动机、行为等意志过程,都有发动和协调作用。在积极稳定的情绪状态下,思维活动的效率高,思路开阔,解决问题准确迅速,不易被困难和挫折阻止。相反,在不适度的情绪状态下,无论是积极情绪还是消极情绪,都会影响到认知过程的效率和意志活动水平。如情绪低落,则心理活动水平低,对外界刺激反应迟钝,思维行动迟缓,稍遇困难就停止行动;如激动、兴奋过度,则意识范围狭窄,考虑问题不全面,易做出冲动的决策和行为,造成不良的后果。

人类情绪活动也受认知过程的影响和制约。没有对事物的认知就不可能有对事物的态度体验和反应,即不可能出现情绪。因此,人在一定程度上可以控制或调节情绪活动,减少过度情绪体验对心理活动效率的不利影响。对大学生而言,最为典型的情绪影响心理活动效率的例子是焦虑对学习效率的影响。一般而言,平时情绪稳定、不易过分焦虑的人比那些容易激动焦虑的人学习成绩好;情绪稳定的情境可以提高学习效率,而在高度焦虑的情境下学习效率就会相对低下。单调、重复的学习可因情境压力增加而效益提高,需要理解与思考的学习则可因情境压力增加而效率降低;适中的焦虑程度对大多数人来说可产生最佳的学习效果。

(二)有助于提高心身健康水平

在人的一生中,总会遇到各种困难和挫折,也总会有令人激动不已的情境,所以快乐忧愁、大喜大悲是人生常有的事。有的人能够较平稳地度过坎坷与危机带来的情绪波动,有的人则会因此而出现种种心灵痛苦,生活质量受到影响,严重者还会出现心理障碍,甚至诱发严重精神疾病。对大学生而言,其心理相对不成熟,承受能力较差,心身健康更易受到长期剧烈情绪体验的影响。

研究表明,情绪通过多种途径影响心身健康,长期或过度的紧张、焦虑、恐惧、抑郁、自卑、强烈的挫折感等消极情绪,首先是不健康、不成熟的心理表现;其次,类似的心理状态将会影响到生理功能,导致神经、心血管、内分泌等系统的功能紊乱,出现心理和生理双重障碍,表现为心身疾病。情绪不仅可以致病,也可以用于疾病的治疗。一般而言,积极乐观的情绪有助于加速病体康复,减轻病人的痛苦感受,提高生活质量。情绪治病的主要方面是帮助病人营造轻松、愉悦、乐观、上进或者宁静的情绪体验,最常用的方式是诱发病人的笑容,如看幽默的文学艺术作品或表演,或者进行放松训练。可见,大学生情绪控制与调节具有预防和治疗疾病的双重意义。

二、保持良好的情绪

情绪影响人的身心健康,也影响人的学习和工作,保持积极乐观的情绪,对大学生有很大意义。只有保持良好的情绪,才能体验到生活的乐趣,积极地影响他人,提高自己和他人的生活质量。

(一)寻找快乐

有一位哲人说:“在我们的生活中,不是缺少美,而是缺少发现美的眼睛。”我们是普通人,过的是平凡的生活,所接触的是普通的事物,因此,只有善于从平凡和普通之中寻找快乐,才能找到不竭的快乐之源。在我们每天所经历的事情中,的确会有许多看起来不起眼的小事,若能细细品味,就会发现快乐早已蕴含其中。有首禅诗这样写道:“夏有凉风冬有雪,春有百花秋有月。若无闲事挂心头,便是人间好时节。”生活中的美随处可见,别辜负了上苍赐予我们的大自然。

人要活得幸福,重要的是要经常体验到快乐。快乐与人的生活态度密切相关。例如,口渴了有半杯水,乐观积极的人会说:“太好了,还有半杯水可以喝!”而消极悲观者会说:“怎么只有半杯水!”因此,我们应以积极的态度去对待生活中的每件事。

(二)学会宽容

宽容是一种美德,是保持积极情绪状态的基本条件。宽容既表现为对他人的宽厚容忍,也表现为对自己的悦纳包涵。生活中不难看见两个骑车人在路上只因为不小心撞了一下,就争吵得面红耳赤,甚至打得口鼻流血;邻里之间为了噪声、泼水等实在算不上“大”的问题怒目而视,大打出手;同事之间利[illegible]小不均,或者因一句不中听的话而耿耿于怀,伺机报复。俗话说“忍得一[illegible]”“处事让一步为高,待人宽一份为福”,我们每个人都会经历许多事,当我[illegible]候,若能细细品味这些平凡的话中所含的深刻道理,就会由衷地承认这实在[illegible]智慧。

宽容忍让在一些人的眼里被看作懦弱[illegible],其实不然,宽容代表着胸怀和度量,是一种大家风范,是真正强者的表现。[illegible]不是不讲原则,面对人民的财产受到威胁的情形,我们不能有丝毫的忍让,必须挺身而出。宽容是能以一种豁达的襟怀理解人生,承认并接受生活中的不完美,给自己和他人一个伸缩的空间。“人无完人,金无足赤”,如果不懂得宽容,整天带着苛求的眼光去看待他人或自己,只能使自己的情绪更糟。

(三)学会适应

客观事物的发展多与我们的主观愿望存在着差距,在很多情况下,我们不能要求事物的发展遵循我们的愿望和意志,而是要不断地调整自己的心态适应环境。如由于生长环境、成长背景不同,我们每个人都有自己的个性、脾气、习惯、爱好,不能苛求别人在各方面都适合自己。相反,一个健康的人应主动调整自己的心态,去适应他人的特点,求同存异,这样,你就会有良好的人际关系,从而保持健康良好的情绪。如果你喜欢清静,上大学前是一个人一个房间,但大学宿舍的条件不允许,你不可能期望别的同学都搬出去,这种情况下你只有尽可能地适应环境。

(四)学会洒脱

遇事要想得开,要心胸开阔。生活中不只有欢乐,也有痛苦;不只有成功,也有失败;不只有圆满,也有缺憾。遇到认为顺心如意的事,表现出愉快高兴的情绪,这是自然的,而遇到认为不顺心不如意的事,就表现出厌恶、忧愁、憎恨等不良的情绪,总是想不开,越是想不开,越去苦思冥想,如此成为恶性循环,结果问题没解决,却因恶劣的情绪引发了心身疾病,甚至出现更严重的后果,这是不可取的。世上存在的事情,大都有其存在的合理性,认为某个事物不合理,可能出于偏见,也可能没有辩证地看待问题。对待个人的名利问题,应该有点佛家思想,像弥勒佛旁的对联所书的那样:“开口便笑,笑古笑今,凡事付之一笑；大肚能容，容天容地，与己何所不容。”因此，淡泊名利、注重修养、提高境界，是使人长久保持愉快心境的根本途径。

三、情绪控制与调节的方法

情绪是对客观事物的反映，它是反映者对客观事物的看法、认识，是主观的需要是否得到满足的体验，而不是客观事物本身，因而情绪是可以控制调节的。

“万事如意”只是人们的一种美好祝愿，人在复杂的社会生活中难免会遇到各种各样的挫折和失败，会产生各种各样的不良情绪。对大学生来说，不能让这些不良情绪控制自己，影响身心健康和学习生活，而应采用适当的方法克服不良的情绪。

（一）合理宣泄

由于社会文化的影响，人们更倾向于压抑自我情绪，而对宣泄自我情绪持否定态度。可是，不良情绪一旦产生，会在体内逐渐积累，达到一定程度就会产生心理障碍，导致一系列疾病的发生。我们应选择合理的方式来宣泄不良情绪，使紧张的心理得到放松。不良情绪宣泄方法主要有以下几种：

1.向人倾诉 向亲朋好友说出心事和痛苦，自己就会感到轻松，他们的关怀和理解、信任和支持，会使自己的情绪好转。情绪困扰较严重而难以自拔时，及时去看心理咨询老师，把内心的烦恼、痛苦向咨询老师诉说，他们会用心理学知识改善或消除你的不良情绪。一位哲学家说过：“把你的快乐告诉一个朋友，一个快乐将变成两个快乐；把你的忧愁告诉一个朋友，你的忧愁将剩下半个。”

可以收集一些抒情的诗词歌赋，将其中能引起心理共鸣的、能宣泄自己情绪的部分，大声朗读多次，你会体会到一种美好的激情，能激发生命的活力，驱走不良情绪，缓解心理压力。还可以找人聊天，内容可以是天南地北、古今中外及自己的所见所想，闲聊的话题占据了头脑，赶走了烦心的事情，这对于缓解焦虑、忧愁、孤独等不良情绪有良好的效果。通过闲聊可学习许多丰富的知识和经验，也许这些知识和经验，恰巧解决了你的心理问题，于是许多人有茅塞顿开的感觉，也就发出了“听君一席话，胜读十年书”的感叹。

2.诉诸笔墨 将自己的不幸写出来，把事情的起因、经过、结果以及所有的细节都写出来，写作的过程就是认知自己情绪的过程，也是不良情绪的宣泄过程，写作完毕，不良情绪也就随文而去。

大文学家歌德年轻时，多次失恋，对他打击最大的一次是在他 23 岁时，他深深爱上了少女夏丝蒂，可是夏丝蒂已经订婚，拒绝了歌德。又一次失恋的歌德非常痛苦，于是他想到了自杀，就买了一把锋利的匕首，准备结束自己的生命。可这时候，他的好友因失恋自杀了，噩耗传来，歌德十分震惊，头脑也清醒了。他以好友为原型，起名维特，结合自己刻骨铭心的失恋经历，竟在短短一周时间内完成了一部不朽之作——《少年维特之烦恼》，这一名著震动欧洲文坛，据说拿破仑就看过八遍。歌德巨大的失恋痛苦，也随着书的完成而逝去，他的这场严重的情感危机也就过去了，平安度过了一生，享年 84 岁。

3.适时释放 哭是痛苦的倾诉，是一种自然的保护性反应。当遇到不幸、痛苦的时候，不要强行压抑，不妨大哭一场，将心中的悲苦倒出来。不幸事件的发生，过度的痛苦和忧愁会使恶劣情绪在体内不断积累，这种积累程度一旦超过人体的承受能力，就会造成身心疾病。哭可以释放情感能量，调节心理平衡，泪水可以冲走内心的痛苦。狄更斯说过："哭可以打开肺腑，洗涤面孔，锻炼眼睛，温抚脾气。"

医学研究发现，易哭的人比不易哭的人有更强的挫折承受力和心理免疫力，女性的平均寿命之所以比男性长，原因之一就是女性善哭。当遇有不幸、悲伤之事时，她们能失声痛哭，泪流满面，哭声和眼泪即刻减缓她们的心理压力，恢复心理平衡，而心理平衡则是心身健康的保证。可我们许多人把"喜怒不形于色"看作有修养的体现，也都欣赏"男儿有泪不轻弹"，把流眼泪看作懦弱的表现，从心理健康的角度考虑，就会发现这些观念是不可取的。

（二）情绪转移

不良情绪产生后，我们可以用积极良好的情绪代替它，也就是情绪转移。

当我们对一个问题敏感时，往往过于注意，结果又使我们对那个问题更加敏感，这样可能形成恶性循环，出现心理障碍。如果我们能有意识地控制自己，将注意力转移到工作、学习、娱乐、生活的其他方面，就可能避免不良情绪的出现，防止身心疾病的发生。情绪转移常用的方法有以下几种：

1.**创造快乐**　每个人都会有一些自己感兴趣的事，从事自己感兴趣的活动时，心情就会非常舒畅，感到十分快乐，也即俗话说的"乐以忘忧"。当忧愁、悲伤、孤独等不良情绪产生后，应该设法使自己乐起来，如听喜爱的音乐，节奏明快有力的音乐可以使人振奋，旋律优美的音乐能够让人进入轻松愉快的心境。音乐对紧张、焦虑、烦躁、忧伤等异常心理具有缓解、放松、保持心理平衡的作用，能减轻人的痛苦，是人体应急反应的"良药妙方"。清代名医吴尚先曾说："看花解闷，听曲消愁，有胜于服药者。"陶渊明在《归去来兮辞》中写道"悦亲戚之情话，乐琴书以消忧。"把弹琴、读书、闲聊看成是快乐之事。唱歌简单易行，能宣泄不良情绪，使人健康长寿。可以去读书，书中的喜怒哀乐可以调节心态，使心理获得平衡；而那些内容幽默滑稽的书籍，常常会使人发笑。雨果说过："笑就是阳光，它能消除人们脸上的冬色。"笑能调节和改善不良情绪，如果读的是心理学医学书籍，你会学会心理自助。我国古代文学家刘白说："书犹药也，善读者可以医愚。"从心理保健方面来说，阅读能使我们掌握自我调节和改善不良情绪的方法，保持健康的心理状态，以便应对人生各种变故、灾难而不被击垮。

冬季日照时间短，当你的心情烦闷、忧郁时，去晒晒太阳。明媚的阳光暖暖地照在身上，会愉悦你的神经，增添你的活力，心情也会好起来。此外，晒太阳还有助于维生素 D 的合成，能促进人的身体健康。

充足的睡眠也是保持良好情绪的重要条件。疲劳容易影响人的心情，充足的睡眠则能减弱甚至消除这种影响。

2.**加强体育锻炼**　体育运动使人感觉敏锐，观察力加强，能促进人的注意力和记忆力的发展；提高人的思维的敏捷性和灵活性，提高人的活动能力；还能培养人乐观、开朗的情绪，并能增强自信心，培养灵活、果断、勇敢、顽强的意志，对于克服不良情绪有不可替代的作用。体育运动能协调大脑的兴奋与抑制，有助于神经衰弱患者的恢复；它还能促进血液循环,有利于血液中的营养物质输送到身体的各组织、器官,增强对不良情绪的抵抗能力。运动又可减少敌视及嫉妒心理,振奋精神,减轻精神压力。通过运动,增加了社会交往机会,可扭转人的孤独和郁闷心情。

体育活动还有清洁人体的作用,适量的运动后,皮肤会出汗,大小便会被迅速排出,让我们的大脑和各种组织器官得以在无污染的环境中工作,从而保持良好的情绪。如果你焦虑、抑郁、烦恼、忧愁了,参加一定强度的体育锻炼,便会使情绪恢复正常。

跑步使大脑皮层的兴奋和抑制更加协调,提高睡眠质量,确保白天学习工作的效率;游泳可以提高自身的协调能力,使紧张的神经和肌肉得以放松,有利于健康情绪的恢复;散步可以增添生活情趣,使人的心情开朗;爬楼梯对人的身心健康非常有益,每爬上一层楼,就会产生一次成就感,可以明显地调节和改善心态。

3.**充实自己的生活** 当焦虑、悲伤、抑郁等不良情绪出现时,最好的排遣方法是使自己忙碌起来。人的注意只能集中在一件事情上,工作、学习等有意义的活动占据了大脑,就把不良情绪从人的心里赶出去。学习能给人们带来心理的满足和愉快,增加见识,拓宽思路,只有不断地用新知识充实自己,才能得到持续发展;学习可以驱除无聊、忧虑,最忙碌的人也就是最充实的人,卡耐基说:"忙是世界上最便宜的药,也是最美好的药。"

(三)正确认知

生活中我们每个人都向往快乐,然而并非每个人都快乐,因为许多人对快乐的看法走进了一种误区,有的人处于艰难困苦之中,也不失其乐;有的人处于优越、富裕的环境,却愁容满面。对环境的认识和态度才能决定我们的情绪。人们常说富人不一定都快乐,穷人不一定都悲伤。国外一位农场主,家有良田万顷,但他事必躬亲,长期处于极度的疲劳之中,又恐惧庞大的家产流失,整日忧虑,恶劣的心情时常伴随着他,很难见到他脸上带笑。但是,一个贫穷的年轻人,为生活所迫受雇于农场主,然而每当农场主见到年轻人时,总发现他高高兴兴的,农场主无法理解便询问缘由,年轻人说他贫穷,吃不上饭,是农场主收留了他做雇工,能吃上饭了,打心眼里感到快乐和高兴。我们应有主宰自己精神和情绪的能力,做自己情绪的主人,用合理的认知取代错误的认知,以便产生合理的情绪和行为。正确认知常用的方法有以下几种:

1.**正确归因** 决定情绪的是人的认知方式,一个习惯于将失败和过错归因于自己的人,容易产生自卑、抑郁、烦恼、自责等不良情绪。一个习惯于把过错归因于别人的人容易牢骚满腹,怨天尤人。因此,正确地归因是克服不良情绪的关键。

2.**自我暗示** 自我暗示是运用内部语言或书面语言的形式,调节情绪的心理自助方法。它能增强人们的自信心和意志,确保稳定的心态,从而战胜自己,超越自己。如情绪激动时,暗示自己"冷静些";考试怯场时,暗示自己"不要紧张,这次准备很充分,一定能考好";烦恼时,暗示自己"一切都会过去的";遇到困难时,暗示自己"车到山前必有路";不少同学的桌面或墙角贴着"镇定""忍""三思后行"等,正是用书面语言来暗示自己克服缺点。

3.**转变观念** 许多不良情绪的产生都与不正确的观念密切相关。人的能力是有限的,不可能在所有的方面都做到完美无缺,要求自己"十全十美"的人,更容易在做事不如愿时情绪低落。对事物的看法也是一样，当认为某事合理时，就会表现出积极正常的心情；当认为某事不合理时，就会表现出消极的情绪；即使是合理的事情，也可能因误会而表现出不良的心情，导致身心疾病。“草木皆兵”“杯弓蛇影”都是典型的因认识错误而产生恐惧的事例。学生中因观念导致情绪不佳的现象也很普遍，因考试发挥失常没能考上重点大学而遗憾时，如果放弃“成者为王，败者寇”的观念，牢记“是金子，总会发光”的名言，沮丧的情绪会大大地缓解。

（四）放松训练

放松训练又称为松弛反应训练，是一种通过主动放松来增强人对自我情绪控制能力的有效方法。当自己感到心理压力过大、过重导致情绪紧张时，可以进行各种意念放松调节。如当学习疲劳时，可以想象自己在校园的林荫道上散步，晚饭后，夕阳西下，缕缕金黄色的阳光透过树丛，洒在林荫道上，你独自一人在宁静的林荫道上散步，一天的劳累与一天的收获使你感到惬意，信步往前走，心理没有任何负担，天气不冷不热，空气中似乎能嗅到太阳光的香味，舒展全身，感到无比的轻松舒坦。每天可用5~6分钟进行练习。

还可以想象一些情景：在乡村宁静的湖里游泳；在一望无际的大草原骑马驰骋；自己变成一只小鸟在天空自由翱翔；一次考试成功，老师和同学们钦佩的目光、祝贺的话语；也可以多读一些优美的古典文学名著和古诗词来丰富想象意境。

（五）文饰法

文饰法又叫“合理化”，是当人的动机或行为不被社会接受，或因其他而受挫时，为了减轻因动机冲突或失败挫折所产生的紧张和焦虑而找一些冠冕堂皇的理由来为自己辩护以自圆其说。当然这些理由是经不起推敲的，并非真理由，也非好理由，但在一定的时期可起到心理保护作用。常见的合理化有两种，一是希望达到的目的没有达到，心里便否定该目的的价值或意义，俗称“酸葡萄效应”，如想当官的人，没有当上官，便认为无官一身轻。二是未达到预定的期望或目的，便提高目前现状的价值或意义，俗称“甜柠檬效应”，如狐狸吃不到葡萄就说葡萄是酸的，只能得到柠檬就说柠檬是甜的，于是便不苦恼。心理调节借用某种“合理化”的理由来解释事实，变恶性刺激为良性刺激，心理自我安慰的现象称为“酸葡萄与甜柠檬”心理。虽然，在自我安慰时有自欺的一面，但它确实是一种心理自我维护的武器，对心理健康起积极作用。有的同学当不上学生干部，虽然内心很苦恼，很失望，却安慰自己“当了学生干部杂事太多，耽误学习，没啥意思”；求爱不成，则说对方才貌平平，非己所求。与此同时，又以“甜柠檬心理”来肯定自己的成绩和价值，认为凡是自己所拥有的东西都是最好的、最重要的，以减轻内心的痛苦。

情绪的调节方式有很多，大学生可根据自己的实际情况选择情绪的调节方式。

附录 情绪稳定性测验

情绪稳定一般是一个人心理健康、成熟的标志。情绪稳定主要指一个人能积极地调节自己的情绪。如果你想了解自己情绪的稳定性，不妨完成下面的题目。将答案的标号填在每题后的括号中。

1.我有能力克服各种困难。(　　)

A.是的　　B.不一定　　C.不是的

2.整个一生中,我一直觉得我能达到所预期的目标。(　　)

A.是的　　B.不一定　　C.不是的

3.我在小学时敬佩的老师,到现在仍然令我敬佩。(　　)

A.是的　　B.不一定　　C.不是的

4.在大街上,我常常避开我所不愿意打招呼的人。(　　)

A.极少如此　　B.偶然如此　　C.有时如此

5.当我聚精会神地欣赏音乐时,如果有人在旁边高谈阔论,(　　)

A.我仍能专心听音乐　　B.介于A,C之间　　C.不能专心并感到恼怒

6.我不论到什么地方,都能清楚地辨别方向。(　　)

A.是的　　B.不一定　　C.不是的

7.我热爱所学专业和所从事的工作。(　　)

A.是的　　B.不一定　　C.不是的

8.季节气候的变化一般不影响我的情绪。(　　)

A.是的　　B.介与A,C之间　　C.不是的

9.即使是关在铁笼里的猛兽,我见了也会惴惴不安。(　　)

A.是的　　B.不一定　　C.不是的

10.如果我能到一个新环境,我要(　　)。

A.把生活安排得和从前不一样　　B.不确定　　C.和从前相仿

11.不知为什么有些人总是回避或冷淡我。(　　)

A.是的　　B.不一定　　C.不是的

12.我虽然善意待人,却常常得不到好报。(　　)

A.是的　　B.不一定　　C.不是的

13.生动的梦境,常常干扰我的睡眠。(　　)

A.经常如此　　B.偶然如此　　C.从不如此

计分方法:

在1—8题中,数一数,A:__个,B:__个,C:__个。

在9—13题中,数一数,A:__个,B:__个,C:__个。

把1—8题中,A的个数乘以2,加上B的个数,再把9—13题中,C的个数乘以2,加上B的个数,把两个总数相加就是你的得分,26分为满分。17—26分,情绪稳定;13~16分,情绪基本稳定;1~12分,情绪波动。

第五章 完善自我

自我意识作为人类所特有的一种复杂的心理现象,是个体意识发展的最高阶段。个体正是通过自我意识来认识自己、激励自己、控制自己,与环境保持平衡的。大学生正处在自我意识发展的特殊阶段,自我意识的发展直接影响着大学生人格的形成,自我意识的完善程度标志着心理成熟的水平。自我意识不健全的人,很难实现身心的健康发展。因此,自我意识应是大学生积极关注的课题。本章将探讨自我意识的概念、发展过程、作用、存在的矛盾及自我意识的完善等。

第一节 自我意识概述

个体的自我意识从无到有,最后达到成熟,经历了漫长的发展历程。人生最大的挑战就是战胜自己,而形成健康的自我意识,正确地认识和把握自我,则是战胜自己的前提。自我意识不仅直接影响着大学生的社会适应能力和身心健康,而且也影响和制约着其人生选择和价值取向,决定着大学生的未来。

一、自我意识的含义

(一)自我意识的概念

自我意识是人对自己及同客观世界关系的认识,具体包括以下三方面的内容:

1.**认识到自己的生理状况** 指对自己身高、体重、容貌、身材、性别等的认识及生理病痛、温饱饥饿、劳累疲乏的感受等。如果一个人对自己的生理自我不能接纳,嫌自己个子矮、不漂亮、身材差,就会讨厌自己,表现出自卑,缺乏自信。

2.**了解自己的心理特征** 指对自己知识、能力、情绪、兴趣、爱好、性格、气质等的认识和体验。如果一个人对自己的心理自我评价低,嫌自己能力差、智商不高、情绪起伏太大、自制力差,就会否定自己。

3.**知道自己与他人的关系** 指对自己在群体中的地位、作用以及自己和他人相互关系的认识、评价和体验。如果一个人认为周围的人不喜欢自己,不接纳自己,找不到知心朋友,就会感到很孤独、寂寞。

自我意识是人意识活动的一种形式,也是人的心理区别于动物心理的一个重要特征。虽然动物也能反映它周围的客观环境,可是动物没有意识,更没有自我意识。当动物心理演化到人类意识的阶段后,就产生了一个全新的功能,即意识不仅能反映现实世界,而且能反映主体自身。人类能把自己和环境区分开来，把自己也作为反映活动的客体，这是心理演化过程中的一个重大飞跃。自我意识能反映个体自身的意愿、态度和能力倾向，反映主体和客体之间的关系，就大大发展了人类反映活动的能动性，改善了人类在同客观现实相互作用中的地位，增强了人类改造客观世界的能力，从而使人类有可能成为现实世界的主人。

(二)自我意识的发展过程

自我意识不是与生俱来的，而是个体在成长和社会交往中逐渐形成和发展起来的。自我意识从发生、发展到相对稳定，大约经过了20多年的时间，这一过程可分为三个阶段，即从生理自我发展到社会自我，最后发展到心理自我。

1.**生理自我** 这个阶段是自我意识最原始的形态。其特点是对自己身躯的认识，包括占有感、支配感和爱护感。刚出生的婴儿不能意识到自己和外界的区别，把自己的手、脚当成玩具加以摆弄；七八个月的婴儿开始出现自我意识的萌芽，能意识到自己的身体，听到自己的名字会明确地作出反应；两岁左右的儿童才能用自己的语言表达要求，逐渐认识到自身的器官及整个身体与外界事物的区别；三岁左右的儿童，开始出现羞耻感、嫉妒心，更多地使用第一人称代词“我”，期望独立，要求自主，自我意识有新的发展。但是这一时期的行为是一种以自我为中心的行为，以自己的身体为中心，以自己的想法来解释外部世界，因此也有人把这一时期称为自我中心期。

2.**社会自我** 从三岁到青春期这段时间，是个体深受社会文化影响和熏陶、开始学习角色并形成自己角色的时期。此时儿童在家庭、社区、幼儿园、学校接受教育，通过在游戏、学习、劳动等活动中不断地练习、模仿和认同，逐渐习惯社会规范，形成各种角色观念。如性别角色、家庭角色、同伴角色、学校中的角色等，并能有意识地调节控制自己的行为，使之成为一个符合社会要求的自我。青春期以前，个体的目光指向于外部世界，他们对外部的世界感兴趣并积极关注它，虽然也意识到自己是一个主体，可以充分意识自己的行为，但他们主要从别人的观点去评价事物、认识他人，对自己的认识也依赖于权威或同伴的评价。因此，这一时期也称之为客观化时期。

3.**心理自我** 从青春期到青年后期大约有10年的时间，这一阶段自我意识已趋于成熟，也是心理的自我发展阶段。青春期的生理成熟、逻辑思维和想象力的发展、情绪的变化等都是自我意识发展的基础。这一时期的个体能够从自己的观点出发，认识和评价自己的心理活动，开始清晰地意识到自己的内心世界，关注自己的体验，能够通过自我去认识客观世界，喜欢用自己的眼光和观点去认识和评价外部世界，开始有明确的自我探索和自我追求，强烈要求独立，产生了自我塑造、自我教育的紧迫感和实现自我目标的驱动力。这一时期也被称为主观化时期。

(三)自我意识的特性

自我意识是人所特有的一种复杂的心理现象，具有社会性、能动性、统一性和形象性及矛盾性五个方面的特征。

1.**社会性** 自我意识是个体社会化的产物，是个体在社会实践中形成的，它的发生与发展就是个体社会化的过程。人只有处于社会环境中才能成长，在成长过程中逐渐形成对周围世界的认识，在与他人互动的过程中萌发、形成对自己的认识，意识到自我的社会存在及在社会关系中所处的地位，形成自我意识。所以，一个人通过社会化能认识到自己是什么人，有什么特点，自己在与他人的关系中处于什么样的地位和起什么作用等。

2.能动性　自我意识的能动性是指个体不仅能根据客观评价和自我实践形成对自己的意识，而且能根据自我意识来控制和调整心理活动和行为，也就是指人能自觉、主动地认识、调节和控制自己。个体的能动性使个体不仅能够自觉积极地认识自我，而且能够自觉地进行自我监督、自我批评、自我鼓励、自我教育。

3.统一性　自我意识的统一性指自我意识的协调一致。个体自我意识的形成与发展受社会、文化等环境因素影响，直至青年期，才能发展成为对自己本身的一种自觉、稳定的意识。从青年期以后，个体对自我的基本认识和基本态度会保持一贯，表现为前后统一的心理面貌。一个成熟且心理健康的个体，应对自我有一个清晰、完整、持续、相对稳定的概念，否则就会出现统一性偏差。

4.形象性　自我意识的形象性指自己对自己的认识，像自己站在镜子面前看到自己一样，会形成一个自我形象。站在物质世界的镜子面前我们看到的是自己的生理形象，如自己的容貌、服饰、姿态等；站在社会生活人际交往的镜子面前，我们看到的是自己的社会形象，如能力、气质、性格、地位、所起作用、品格等。

5.矛盾性　自我意识的发生、发展、完善和成熟是一个不断变化的过程，在这一过程中充满了主观我与客观我、理想我与现实我、独立我与依附我等方面的矛盾和冲突及复杂的情感体验。个体为了摆脱不安和焦虑，就必须努力完善自我，促使各种矛盾和冲突在新的水平上统一起来。

二、自我意识的结构

自我意识是一个多维度、多层次的复杂心理系统，包含了知、情、意三方面的统一，主要由自我认识、自我体验和自我控制三种心理成分构成。

（一）自我认识

自我认识是自我意识的认知成分，指主体我对客体我的认知和评价，即自己对自己的认识，包括自我感觉、自我概念、自我观察、自我分析、自我评价等。其中，自我评价是最主要的方面，既集中反映着自我认识乃至整个自我意识的发展水平，又是自我体验和自我控制的前提。自我认识涉及“我是一个什么样的人”“我为什么是这样的人”等方面的问题。就个体对自我的认知来看，主要包括对生理自我、社会自我和心理自我的认知，从而构成一个统一的整体的自我认知，并在此基础上进行自我评价。古人云“人贵有自知之明”，人能自知而被视为可贵，可见自知之不易。

（二）自我体验

自我体验是自我意识的情绪成分，是在自我认识的基础上表现出来的自己对自己的情绪体验，如一个人希望在某件事上取得成功，但失败了以后，他就会对自己产生不满意的情绪体验。自我体验主要是一种自我感受，表现为自尊、自爱、自信、自卑、自怜、自弃、自恃、自傲、责任感、义务感、优越感等。自我体验主要涉及“我是否接受自己”“我是否满意自己”“我是否悦纳自己”等方面的问题，即自己对自己的接纳、肯定、喜爱、尊重、满意的程度。自我体验属于情绪范畴，它以情绪体验的形式表现出人对自己的态度。

（三）自我控制

自我控制是自我意识的意志成分，是指个体对自己心理活动和行为的调节与控制，即对自己的主观世界，包括对自己的行为、心理活动、个性品质及自身与他人、自身与社会的关系等方面的控制。表现为自主、自立、自强、自制、自律、自卫等。自我控制主要通过人的意志监督调节人的行为活动，调节、控制自己对自己的态度和对他人的态度，涉及“我怎样节制自己”“我如何改变自己”“我如何成为理想的那种人”等方面的问题。对于自我控制，正常的人都是凭着自我意识来调节自己的思想和行为，使之适宜恰当的。

以上三者相互联系、相互制约、相互统一于个体的自我意识之中。其中自我认识是基础，决定着自我体验的主导心境以及自我控制的主要内容，通过自我认识，使人明确“我是一个怎样的人”；自我体验又强化着自我认识，决定了自我控制的行动力度，通过自我体验，可以解决“我这个人怎样”“我是否接受自己”；自我控制则是完善自我的实际途径，对自我认识、自我体验都有着调节作用，可以最终解决“我应当成为一个怎样的人”的问题，通过自我控制，选择正确的认识角度，适当地进行信息过滤，有助于客观地认识自己、评价自己，有助于转变自我观念，调整自我评价体系，感受积极的自我体验。总之，三者协调一致、积极互动是自我意识发展的动力和方向。

三、自我意识的作用

（一）良好的自我意识可以促进心理的健康发展

积极的自我意识是心理健康的表现。心理健康的人能客观地认识自己，接纳自我，有适当的自尊，能及时洞察自己的感觉和意图，自我觉察力特别强。只有客观、准确地认识和了解自我，并对自己持一种接受和开放的态度，才有可能保持心理健康，才有可能快乐幸福地生活，才有可能充分发掘自己的潜能。如果对自我认识不清，或对自我持否认、回避、拒绝的态度，就会影响到个体的身心健康和发展。因此，探讨自我意识的发展，学会认识自我，树立自信心与独立性，应是大学生永恒的追求。

（二）良好的自我意识可以促进认知能力的提高

由于受各种主客观条件的限制和制约，个体理想自我的实现常常会遇到各种障碍，致使个体产生不同程度的挫折感。这时，自我意识能够使人把自己的心理活动也当作客体加以反映，就会对自己的认识、情感、意志、行为等进行反省，找到受挫的主客观原因，并重新调整认识，形成新的理想自我的内容，使其与现实自我趋于统一，这就大大提高了人的认识活动的效能。每个人要想使自己的天赋和才能得到充分的发掘和利用而成为自我实现的人，就需要随时对自我进行认识和审查。通过对自身认识过程的认知，人就有可能发现原有认识活动的不足，就有可能选择和运用更好的认知策略，从而使认知活动更加完善，更加有效。不难看出，个体对自身认知过程的监控和改善，意味着人在认识和改造客观世界的同时，也可以改造主观世界。

（三）良好的自我意识可以促进意志的发展

一个人要获得发展，取得成就，光有目标是不行的，还必须具备自制的意识，对自己的情感、行动加以调节和控制。自我的实现需要个人监督，需要意志的力量，也离不开自我意识的作用，离不开在意识中对自我和环境明确的区分。自我意识健全的人，在对自我作出正确认识、合理规划的基础上，能够对自己的注意力、情感、行为等加以控制，以实现自己的目标。缺乏自我控制意识的人，将是一个情绪化的人、缺乏毅力的人，终将一事无成。一个能够控制自我的人，往往适应良好，并能规范自己的情绪和行为，容易实现自己的目标以获取胜利。

（四）良好的自我意识是成功的保证

正确的自我意识可以帮助个体形成准确的自我认知与评价，并在此基础上建立自立、自主、自信的良好心理品质，激励个体去大胆尝试，积极进取，最大限度地调动个体的潜能，激发思维活动功能，获得成功。在这一过程中，个体不断克服负性的自我意识，强化正性的自我意识，形成自我意识的良性循环。因此，往往自我意识越健康、越积极的人，就越能获得成功，而不断取得的成功，又反过来进一步促使健康自我意识的形成。

第二节　大学生自我意识的发展

人的自我意识是在社会生活中通过与别人的相互交往而逐渐形成的。健康的自我意识是大学生全面发展的重要途径，也是其良好心理素质的具体反映。大学生的自我意识正处在发展与成熟的关键时期，自我意识的形成受到来自自身和社会的影响。大学生的心理也常常因为自我意识状态的改变而发生着不同程度的变化，因此，帮助大学生形成正确的自我意识，对其心理健康的发展有着极其重要的意义。

一、大学生自我意识发展的影响因素

大学生自我意识在发展过程中常会出现一系列问题，给自身的成长与发展带来诸多负面的影响。因此，探讨影响自我意识发展的因素，有利于促进大学生自我意识的健全发展。影响大学生自我意识的因素主要有以下几个方面。

（一）生理因素的影响

生理的变化影响着大学生对自己的看法和自我观念，他们常把自身形象与同龄人比较，从而形成自我概念。身体形象不仅关系到大学生自身给别人的印象，而且关系到他们对自己是接纳还是拒绝，关系到大学生的人际交往、生活、学习的安全感和幸福感。如果对自己的体格、体态和容貌满意，则接纳自己，对自己有积极的评价，否则就拒绝自己，对自己产生消极的评价。如有的大学生体格瘦小、体弱多病，经常会觉得身体不好，萎靡不振，觉得自己不受人欢迎，不敢与他人交往，害怕别人看不起自己，缺乏自信；有些大学生长相俊美，与人交往时就显得比较自信。另外，大学生对自己身体形象所采取的态度对他们的自我评价影响很大，如有的学生觉得自己太胖，不愿参加文体活动；有的学生觉得自己长得太丑，不愿与同学交往，这些都是生理因素对自我意识的影响。

（二）社会文化的影响

文化指使个体所具有的共同观念、习俗、信仰和知识体系，也被视为一种习惯化的生

活方式。文化是自我形成的生活背景，不同的文化背景对个体自我的影响不同，如价值观和规范确定的严密的文化易形成个人的集体自我和社会自我，而多元价值观和较少规范性的松散文化则有利于个人自我的形成。不同的文化价值取向必然影响到个人价值取向，它也作用于自我意识。另外，文化复杂性也与自我发展有关，文化越复杂，个人的同一性越混乱；个人价值取向的文化中其个体的自我监控水平更高于集体价值取向的文化；同质文化比异质文化更可能助长个体的集体自我的发展。

（三）他人评价的影响

一个人对自己的认知评价，很大程度上受他人对自己评价的影响。他人的评价是客观认识自己的一面镜子，通过别人对自己的评价，知道自己在别人心目中的地位和形象，可以帮助个体了解自我。大学生可以通过各种途径来获得周围的同学、老师、辅导员及与之有联系的各种社会群体对自己的评价，通过从不同的社会群体这个多面镜中观察自己、认识自己，反映出自我的每一种状态。但是大学生要正确地面对他人的评价，既不能忽视他人对自己的评价，也不能完全听任于他人对自己的评价。对于他人对自己的评价，要加上自己的分析进行再加工，才能接收过来。当然，日常生活中，别人对自己的评价与自我评价一般会有矛盾或不一致的地方，这是难免的，大学生应该尽量使两者趋于一致。

（四）家庭因素的影响

现代心理学研究表明，家庭环境对人的一生发展会产生重要的影响。一个人的早期经验对他的自我意识的形成有着非常重要的意义。父母的教育对于子女的人生观、世界观、价值观等方面起着至关重要的作用。父母的影响无论是积极的或消极的，都会影响大学生自我意识的形成。如家长对子女态度温和，经常鼓励子女，子女则会有更积极的自我评价；反之家长对子女喜怒无常，爱憎过分，易使子女无所适从，自尊心较差。随着独生子女的增多，出现了越来越多的过分溺爱的家庭教养类型，这些家长的过分保护、过分顺从，使孩子过分依赖，容易养成自私、狭隘、娇气等不良习性。另外，社会经济地位高的家庭，子女容易产生优越感。而家庭成员社会地位的急剧变化，易使自我意识的发展出现混乱。

（五）心理因素的影响

大学生的心理正处于由不成熟逐渐向成熟阶段发展的时期，尚未完全成熟的心理使一些难以克服的心理和人格弱点成为影响他们自我意识完善的一个因素。大学生有限的认识水平对自我意识有很大的影响，这主要表现在思维缺乏客观性、全面性，因而他们往往自我认识狭隘，造成自我评价过高，目空一切；或自我评价过低、妄自菲薄等。大学生自我期望值高，勇于进取和创新，但由于心理承受能力不够，对挫折的承受能力不足，一旦遇到失败，往往不能正确认识，自我意识的防线脆弱，易产生自我否定的心理现象。将个人的失败归于运气、机遇等不可控的外在客观因素的大学生会趋于自我保护和防御，缺乏正视现实和挫折的勇气，不利于自我认识和反省；将个人失败归于自身能力、水平等自身内在因素的大学生，易于失去自信、自尊，导致自我萎缩等心理现象的产生。

（六）网络信息的影响

随着科学技术的发展，大众传播手段越来越丰富。目前计算机的应用已经相当普及，越来越多的人通过计算机网络来交流信息。今天的大学生不仅受到教师、家庭、电视、电影等单向传播的影响，而且受到电脑互联网交流信息的影响。那些在真实生活中无法与人交流的大学生，网络对于他们的意义就更为深刻，他们可以通过网络宣泄自己的不良情绪，可以毫无顾忌地与陌生人交流，从这一点来讲，网络有着不可替代的积极作用。当大学生将自己置身于网络面前的时候，他们自如地操作电脑，查阅信息、处理邮件、发布信息以及网上聊天等，一切都在自己的掌控之中，发挥着自己的主动性和创造性。通过网络信息交流，大学生的独立分析问题、解决问题的能力得到了极大的提升，自我意识在这个过程中也得到了发展。

大学生在自我意识发展过程中出现的这样那样的困扰，是其心理发展还不成熟的表现，是由种种原因决定的，这些因素既可以促进大学生心理迅速成熟，也可能成为自我健康发展的阻力。因此需要重视、引导和调适，只有这样，才能促进大学生心理的发展和成熟，达到自我的统一和发展。

二、大学生自我意识发展的特点

大学新的学习环境、新的人际关系使大学生的自我意识进入一个新的发展时期。

(一)大学生自我认知发展的特点

1.**关注个人的发展** 大学生在生理发育上已具备了成人的特点，心理成熟和社会成熟也达到较高水平。随着成人与社会对他们要求的转变，大学生通过对自我的认识、体验、控制、调节，使自我意识进一步发展。这时，大学生特别关注自己的发展，关心自己的社会价值，自己的品质和才能以及自己对他人、对社会的影响力。在这一时期，多数大学生围绕个人发展、理想实现、前途命运等进行着积极主动的自我探索，不少大学生能自觉地把自我的命运和集体、国家的命运结合起来，从社会需要的角度思考个人的价值和发展。这样的大学生能够不断拓展眼界，开阔胸怀，使人生之路越走越宽。

2.**主动积极地认识自我** 大学生经常围绕个人发展以及个人和社会的关系，积极主动地探索自我。大学生经常会思考一些涉及自我的问题，总是对“我为什么是这样一个人”“我应该成为怎样的人”“我的前途究竟如何”这些问题十分感兴趣，而且期待获得满意的答案，这种思考和期待会体现在现实的行动中，具有主动性和自觉性。其表现为大学生经常自觉地参照周围的老师和同学对自己的评价进行自我评价，设想自己的发展或进行自我设计。

3.**自我评价趋于客观** 随着自己知识的不断丰富、经验的不断积累，大学生对自我的评价也渐趋客观。大学生通过对自己进行分析评价，客观地认识现实的我，找到自我的优势，发现自我的不足，然后扬长避短，使现实的我趋向于理想的我。大学生理想我与现实我之间的相关性比较高，使其自我评价与他人的评价结果基本一致。可见，大学生的自我评价比较符合自己的实际情况，自我评价的客观性有了明显的发展。大多数大学生对自己的分析、评价逐渐变得客观、全面。但是，大学生自我评价又有不平衡性、多样化和不成熟性。在大学生中也存在着自我评价的偏差，他们要么高估自我，有着很强的优越感、自尊心和自信心；要么低估自我，这是因为自我期望水平偏高，引起对现实的不满，易积累一定的挫折感，产生过强的自尊心等。低估自我，只能使自己想躲藏起来，不敢向前进取。

(二)大学生自我体验发展的特点

大学阶段可以说是个体一生中最善感的年龄阶段，多数大学生喜欢自己，满意自己，独立、自信、好胜。其自我体验发展的特点主要表现在以下几个方面：

1.自我体验丰富而复杂 大学生的自我体验是既丰富又复杂，大学多彩的学习生活为他们发展自我体验的丰富性提供了有利条件。随着自我认识的发展，大学生意识到自身的成长而产生成人感；意识到自己是一名当代的大学生而产生义务感及爱国主义和集体主义的体验；意识到自己的能力和品德状况，从而产生自豪或自卑的体验。他们能比较准确地表达自己的喜怒哀乐，对于生活中自己的心理状态是轻松的还是紧张焦虑的，他们都有着深刻的自我体验。调查结果表明，大学生自我体验的情感基调是热情、自信、憧憬、愉快、紧张、急躁等，其中男生比女生更自信，更有活力，但更急躁；女生比男生更热情，要求成功的愿望更迫切，容易多愁善感，情绪波动较大。总之，大多数大学生喜欢自己、满意自己，自尊、自信、好胜。

2.自我体验敏感而波动 随着自我认识的发展，大学生对于外部世界和自己内心世界的许多方面都比较敏感，尤其是与他们相关的事物，很容易迅速引起他们情绪情感上的反应。大学生开始重视自己在集体中的地位和威信，对他人的言行和态度十分敏感，对涉及自己名誉、地位、前途、理想及异性交往等方面的问题，更易引起强烈的自我情绪体验。但大学生自我体验的敏感之中又带有情境性，可能因一时的胜利而产生积极的、愉快的情感体验，甚至骄傲自满、忘乎所以；也可能因一时的挫折而低估自我，从而丧失自信，灰心丧气甚至悲观失望。受到老师或领导的表扬，就觉得自己都是优点，若受到教师或领导的批评，就觉得自己浑身处处不行。大学生自我体验的波动性是正常现象，关键是应该正确对待。

3.自我体验内隐而不稳定 大学生的心理活动具有某种含蓄、内隐的特点，心理活动开始指向自己的内心世界，逐渐失去了儿童期的外露、直爽、天真、单纯。大学阶段，大学生有了自己的秘密，希望有属于自己的小房间，在无人的时候将内心世界写入日记，不愿把内心世界轻易向人敞开，十分注重面子，会有意无意地掩盖自己的缺点和短处。但此时的大学生，内心却强烈地渴望与人交往，不但希望交往的范围扩大，也希望交往的程度加深，希望能向自己的朋友敞开心扉进行交流。大学生的自我体验还表现出不稳定性，特别是大学一年级的学生，常感到对自己无法进行确认，弄不清自己究竟是一个什么样的人，有的学生说："我相信自己最了解自己，但实际上我并不真正了解自己。我有时觉得自己是这样的，有时又觉得自己并非这样，常常自己推翻给自己下的结论。"这说明大学生这时的自我体验并未趋于成熟，一般到了大三、大四年级，大学生才形成了比较稳定的自我体验。

(三)大学生自我控制能力发展的特点

1.自我控制的自觉性增强 大学生自我控制的能力有很大提高，自觉性、独立性等都有显著发展，主要反映在大学生有强烈的自我设计和自我规划的愿望，希望根据自我设计的目标自觉调节行为。大部分大学生都奋发向上、力争成才，并且根据自我设计目标自觉调节行为，力图摆脱社会传统的束缚，按照自己的意愿行事；他们也能够自觉地根据社会的要求来调节自己不合实际的目标和动机。例如,因社会的期望和就业的需要,大学生能对自己的目标进行及时调整,在掌握好专业知识的同时,注意提高外语水平和计算机水平,积极地参加各种社会公益和集体活动,注重各种能力的培养,以便使自己能更好、更快地适应社会。

2.**自我控制的独立性提高**　大学生的自我设计表现出很大的独立性。他们强烈地期望摆脱幼稚和对成人的依赖,希望通过自己的言论、行动,运用自己的双手和智慧,去实现自我的设计,向师长显示他们已经长大,不再是孩子了。强烈的独立愿望使大学生的行为带有明显的反抗性,即有意识地做那些成人或社会所不期望他们做的事情。面对大学生的反抗倾向,教育者应客观分析,正确对待。首先,分清哪些是由于其生理和心理的发展、独立性的发展,未得到应有的理解、信任、承认和尊重所引起的,哪些是由于他们认识水平不高和心理发展不成熟的过激言论或行为引起的。然后根据具体情况,或表扬、鼓励,发展其独立性;或动之以情,或导之以行,加强行为训练。总之,只有正确地分析、科学地引导,才能全面提高大学生的自我控制能力。

三、大学生自我意识完善的途径

从某种意义上说,一个大学生有什么样的自我意识,他的人格就会向什么方向发展。正确的自我意识有利于大学生的心理健康,利于鼓励他们承担自己的义务和责任使其走向全面发展与成功。

(一)正确认识自我

如果一个人能对自我有一个全面、正确的认识和评价,就能扬长避短,控制自己、改变自己,就能根据自己的实际情况,选择相宜的目标为之奋斗。正确地认识自我是建立良好自我意识的基础,一般而言,认识自我的途径通常有以下几个方面:

1.**通过分析他人的评价来认识自己**　大学生的自我认识在很大程度上受他人评价和态度的影响,他人的评价对于大学生的自我认识与评价起着重要的作用。大学生要对自我有全面的认识,就要正确地分析不同时期、不同的人对自己的评价,如同学的评价、教师和辅导员的评价、父母的评价等。虽然大学生在接受这些评价时会考虑到评价者的特点,但是这些评价会直接或间接地对大学生的自我评价产生影响。因此,如果大学生能够在同学之间、师生之间、家庭成员之间获得必要的、客观的、正确的对自己的评价,并综合地分析各种人对自己的评价,将有助于自我认识能力的提高,有助于促进自我意识的健康发展。

2.**通过比较来认识自己**　常言说“比上不足,比下有余”,人会自然地将自己与别人作比较,也就是说,人是生活在相互比较的感觉中的。大学生的自我认识还依赖于自己与他人的比较,大学生将自己同其他大学生相比,可以了解到自己在这个群体中的位置;通过与他人的比较,能够认清自己的优势和劣势,查找出问题,进而通过不懈的努力去接近或超越他们。只有在与他人的比较过程中,才能认识到自己的不足、优势、目标是否恰当等,比较也是提高大学生自尊和自信的重要方法。大学生除了要与他人进行横向比较之外,更为重要的是要学会纵向比较,也就是自己与自己比较,将现在的我与过去的我进行比较而确立自我的位置,从而形成对自我较为客观的认识。这是因为个体的自我评价不仅取决于他的成就,而且取决于他的抱负水平。

3.通过不断的自我反省来认识自己 大学生的自我评价并不完全取决于他人对自己的评价,很多时候需要进行自我分析,也就是利用内省的方法来认识自己。内省的方法是大学生进行自我认识的直接途径。“吾日三省吾身”就是一种自我监督活动,没有自我反省就无从实现自我完善。大学生已经具备了自我反省的能力和自我批判的精神,应该经常反思自己的言语和行为。在反省的过程中,要不断地自我批评,不断地自我完善。通过反省、分析自己胜利或失败的原因,对自己作客观的分析,严于解剖自己,敢于批评自己,以调整自我评价。大学生的自我反省一般是通过自己的活动表现和成果来评价自我的能力与品质,进而对自我进行认识和评价。通过活动成果分析自我时,要有正确的归因方式,当胜利的时候,多归因于自己的内在特质,能力强;当失败的时候,多归因于自己努力程度不够、难度太大,这样有利于自我价值的保护,从而正确定位自我,提高自我认识,作为自我调控的出发点。

(二)积极悦纳自我

悦纳自我就是对自己持肯定、认可的态度,悦纳自我是自我体验的关键和核心。每个人都是独特的,各有长处和短处,大学生既要学会欣赏自己的长处,也要接纳自己的不足,做一个真实的自我。具体地说,积极悦纳自我要做到以下几个方面:

1.接纳完整的自己 “人无完人,金无足赤”,每个人身上都难免存在一些不完美的地方。大学生要能正确认识自己,对自己充满信心,有价值感、自豪感、愉快感和满足感;应该实事求是地承认自己的价值,相信每个人身上都有闪光之处,潜藏着巨大的潜能。大学生要维护自己的自尊心,调动自己的积极因素,发掘自己的潜能。“天生我材必有用”,每个人都有其存在的价值,每个人都是世界上独一无二的,没有人可以代替自己,不必苛求自己做个十全十美的人。如果大学生不能接受自己,保持本性,将会迷失自己。

2.保持积极的心态 大学生要性情开朗,对生活乐观,对未来充满憧憬。一个人的心态很重要,因为它可以改变命运。大学生不管处于什么样的境地,都不要迷失自己,而是要保持清醒的头脑,拥有一个良好的心态。马克思曾说过:“一种美好的心境,比十副良药更能解除生理上的疲劳和痛苦。”大学生经常面临着各种生活、学习压力,经常遇到各种挫折和冲突,而经常保持一种充实、愉悦的心境对于消除不愉快的情绪体验,保持心理平衡,具有不可低估的作用。保持乐观的心态和开朗的性情,就能面对现实、正视现实中的自我,从而采取积极有效的态度去面对现实中的各种挫折。

3.扩大交往的范围 积极的人际交往有助于大学生获取正确的自我概念与建立健康的自我形象。大学生应该扩大人际交往的范围,广结人缘,多接触一些人和事,使自己的生活更加充实。在交往中,由于热情与爱心使得自己容易被他人所接纳,而一个被别人接纳的人更容易接纳自己。广交朋友可以使自己有一种归属感,同时也可以拥有一个庞大的社会支持系统。当面临挫折与失败的时候,可以获得更多的社会支持,这样会比较容易地渡过难关,重塑自我。

(三)有效控制自我

自我控制是人为了实现目标主动改变自己的心理行为过程,有效地控制自我是健全自我意识的根本途径。大学生要做到有效地控制自我可以从以下几方面做起：

1.**确立适宜的目标**　大学生要树立合乎实际的抱负水平，确立合适的理想自我。在充分了解自己的基础上，使要求符合自己的目标，符合自己的实际能力，不苛求自己，不被他人的要求左右。大学生在制订目标的时候，要结合现实自我的状态，既不要定位太低，也不要定位太高。大学生的理想自我如果定位太低，当然容易实现，但往往会丧失进取心，缺少成功所带来的满足感，而且会抑制大学生潜能的发挥。而大学生的理想自我如果定位过高，则会因为目标的无法实现而挫伤自己的锐气，削弱自信心，导致焦虑水平的上升。因此大学生要注意对理想自我进行联系实际的调整，又要不断地对现实自我进行提高、完善，使现实自我逐渐向理想自我靠近。

2.**实现目标要有恒心和信心**　任何一个目标的实现，都需要以坚强的毅力作为保障。很多大学生对自我抱有很高的期望，但因为没有足够的自制能力，经受不住挫折和打击，无法实现自我理想。而那些自暴自弃的大学生更是因为无法控制自我的不良情绪，偏离了健全的自我意识轨道。大学生的意志品质仍处在发展过程中，因此，大学生要特别注意增强自我控制的自觉性、主动性，发展坚持性和自制力，增强挫折耐受力，使自己能自觉主动地认清目标，从而为实现目标而努力排除干扰、克服困难。

3.**不断地自我超越**　完善自我、超越自我是健全自我意识的最终目标。完善自我、超越自我并不是一个一帆风顺的过程，它需要付出艰辛的努力，大学生要从小事做起，从眼前做起，从实际行动做起，协调个人期望与个人能力的关系。但大学生不能把自己局限在个人价值的实现上，而应该将个人价值与社会价值统一起来，既注重自我又不固守自我，而是根据社会要求不断改造自我，从而使自我意识得到升华。在健全自我意识的过程中，要不断地给自己一些挑战，不断地超越自己。另外，完善自我、超越自我，还可以通过参与社会生活、融入集体、不懈追求与努力、主动地发展自我来进行。

第三节　大学生自我意识的完善

大学生的自我意识虽然有了很大发展，并逐渐趋向成熟，但其自我意识尚未完善，在发展过程中很容易出现各种矛盾和问题，影响其心理健康成长，而这些矛盾和问题是大学生自我意识发展中的正常现象，是可以进行调节和控制的。研究大学生自我意识发展中的矛盾和问题，将有助于大学生自我意识的健全和完善。

一、良好自我意识的标准

自我意识作为个性心理的核心内容，属心理现象的范畴，而人的心理以什么作为健康的标志，一直是一个非常复杂的问题，许多心理学家从不同角度对健康的自我意识进行了衡量。我国学者樊富珉教授对健康自我意识提出的标准，为健康自我意识的形成、调适和培养提供了心理依据。这个标准如下：

1）一个有健康自我意识的人应该是一个自我肯定的、自我统合的人。

2）一个有健康自我意识的人应该是一个自我认识、自我体验、自我监控调节协调一致的人。

3）一个有健康自我意识的人应该是一个独立的，同时又与外界保持协调的人。

4）一个有健康自我意识的人应该是一个自我发展的人，且自我具有灵活性。

5）一个有健康自我意识的人应该是一个心理健康的人，不仅自己健康发展，而且能促进周围的人共同进步。

二、大学生自我意识发展中的矛盾

（一）主观我与客观我之间的矛盾

自我意识有主观我与客观我之分。主观我用来表示“我是什么”“我做什么”，客观我表示“怎样看待我”“给我什么”等。自我认识是主观我对客观我的认知和评价，主观我是一个人对社会情境作出的反应，是自我中积极主动的一面。主观我与客观我应该是统一的，这种统一是个人对客体的认识与个人愿望的统一，是个人与社会的统一，是自我统一性的形成，更是良好的自我意识的标志。但是，由于自我的结构是多种多样的，每个人所处的社会环境存在着很大的差异，所以主观我与客观我并不总是统一的。

大学生主观我与客观我的矛盾相当突出。作为同龄人中能够接受高等教育者，大学生对自我有较高的积极评价，与他人相处时，盛气凌人，往往喜欢以己之长比他人之短，唯恐被人忽视。另一方面，随着高等教育大众化进程的推进，适龄青年接受高等教育的机会增加，大学生已不再是“天之骄子”，原有优势丧失或遭遇挫折时，主观我与客观我发生矛盾，就导致灰心丧气，表现为失望、苦闷、怨天尤人。

（二）理想我与现实我的矛盾

理想我与现实我的矛盾可以说是大学生自我意识矛盾最突出、最集中的表现。理想我是指个人想要达到的完美形象，是个人追求的目标，它引导个体实现理想中的个人自我。现实我是个人从自己的立场出发，对现实中自我的各种特征的认识。大学生有抱负、有理想、有追求，心中承载着无数梦想，成就动机强烈，然而，由于他们的生活范围相对狭窄，社会交往比较单一，缺乏社会阅历，对自我认识的参照点较少，因此，不能很好地将理想与现实结合起来，从而使理想我与现实我之间产生较大差距。在现实生活中，理想我与现实我二者之间存在一定差距是正常的，合理的差距能够激发大学生奋发进取的积极性，使人不断进步、奋发有为。但是，如果差距过大，则会给大学生带来苦恼和不满，有可能引起自我意识的分裂，导致一系列心理问题。

自我意识的这一矛盾冲突，一方面会使大学生感到焦虑、痛苦不安，可能影响他们的心理发展和心理健康，另一方面也会促使他们设法解决矛盾，来实现理想我与现实我的统一。但是，由于个人的社会背景、生活经验、智力水平、追求目标等方面的差异，自我意识的统一也会出现个别差异。

（三）独立意向与依赖心理的矛盾

美国心理学家艾里克森从人格发展上概括出大学生所处阶段的主要矛盾是亲密与孤独的矛盾。大学生生理与心理的成熟使他们渴望独立，尤其是在离开父母之后，大学生有了更多的自主空间，更加希望能在经济、生活、学习、思想等方面独立，渴望以独立的个体面对生活、学习中遇到的问题，以证明自己已经长大；希望自立自强，成为一个有独立见解、能决定自己命运的人，表现出反抗权威，不愿意遵循传统，总想标新立异。但由于长期的校园生活使大学生的社会阅历与经验相对缺乏，在心理上又对父母、朋友存在深深的依赖，特别是遇到困难和挫折时，这种依赖就表现得更为明显。尤其是对于独生子女来说，由于长期受到父母的溺爱与保护，这种独立意向与依赖心理的矛盾表现得更加突出。

不成熟的独立性与依赖性相互纠缠，便构成了大学生自我意识矛盾的主要根源。过分的依赖使大学生缺乏对问题的分析、判断与决策能力，显得优柔寡断，缺乏主见；而过分的独立又使部分学生陷入万事不求人的偏执状态，采取我行我素、孤傲自立的行为方式，但在遭遇挫折时又会出现不知如何寻求帮助的情况。另一方面，大学生心理上的独立与经济上的不独立也形成了明显的反差，在他们迫切希望摆脱约束、追求自立的同时，却又不可能真正摆脱家长、老师的支持和帮助。希望独立，又无法摆脱依赖，这种独立意向与依赖心理的矛盾一直困扰着大学生。

（四）渴望交往与自我闭锁的矛盾

人都有获得别人关怀、理解与爱的需要，处于青年期的大学生，这种获得爱与理解的需要更为强烈。每个大学生都渴望着爱与友谊，渴望着交往与分享，渴望着自我价值得到实现，渴望着探讨人生的真谛，寻找人生的知己，希望成为群体中受尊敬与欢迎的人。然而另一方面，或出于自我保护的需要，或其他一些因素的影响，大学生在与他人交往时存有较强的戒备心理，总是有意无意地保持一定距离。许多大学生往往不愿主动敞开心扉，而把心灵深藏起来，感到没有人理解自己，缺乏知音，在公开场合很少发表个人的真实意见。正是这种矛盾困扰，使不少大学生常处于孤独感的煎熬中。

这种渴望爱与理解而又得不到的矛盾，促使大学生追求真诚而又纯洁的友谊，并产生了对爱情的渴望，希望找到一个带来温馨的爱与理解的异性朋友，这是大学生恋爱的一个重要原因。另外，由于缺乏交流的技巧或是缺乏交流的安全感，大学生宁愿把自己的内心状态托付给不曾谋面的陌生人，也不愿意在身边的同学中求得沟通与理解，他们认为网上的世界虽然是虚拟的，但不用担心会受到伤害，可以畅所欲言，至少是安全的，这也是大学生热衷上网聊天的原因。

三、大学生常见自我意识问题及应对

大学生自我意识尚未完全成熟，在发展过程中容易出现各种问题，给自身的成长与发展带来诸多负面的影响，影响大学生的身心健康。大学生自我意识发展中常见的问题主要有以下几种：

（一）过度的自我接受与过度的自我拒绝

自我接受是指自己认可自己，肯定自己的价值，对自己的才能和局限及长处和短处都能客观评价、坦然接受，不会过多地抱怨和谴责自己。对自我的合理接受是心理健康的表现，但过度自我接受就是过高地估计自我，对自己的肯定评价往往有过之而无不及，甚至把缺点也视为长处。过度自我接受的人容易产生盲目乐观情绪，自以为是，不易处理好人

际关系,而且过高评价自我会滋生骄傲,对自己易提出过高要求。

自我拒绝是指不喜欢自己,不能容忍自己的缺点和弱点,否定、抱怨、指责自己。过度自我拒绝表现为多方面的自我否定。事实上,许多大学生都有不同程度的自我拒绝,这可以促使他们不断修正自己,趋于完善。但过度自我拒绝的人看不到自己的价值,只看到或夸大自己的不足,感到什么都不如他人,处处低人一等,丧失信心,严重的还可能由自我否定发展为自我厌恶甚至走向自我毁灭。过度的自我拒绝会压抑人的积极性,限制对生活的憧憬和追求,易引起严重的情感损伤和内心冲突。

应对大学生过度的自我接受和过度的自我拒绝的方法是:首先,树立正确的认知观念。人不能十全十美,每个人都有优缺点。人既不会事事行,也不会事事不行;一事行不说明事事行,一事不行也不说明事事不行;优点和缺点不能随意增加或减少,成功失败也不是自说自定。一个人应该接纳自己,不自以为是,也不妄自菲薄。其次,确立合理的评价参照体系和立足点。人的价值本来是相对的,只有在相互比照之下,方能定出高低优劣。自我评价以其不同的方式(适当的、过高的、过低的)可以激发或者压抑人的积极性。因而大学生应该选择合适的标准,更重要的是以自己为标准,按照自己的条件评定自我价值。有的大学生在自我评价过程中无意识地重视了别人的评价,贬抑了自己。人应该立足自己的长处,接受并尽力改进自己的缺点和不足;成功时应多反省缺点以再接再厉,失败时则多看到优点和成绩,以提高自信和勇气。再次,培养独立和健康的人格品质。如自信不狂妄、谦虚不自卑等,是合理自我意识的表现。

(二)过度的自我中心与过度的从众心理

大学生强烈地关注着自我,他们从自我的角度和自我的标准去认识、评价事物和他人,并采取行动,因而很容易出现自我中心倾向。当这种倾向与某些不健康的思想意识和心理特征结合时,就会表现出过分扭曲的自我中心。以自我为中心的人凡事从自我出发,不能设身处地进行客观思考,只关心自己,不顾忌他人的感受和需要。他们往往盛气凌人,处事总认为自己对、别人错,喜欢把自己的意志强加于人。因而他们不易赢得他人的好感和信任,人际关系多不和谐,行为做事很难得到他人帮助,易遭挫折。

大学生克服过度的自我中心与过度的从众心理的措施是:首先,需要摆正自己的位置,既重视自己也不贬抑他人,自觉地把自己和他人、集体结合起来,走出个人的小天地。其次,要实事求是、恰如其分地评估自己,既不自高自大,也不妄自菲薄。再次,学会移情,多设身处地地从他人的角度思考问题,尊重他人的感受,关心他人。

从众是一种普遍的心理现象。因为个体在群体中生活,会不知不觉地遵从群体压力,在知觉、判断、信仰以及行为上放弃自己的主张,趋向于与群体中多数人一致。从众心理人皆有之,但从众心理过强,凡事从众,就会导致独立性差,缺乏个体倾向性的世界观、人生观和价值观。有过强从众心理的大学生,在现实社会中,缺乏主见,丧失自我,无创造性,在大是大非面前往往无法把握自己,甚至迷失方向。

世界上任何人都不可能在任何事上都独立,为所欲为,但个人能主宰自己的思想和观念。大学生要克服过度从众心理,首先应该独立思考,且勇于独立思考、敢于独立思考,坚持自己所认为的正确观念,不受他人影响,保持自己的独立性和个性,这是克服从众心理最基本的,也是最重要的途径。

(三)过分的独立意识与过度的逆反心理

大学生随着独立性的增强,常表现出力图摆脱社会传统的约束,按照自己的意志行事的倾向。独立意识是大学生自我意识发展中最显著的标志之一,然而大学生在摆脱依赖、走向独立的过程中,有时会矫枉过正,表现出过分的独立意向。很多大学生把独立理解成不需要别人的帮助,其结果是,在现实生活中遇到困难挫折,只能自食苦果,活得沉重、痛苦。其实,独立并不意味着独来独往、我行我素和不顾社会规范,而是指在感情和行为上对自己负全部的责任。一个真正成熟的个体是独立的,他对自己负责,但绝不排除接受他人的帮助。

逆反心理也是大学生自我意识发展的产物。其实质是为了寻求独立,寻求自我肯定,为了保护新发现的正在逐渐形成的但还比较脆弱的自我,抵抗和排除在他们看来压抑自己的那种外在力量。大学生的智力发展虽已达到较高水平,但阅历有限,感性经验不足,易于感情用事,以至于形成偏见,容易出现偏激的行为。持这种心理的大学生往往对师长的教育或周围的正常事物持消极、冷漠、反感甚至抗拒的态度,对正面教育和宣传表现出一种怀疑、不认同的抵制态度,对社会、人生和个人前途显示出玩世不恭的态度。在目的上只是为了反抗而反抗,在行为上越是禁止的东西越感兴趣,越是不让做的事越要做,其结果是阻碍了他们的学习和发展,不利于其健康成长。

大学生要克服过分独立意识与过度的逆反心理的应对措施是:首先,正确理解独立的真正含义。其次,掌握好自我的独立性与外界权威规范的关系,使自我既能适应外界的要求,又能保持独立性。

(四)过强的自尊心和过度的自卑感

自尊心、自信心和好奇心、独立感等诸多心理现象都是大学生自我意识发展的主要表现形式。自尊心是要求别人尊重自己的言行和人格,维护一定荣誉和社会地位的一种自我意识倾向。每个大学生都有强烈的自尊心,好强、好胜、不甘落后。自尊心强的大学生对自己有信心,相信自己能克服缺点,取得进步,它不是自大。但过强的自尊心却和骄傲、自大等联系在一起,他们缺乏自我批评,而且不允许别人批评自己,以自我为中心,唯我独尊。这样的人回避或否认自己的缺点,缺乏自知能力,不能与人和谐相处,容易失败,也容易受伤害。

自卑感是个体由于自我认识偏差等原因所形成的自我轻视和自我否定的情绪体验。他们在平时的行为中,担心被别人歧视;或认为自己天资愚钝,将来会无所作为;或认为自己其貌不扬被人歧视等。他们给周围人的印象是悲观失望,缺乏信心,惧怕与人交往,但实际上,在他们的内心深处往往有着强烈的交往欲望。过度自卑的大学生往往夸大自己的缺点、不足和失误,因自卑而心虚胆怯,遇到挑战性的场合立即逃避退缩,不敢正视现实。

过强的自尊心和过度的自卑感都会影响大学生的心理发展和人格成熟。过强的自尊心和过度的自卑感是密切联系互为一体的,那些自尊心表现得越外显、越强烈的人往往越是极度自卑的人。

大学生克服过强的自尊心和过度的自卑感的应对措施是:首先,应对其危害有清醒的认识,有勇气和决心改变自己,勇于坚持正确的观点和意见,改正错误的认识。其次,应客观、正确、自觉地认识自己,无条件地接受自己,正确地表现自己,扬长避短。再次,调整对自己的期望,确立合理的抱负水平,区分长期目标和近期目标,区分潜能和现实表现。

大学生在自我意识发展过程中出现的失误、偏离和缺陷等问题,是其心理还不成熟的表现,这是由其身心发展状况和成长背景决定的,并不是某个人的缺点,而是所有的大学生或多或少都要经历的,是整个年龄阶段的特征,因而是普遍的、正常的。只有认识到这一点,大学生才有可能去面对它,并争取解决它,以达到自我真正的统一和健康。

第六章 人际交往

在现代社会中，人们渴望更多的交往，在新的环境下适应新的人际角色。人际交往不仅能培养人的社会适应能力，也是大学生培养思维广阔性和创造性的中介形式。事实表明，人们拥有的信息量与人际交往的频率成正比，与人接触得越广泛，与人相处越融洽，他所获得的信息量就越多，知识面就越宽，对自己创造性思维方式的启发就越大。因此，大学生必须顺应时代潮流，学习有关人际交往方面的知识，增强交往意识，提高人际交往能力。

第一节 人际交往概述

人际交往也称人际关系，是人与人之间心理上的关系。人际交往表现为人与人之间的心理距离，反映着人们寻求满足需要的心理状态。从动态讲，人际交往是指人与人之间一切直接或间接的相互作用，但都超不出信息沟通与物质交换的范围；从静态讲，是指人与人之间通过动态的相互作用形成的情感联系。大学生每天除了睡眠外，其余时间中有70%左右用于人际交往。有人对成功人士进行分析，得出的结论为85%的成功人士与良好的人际关系有关。人的成长、发展、成功、幸福都与人际关系密切相关。对任何人而言，正常的人际交往和良好的人际关系都是其心理正常发展、个性保持健康和生活具有幸福感的必要前提。本节重点从人际交往的功能与作用、人际交往的规律和影响人际交往的因素等方面进行阐述 。

一、人际交往的功能与作用

1.获得信息功能与作用 当今世界已进入了信息时代，各种新思想、新技术不断涌现，人类知识的总量成倍增长，在这个时代，人们需要广泛的信息交流以促进事业的发展。一个人从书本上获得的知识毕竟是有限的，而通过社会交往建立良好的人际关系后，人就能通过各种方式迅速获得信息，且知识中的很大一部分是从社会交往中学到的。通过交流，双方拥有的知识、信息得以传播，交往的双方互通有无，使双方的知识面都得到扩展，信息得以增值。因为知识的交流不同于彼此间财富的交换，它能够增值。双方相互交换一条信息，每人就会拥有两条信息，而信息、知识都是无价之宝。一个足不出户的人，必将成为一个闭目塞听、孤陋寡闻的人，因而在现实社会中要重视人际交往。

2.自知、知人功能与作用 首先，人是以他人为镜，即在与别人的比较中认识自己的，一个人如果孤独冷漠，缺乏交往，那他对自己的认识就缺乏“参照系”，也就失去了衡量自己的尺子和照鉴自己的镜子。朋友交往，能够使我们从别人的个性中找到与自己的相似之处，发现自己身上好的或是不好的东西；其次，人还可以通过他人对自己的评价和态度，以及自己与他人的关系来认识自己的形象。良好的人际交往有助于认识自我，了解他人。一个人要想对自己有正确的认识，就有必要借助交往，通过与别人接触、比较等方式去认识自己。同时，我们要想了解别人也必须通过与别人接触，才可能洞察和了解各种各样人的心理、品格和为人，进而达到知人的目的。

3.**促进自我意识发展的功能与作用** 良好的人际交往有利于自己在更广大的范围内表现自己。我们都希望别人了解自己，理解、信任自己。要使这一美好的愿望成为现实，就必须扩大交往范围，在更大的范围内展现自己，这样别人才可以了解你的为人处世、性格品行和学识才能，从而使更多的人赏识你、喜欢你，获得更多的发展机遇。人的自我意识的发展是通过交往实现的，在与他人的交往中会自觉产生改变自我兴趣、动机、能力、意志的行为。在他人对自己的态度和评价中重新认识自我，自我意识的发展也在不断交往中趋于更加客观、成熟、完善。

4.**产生合力的功能与作用** 这里说的“合力”，是指人的力量的有机结合。人们常说：“人心齐，泰山移”“团结就是力量”，讲的就是许多人按照正确的方式组合起来，就能产生巨大的力量。但并不是在任何时候、任何情况下，都是人多力量大。人多，团结一致，协作得好，结合密切，力量才大；如果你争我斗，内耗严重，一盘散沙，人多力量也不大。所以，在人际之间要理顺关系，要创造一个民主、团结、互助的氛围，要形成一个有机联系的和谐的整体。这个整体内部要有明确的奋斗目标，只有这样，才能把大家紧密地联系在一起，齐心合力，充分发挥整体效应。

5.**心理保健的功能与作用** 人们进行交往不仅能获得信息交流，而且还能实现心理上的沟通和情感上的交流。在交流过程中，如果双方对某一问题或某一观点都有相同的认知，双方则会产生情感上的共鸣，越说越投机，彼此成为力量汲取和情感宣泄的对象。同学们作为一个社会成员，有着强烈的合群需要，通过相互交流诉说个人的喜怒哀乐，也会引起彼此之间的情感共鸣，从而在心理上产生一种归属感和安全感。大家在生活中都有这样的体验，有时遇到好友有谈不完的话题，即使对方的某一观点不一致，也不会予以指责或排斥，而会采取接纳、容忍的态度。这说明他们在交往时彼此相容，心理上的距离很近，双方都会感到心情舒畅、愉快。因此，人类心理的适应，其实质是人际关系的适应。相反，心理病态是人际关系的失调所致。如彼此采取消极、否定、排斥的态度，削弱了人际关系，从而使之朝不利的方向发展，产生分离性情感。两人有矛盾，也不愿沟通，你看不惯我，我也看不惯你，彼此心理距离很大，易产生抑郁情绪及孤独寂寞感。同学关系不和、师生之间关系紧张，都会产生心理上的距离，有损心身健康。在生活中我们不难发现，那些交际范围较大的人，往往在精神上很富足，身心也就更健康些；反之，那些不合群的孤僻人，往往有更多的烦恼和难以排遣的忧愁，同时也就会有更多的身心健康问题。

二、人际交往的规律

1.**人际交往的临近律** 人们生活空间距离上的接近使得相互相处的机会和时间增多，

相互之间便更容易熟悉对方，双方往往容易因这种接近而相识，最终建立友谊，成为知己。俗话说“远亲不如近邻”，实际上就是说明了人们彼此间在时空上接近是形成友谊的重要因素。

2.人际交往的一致律　研究表明，个性、职业、背景、年龄等越相似的人，互相之间的吸引力就越大，因为相似的因素使得交往的双方更容易找到共同的语言，这样就缩短了距离而产生相互吸引。“物以类聚，人以群分”所表达的就是这个意思。一般情况下，我们找朋友喜欢找那些志趣相投的人，因为这样大家在一起才有共同的爱好、共同的话题，才能感到和谐融洽。从某一方面来说，人人都有一点自恋倾向，也就是我们都是喜欢自己的。当其他人的表现与自己相似时，那是对自己的一种肯定，一种认同，具有相当高的强化力量，所以我们就会对被归纳与自己同类的人怀有好感，彼此之间的相互吸引也就产生了。特别指出，在相似性中最有吸引力的大概是态度和价值观的一致性。有时即使其他方面差别很大，但态度和价值观一致，仍会产生很大的吸引力，这就是“志同道合”的力量。

3.人际交往的互补律　人际吸引的互补律是指人际互动的双方其需要正好成为互补关系时，会产生强烈的互相吸引力。简言之，当一方所具有的品质和表现出的行为正好可以满足另一方的心理需求时，前者就会对后者产生吸引力。

在日常生活中，我们不难发现，相似与互补看起来很矛盾，实际上则不然，两者在不同的情况下有着不同的地位。当两人有着不同的角色，且双方的地位完全平等时，相似性成为人际吸引的主导因素；当两人拥有不同的角色，且双方地位不完全平等时，互补性则成为主导因素。

4.人际交往的对等律　人人都愿意被别人所肯定、赞美和接纳，一个人付出努力得不到别人的认可和付出了努力得到别人认可结果是不一样的。同样的付出得到了同样的回报时又会怎样呢？显然，付出努力得到认可对形成良好的人际关系更为有利，这就是常说的“对等吸引”。“对等吸引”指的是人们都喜欢那些同样喜欢自己的人。人们在交往过程中都是希望得到积极反馈的，当得不到反馈或者得到的是负面反馈时，就会产生消极的情绪，阻碍良好人际关系的形成和发展。对于不同的人来说，由他人的喜欢和认可所激发出来的对别人的喜欢和认可并不完全等同。例如，自尊心强、自信的人对别人的评价不是很在意，他人喜欢与否对自己来说影响也不大。但是自卑或者遭受挫折的人，对他人的喜欢与排斥则相对敏感。因为这样的人往往需要从别人那里得到肯定，以别人的态度和评价来确定自己的地位和价值。

三、影响人际交往的因素

人际交往的心理因素包括认知、动机、情感、态度与行为等。

1.个性对人际交往的影响　个性，心理学中又称之为人格，是指在一定的社会历史条件下的具体个人所具有的意识倾向性以及经常出现的较稳定的心理特征的总和。包括一个人的兴趣、爱好、思想、信念、世界观、性格、气质、能力等。每个人都有自己的个性，人际交往常受到个性品质的影响。

交往中，一个人如果热情、诚实、大度、正直、友好，讨人喜欢，人们就易于接受他而与之交往；相反，一个冷酷、虚伪、自私、奸诈、卑劣的人就会令人生厌，于是人们回避他，疏远他。对于一个口是心非、阳奉阴违、无中生有、嫉妒诽谤、搬弄是非的人和一个诚实正派、心诚意善的人，显然人们倾向后者，更愿意与之结交。可见，良好的个性品质易于建立和谐的人际关系，不良的个性品质则会影响正常交往。但人们在性情、志趣等方面存在个性差异并不等于他们没有共同之处。例如，有着共同文学爱好的两个人，性格特点相反，但交往中如果以共同的文学爱好为基点，彼此产生心理上的共鸣，把彼此相左的性格特点放到交际的次要位置，求同存异，那么交往双方也会感到其乐融融，甚至会随着彼此的相融而成为知己。如果双方丢弃彼此的共同点而在个性品质上去相互指责或计较，这不仅使交往双方关系僵化，甚至会反目成仇。你看不惯别人，对别人不感兴趣，别人也看不惯你，对你也不感兴趣，双方情感疏远就易产生隔阂，有了隔阂自然也就格格不入了。

2.认知偏差的影响 认知即认识。人生活在社会中，会产生对自我、对他人及对种种关系的认知。在人际关系中，如果没有正确的认知，那么就会影响人际之间的正常交往。认知偏差主要有两种：对自我认知的偏差和对他人认知的偏差。

自我认知偏差形成的原因之一是过高评价自己，孤芳自赏；其二是自我评价过低，自轻自贱。孤芳自赏者正是过高评价自己，过分相信自己的聪明从而导致恃才傲物。对不如己者不屑一顾，恶语相向，以己之长量人之短，以己之聪明衬人之笨拙。或者对别人的所作所为和喜好漠然置之，不屑与之交流。如此待人，谁会与你交往？人们只会避而远之，你虽处人群却倍感孤独。高估自己会影响交际，自我贬低亦如此。与人交往畏畏缩缩，认为自己这也不好那也不行，没有主见，看别人眼色行事，见到上级点头哈腰，与同事交往怕别人笑话，碰着邻里总赔着小心，与朋友相聚总觉得自己低人一截，这其实是自卑心理作祟。

对他人的认知偏差，其形成原因之一是以貌取人；二是以成见待人；三是从众，缺乏主见，人云亦云，没有个性特色。这几种认知偏差在人际交往中有不同表现。以貌取人常表现为第一印象。这种印象主要是来自对方表情、姿态、身材、仪表、年龄、服装等方面的印象，它在对人的认知中有决定性作用。社会心理学实验表明，人们对初次印象更容易重视，对后来获得的信息往往不大注意或易忽视。这种只看表面不着实质的认知倾向容易造成对人认知的失误，从而影响人际交往。在生活中常有“久闻其名，未见其人”的事，也是一种对人认知的偏差，可称之为以信息取人。在很多时候，交往双方在未开始交往时，双方或其中一方对另一方已掌握了某些信息，从而对对方形成一个先入为主的印象，也会造成认知上的偏差。

以成见待人在交往中常表现为晕轮效应和定势效应。晕轮效应和定势效应详见本章第三节大学生交往的心理原理。

从众则是根据多数人的看法来确立自己的观点或态度的一种现象。这种人缺乏主见，人云亦云，看人看事随大流，没有自己的观点，不管别人的看法正确与否，一味随声附和。这种认识结果导致认识失真，影响与他人的交往。

3.情绪对人际交往的影响 情绪，人们常称之为情感的外在表现，它在人际交往中极为重要。情绪隐藏在交际过程中，是一种心灵的无声交谈。交往中，若没有良好的情绪状态，则会直接影响交往质量。例如，在取得某些成绩或被人羡慕的情况下，沾沾自喜，得意之色溢于言表，唯恐别人不知，言语中洋洋自得，表情眉飞色舞，甚至教导别人该如何如何等，往往导致别人的反感而不愿与之交往。与人交往，得意忘形是不受欢迎的，因为没有人愿与高傲狂妄的人合作共事。

同样，失意忘形留给别人的印象也并不美好。生活中难免会遇到种种困难、挫折与不幸，一个人若愁肠满腹、垂头丧气，那么人们会认为你过于脆弱，缺乏自制，只会给予怜悯或同情，而不会把你作为知己为你分担不幸。若遇不公正对待，迁怒于人，人们只会认为你浅薄，缺乏内涵，那么你连怜悯或同情也得不到，只会得到别人的轻蔑，又何谈与人交往？

情绪表达没有分寸同样也会影响交往。例如，不分场合、不看对象、不顾轻重恣意纵情，情感反应过分强烈，就给人以轻浮、狂妄或动机不纯等不好印象，让人对你顿生轻薄之感而不愿与你接近；反之，一个人若对喜、怒、哀、乐或能引起情感共鸣的事无动于衷，反应冷淡，就会让人觉得你冷漠无情。试想，一个人永远是一副故作深沉的面孔，谁又愿与之交往呢？生活中到处充满了矛盾，人们的交往活动同样如此。

4.态度对人际交往的影响　态度是人们对一定对象较一贯、较固定的综合性的心理反应倾向，它不是某种心理过程而是全部心理过程的具体表现，认知、情感、动机同时在其中起作用。

态度在人际交往中形成，对人际交往也会产生影响。在交往中，态度给交往一方造成心理压力，因为态度总是指向并倾注于某个对象，具有压迫性。如态度和蔼、真诚、坦荡，会使人有安全感并亲而近之；反之，态度圆滑、缺乏诚意，狂妄会使人有危机感并疏而远之。有的人在别人面前自以为是，对别人轻蔑相向，即使有求于人也表现出一副考验别人的架势，长此以往，只会引起别人的反感。有的人则缺乏诚意，如评价别人一味吹捧、奉承，极尽吹拍之能事，或者当面一套，背后一套，使人产生虚伪之感。如此交往态度，别人避之唯恐不及，谁还敢与之接近？

每个人都有自己的生活方式、行为习惯，这并非是缺点或不足，当你不喜欢别人的行为方式和习惯时，大可不必表示鄙夷，留一点心灵的空间，容纳别人，善待别人，你得到的不仅是朋友，还有精神上的愉悦，因为你对别人表示了理解。

5.语言对人际交往的影响　人际交往中，最经常使用的、最基本的手段是语言，但语音的差异或语义歧义或语言结构不当也会造成人际交往障碍。

例如，有位民警在公共汽车站执勤，他看到有人把猪肠子挂在栏杆上，便大声喊道：“谁的肠子？这是谁的肠子？”喊了几声后，一位姑娘涨红着脸说：“别喊了，东西是我的。”民警又说：“你怎么把自己的肠子挂在栏杆上？影响市容，罚款！”周围一片哄笑。姑娘由羞变怒。反唇相讥：“你这人怎么讲话的？这是猪肠！你肚里能长出猪肠子来？你语言不文明，更应该罚款！”这一交际事件正是由于民警用了歧义短语造成的。诸如此类的说法，稍不留心就会惹上麻烦。可见，语义歧义在交往中会产生误导作用，从而影响交往。同样，若语言结构不当或有语病而让人难以理解和接受，也会给交往带来困难。如交往一方对另一方说：“你的意见我基本上完全同意，就是有一点值得商榷。”这让对方不能理解：是不完全还是完全？是完全同意还是不完全同意？

在使用语言进行交际的过程中，语言的表达对交际也有明显影响。如有的人说话夹枪带棒，敲敲打打，或者出语尖酸刻薄，言外有意，或者冷言冷语；还有的人说话好用反诘语言等。这样说话常会引起人们的反感，有时还会带来口角甚至不良后果。

第二节　人际交往能力的培养

良好的人际交往能力是建立良好人际关系的基础和前提，它有利于人心理的健康发展，有利于人自我意识的发展与完善，有利于人克服困难、促进事业的成功，并实现人生价值。

一、人际交往的原则

人际交往的复杂性，使交往者在交往中有可能出现不正常的需要和越轨行为。因此，人际关系的发展要有一个社会准则，这就是法制纪律和伦理道德。只有把这两者作为人际交往的界定线，才能使人际关系健康发展。

1.守法有德原则　在我国社会主义制度下，人际交往双方的一切交往活动首先必须是合法的，是对他人和社会无害无损的。处理人际关系首先要考虑自己与交往者相互的交往是否有益于社会，有益于他人。如果有益，就采取积极的态度，否则就要坚决放弃。这种选择在人际交往中一般表现为与什么人交往、为什么目的交往。如果与工作、事业领域的人建立关系，那么一切有利于工作和事业发展的人际关系，就应该尽可能地建立和发展。在生活领域中，有助于培养、提高人们生活情趣，提高生活质量，有助于家庭和睦、邻里团结、社会稳定的人际关系也应积极建立和发展。在学习过程中，一切有益于交流思想、探讨问题、相互启发、获得知识的人际关系都应努力去建立和发展。反之，那些违法乱纪，谋求一己私利，以满足低级趣味为目的的结党营私、拉拉扯扯、吃吃喝喝、吹吹拍拍，败坏党风政纪，污染社会风气的人际关系，则是应该坚决摈弃的。

伦理道德是发展人际关系的重要行为准则。它的直接作用对象就是人们的社会交往，对人际关系起直接的指导和约束作用。伦理道德是由社会政治制度、经济发展水平、历史文化传统等因素决定的。人际关系的产生、巩固和发展都在一定程度上依赖、决定于人们的伦理道德观。交往者在交往中，必须考虑一切行为是否符合社会主义道德标准，考虑人际关系的发展方向是否符合道德规范。

2.诚实信用原则　诚实，就是待人真诚，实事求是，不弄虚作假，不口是心非，不坑人骗人，不搞阴谋诡计。信用，就是言而有信，恪守承诺，说话算数。诚实是信用的基础，信用是诚实的表现。诚信是人类的高尚美德，也是维系良好人际关系的基本原则之一。中国传统文化十分推崇诚信原则，认为诚信可以产生巨大的感召力量。孟子说过："诚者，天之道也，思诚者，人之道也；至诚而不动者，未之有也；不诚，未有能动者也。"意思是说：天是真实不欺骗人的，做人也应该思求诚信不欺。至诚能感动人，不诚则不能感动人。

人是否遵从诚信原则，在人际关系的形成与发展中是至关重要的。把这个问题正式纳入科学范畴进行研究的重要人物之一是心理学家诺尔曼·安德森。他曾经列出555个描写人个性品质的形容词，让大学生看后指出哪些个性品质是他们最喜欢的。结果表明，大学生评价最高的品质就是真诚,而评价最低的是说谎和虚伪。待人真诚、言而有信的个性品质导致人际吸引,有利于良好人际关系的建立、维系和发展。而自私自利、虚伪狡诈、言而无信的个性品质阻碍人际吸引,很难取信于人,非常不利于人际关系的建立。

在市场经济条件下的人际交往中,诚信原则显得更为重要。今天,假冒伪劣、坑蒙拐骗、有章不循、不讲信用已经成为人们深恶痛绝的社会丑恶现象,它不仅损害了广大消费者的合法权益,也葬送了企业、商家乃至国家的信誉。这种两败俱伤的惨痛结局,已使越来越多的国人从中警醒,开始重新认识诚信的价值和意义,并在人际交往的各个领域中努力实践这个原则。

3.**公正平等原则**　公正平等原则是建立良好人际关系的前提。公正是指对人对事要出以公心,一视同仁,不存任何偏私、偏见,在人际交往中不亲亲疏疏、拉拉扯扯。平等是指平等待人,在人际交往中,把自己摆在与对方同样的位置,不以权压人、以强凌弱,不拿架子,不摆资格,相互尊重,平等协商,不伤害和侵犯他人利益。公正平等原则集中体现在人的自尊与相互尊重的关系上,这是正常人际关系建立的基础之一。交往者只有相互尊重才能有深化交往、发展关系的可能。相互尊重给人以心理强化作用,使交往双方因对方对自己的行为的肯定而强化了交往的需要。如果不尊重对方,使对方产生厌恶心理,就会失去交往的先决条件。这就是我们平时所说的,要想得到别人的尊重,首先就要尊重别人。

4.**互利互补原则**　人际交往应遵循互惠互利的原则,互惠互利在这里不能简单地理解为等价交换或物质、经济上的相互给予,而首先应该理解为人际交往中的相互支持、相互帮助、相互爱护的根本原则。这里既有物质上的相互扶持,更有心理及情感上的相互慰藉和满足。

在人际交往中,如果时时处处以自我为中心,只考虑对自己是否有利,只想索取,不想奉献,以占别人便宜为交往目的,或是奉行"用人时朝前,不用人时朝后"的实用主义态度,对自己有用的人就巴结、交往,无用的人就排挤、抛弃,这是根本无法搞好人际关系的。

人际交往中的互补原则是指交往双方的相互补充或补足。一方面,"金无足赤,人无完人",每个人都有自身的缺陷和局限性,都有凭个人力量无法完成的事情,需要他人的帮助和支援;另一方面,"寸有所长,尺有所短",交往双方通过接触不同类型的人,在气质、能力、性格等方面也可以从对方那里取长补短,得到自我提高、自我完善。

5.**宽容谦让原则**　谦让,就是谦虚礼让,在处理人际关系上,谦让是化解矛盾的良方。在非原则问题上,是非难分要谦让,有理也要让人三分,不能得理不饶人,处处占上风。清朝康熙年间文华殿大学士兼礼部尚书张英,刚直不阿,廉洁清正,他在处理家庭邻里关系上,颇得后人赞扬。有一年他的老家修治府第,因地界不清与邻居发生矛盾,告到当地桐城官府,因两家都是高官望族,县令不敢决断,张英的家人写信到京城给张英,要他出面干预,张英看罢家书,写了一首诗代信,寄回家中:千里修书只为墙,让他三尺又何妨,长城万里今犹在,不见当年秦始皇。家人接信后,主动让出三尺地界,以示不再相争。邻居深为感动,同样也让出三尺,于是就形成了一条象征睦邻友好的"六尺巷道",被后人传为佳话。

二、建立良好人际关系的途径

1.克服人际交往中的认知偏见 人际交往与人际认知是密不可分的,任何人际交往都包含有认知的因素,只有在对交往对象准确了解的基础上,并根据不同的对象采取相应的交往方式,才能顺利地展开人际交往。在日常的人际交往过程中,由于受主观心理因素的影响和客观条件的限制,往往不能实现对他人客观、全面、正确的认知。

影响人际知觉的心理因素主要有“最初印象”“晕轮效应”“定型倾向”“先入为主”“投射作用”“情绪效应”等。在人际交往中,人们的认知偏见会因为循环往复而不断加深,以致成为交往的障碍,只有努力克服认知偏见,尽可能使我们对人的主观印象与客观实际相符,才能正确对待他人,唤起对方的积极反应,保证人际交往的顺利进行。

2.塑造良好的个人形象 在社会交往中,个体的知识水平与涵养直接影响着交往的效果,良好的个人形象应从点滴开始,“勿以善小而不为,勿以恶小而为之”,要优化个人的社交形象。

(1)提高心理素质。人与人之间的交往,是思想、能力、知识及心理的整体作用,哪一方面的欠缺都会影响人际关系的质量。有的学生在人际交往中存在着社交恐惧、胆怯、羞怯、自卑、冷漠、孤独、封闭、猜疑、自傲、嫉妒等不良心理,这些都不易建立良好的人际关系。因此,大学生应加强自我训练,提高自身的心理素质,以积极的态度进行交往。

(2)提高自身的人际魅力。应该说,每个个体都有其内在的人际魅力,人际魅力是一个人综合素质在社交生活中的体现,这就要求在校的大学生丰富自己的内心世界,从仪表到谈吐,从形象到学识,多方位提高自己。心理学研究表明,初次交往中,良好的社交形象会给对方留下深刻的印象,而随着交往的深入,学识更占主导地位。所以大学生要加强个性培养,丰富自己的内涵。

3.善用交际技巧

(1)换位思考。这对建立良好的人际关系很重要。如我们经常想,如果我在他的位置上,我会怎样处理? 经常站在对方的角度去理解和处理问题,一切就会变得简单多了。一般而言,善于交往的人,往往善于发现他人的价值,懂得尊重他人,愿意信任他人,对人宽容,能容忍他人有不同的观点和行为,不斤斤计较他人的过失,在可能的范围内帮助他人而不是指责他人。他懂得“你要别人怎样对待你,你就得怎样对待别人”;懂得“己所不欲,勿施于人”;懂得“得到朋友的最好办法是使自己成为别人的朋友”;懂得别人是别人而不是自己,因而不能强求,与朋友相处时应求大同,存小异。

(2)善用赞扬和批评。心理学家认为,赞扬能释放一个人身上的能量,调动人的积极性。“赞扬能使羸弱的身体变得强壮,能给恐怖的内心以平静与依赖,能让受伤的神经得到休息和力量,能给身处逆境的人以务求成功的决心。”有报载,一位欧洲妇女出门旅行,她学会了用数国语言讲“谢谢你”“你真好”“你真是太棒了!”等,所到之处,都受到了热情接待。真心真意、适时适度地表示你对别人的赞扬,能够增进彼此的吸引力。

(3)主动交往。对一个风华正茂的大学生来说,需要有丰富的人际关系世界,并在这个世界中帮助与被帮助、同情与被同情、爱与被爱、共享欢乐与承受痛苦。在社会交往中,那些主动开展交往活动,主动去接纳别人的人,在人际关系上较为自信。主动交往的稀少源于两方面的原因。一是缺乏自信,担心遭到拒绝,担心别人不会像自己期望的那样理解、应答,从而使自己处于窘迫的局面,伤害了自尊。事实上,问题远没有我们想象的那么严重,因为人际关系中,双方都需要适应,需要人际关系支持。二是人们在人际关系方面有许多误解,如先同别人打招呼,在别人看来低人一等,“那些善于交往的人左右逢源,都有些世故,有些滑”“我如此麻烦别人,别人会认为我无能,会讨厌我”等。大学生的主动交往也很重要,特别是当面临人际危机时,主动解释,消除误解,重新建立良好的人际关系非常重要。

(4)移情。人际关系的本质是人与人之间情感的联系与沟通,情感的沟通越充分,双方共同拥有的心理领域就越大,人际关系就越亲密。移情不是同情,而是交往双方内心情感的共通与同一。人是经验主义者,对别人的理解高度依赖于自己的直接经验,因此,自我经验的丰富,是理解与移情的必要前提。

4.帮助、尊重别人 心理学家们发现,以帮助与相互帮助为开端的人际关系,不仅良好的第一印象容易确立,而且人与人之间的心理距离可以迅速缩短,使良好的人际关系迅速建立起来。日常生活中的患难之交正说明这点,所谓“雪中送炭”的心理效应很重要。

人都有一定的自尊心,要想别人尊重你,你首先就要尊重别人。一个不尊重别人的人,是绝不会得到别人的尊重的。在人际交往中,自己待人的态度往往决定了别人对我们的态度,如果你能以平等的姿态与人沟通,对方会觉得受到尊重而对你产生好感;相反地,如果你自觉高人一等、居高临下、盛气凌人地与人沟通,对方会感到自尊受到了伤害而拒绝与你交往。

三、良好人际关系的意义

1.良好的人际关系可以使人精神愉快,保持乐观的人生态度 处于青年期的大学生,思想活跃、感情丰富,人际交往的需要极为强烈,人人都渴望真诚友爱,大家都力图通过人际交往获得友谊,满足物质和精神上的需要。但面对新的环境、新的对象和紧张的学习生活,导致了一部分学生心理矛盾的加剧。此时,积极的人际交往,良好的人际关系,可以使人精神愉快,情绪饱满,充满信心,保持乐观的人生态度。一般说来,具有良好人际关系的学生,大都能保持开朗的性格,具有热情乐观的品质,从而能正确认识、对待各种现实问题,化解学习、生活中的各种矛盾,形成积极向上的优秀品质,迅速适应大学生活。相反,如果缺乏积极的人际交往,不能正确地对待自己和别人,心胸狭隘,目光短浅,则容易造成精神上、心理上的巨大压力,难以化解心理矛盾,严重的还可能导致病态心理,如果得不到及时的疏导,可能形成恶性循环而严重影响身心健康。

2.良好的人际关系可使工作成功率与个人幸福指数大大提高 某地被解雇的4000人中,人际关系不好者占90%,不称职者占10%;大学毕业生中人际关系处理得好的人平均年薪比优等生高15%,比普通生高出33%。人际交往关系是人们社会交往过程中基于某种需要而产生的个人与个人之间的直接关系。

现代社会是信息社会,其信息量之大、价值之高是前所未有的。人们对拥有各种信息和利用信息的要求也在不断地增长。通过人际交往,我们可以相互传递、交流信息和成果,使自己丰富经验,增长见识,开阔视野,活跃思维,启迪思想。

3.人际交往是协调一个集体关系、形成集体合力的纽带 一个良好的集体,能促进青年学生优良个性品质的形成。如正义感、同情心、乐观向上等都是在民主、和睦、友爱的人际关系中成长起来的。良好的人际关系还能够增进学生集体的凝聚力,成为集体中最重要的教育力量。人际交往是人与人之间的一种互动,良好的人际交往能力是积极向上的,反之则不利于个体的全面健康发展。

研究显示:一个人的成功,15%是靠个人的专业知识,85%是靠人际关系和处事能力。可以说,人际交往能力对人的一生起着重要作用,它直接影响着一个人的生活、学习和工作。在普遍联系的现代社会,仅靠一个人单枪匹马、单打独斗去建功立业已经是难以实现的幻想。不仅是事业的成功离不开人际交往和朋友,在我们的生活中同样离不开人际交往和朋友。如果在我们的人生中,结交了一群肝胆相照、智慧而真诚的朋友,那么将会形成一个良好的社会支持系统,他们的智慧将会成为我们的精神养分,他们的能力将会成为我们生命的能量。人类有着爱和归属的强烈需求,我们正是在相互交往中寻求着归属、安慰、友情、价值和保护,正是由于有了这种良好的人际关系,才使得我们每个人不至于独自面对风云多变的自然界和错综复杂的人世间。可以说,人正是依靠彼此的互助才得以生存的,无论是生活还是事业,我们都需要他人的理解和支持。马克思有恩格斯的理解和支持,毛泽东有周恩来、朱德等的理解和支持,他们是战友、同志,更是肝胆相照的朋友。为了我们的生活更加快乐、美好,为了我们的事业更加成功、出色,为了我们的社会更加和谐、富有生机,我们应当学会并善于人际交往。

第三节 大学生常见人际交往心理问题及应对

大学生在人际交往上所存在的一些心理问题主要表现为以自我为中心、多疑、羞怯、孤僻、自卑、嫉妒、社交恐惧症等。研究表明,人际关系不和谐的大学生,其个人的成长及其未来的成就也会因此而受到严重的影响,从某种意义上来说,人际关系协调能力的高低,代表着一个大学生的心理成熟程度,也决定着一个大学生的心理健康水平。

一、大学生交往心理自测

拟定人际交往心理自测题30道,你可按照自己的符合程度打分。凡符合者打2分,基本符合者打1分,难于判断者打0分,基本不符合者打-1分,完全不符合者打-2分,最后统计总得分。若总得分在30分以上,应该承认你的社交能力是相当差的;如果得分在0~30分,说明你的社交能力较差;若得分在-20~0分,意味着你的社交能力还可以;若得分低于-20分,那么应当祝贺你,你是比较善于交往的人。得分越低,说明社交能力越强。

1)我上朋友家做客,首先要问有没有不熟悉的人出席,如有,我的热情就明显下降。

2)我看见陌生人常常觉得无话可说。

3)在陌生的异性面前,我常感到手足无措。

4)我不喜欢在大庭广众面前讲话。

5)我的文字表达能力远比口头表达能力强。

6)在公共场合讲话,我不敢看听众的眼睛。

7)我不喜欢广交朋友。

8)我要好的朋友很少。

9)我只喜欢与谈得拢的人接近。

10)到一个新环境,我可以接连好几天不讲话。

11)如果没有熟人在场,我感到很难找到彼此交谈的话题。

12)如果要在“主持会议”与“做会议记录”这两项工作中挑一样,我肯定是挑后者。

13)参加一次新的集会,我不会结识多少人。

14)别人请求我帮助而我无法满足对方的要求时,常感到很难对人开口。

15)不到不得已,我绝不求助于人,这倒不是我个性很强,而是感到很难对人开口。

16)我很少主动到同学、朋友家串门。

17)我不习惯和别人聊天。

18)领导、老师在场时,我讲话特别紧张。

19)我不善于说服人,尽管有时我觉得我很有说服别人的理由。

20)有人对我不友好时,我常常找不到恰当的对策。

21)我不知道怎样与嫉妒我的人相处。

22)我同别人的友谊发展,多数是别人采取主动态度。

23)我最怕在社交场合中碰到令人尴尬的事。

24)我不善于赞美别人,感到很难把话说得自然亲切。

25)别人话中带刺揶揄我时,除了生气外,我别无他法。

26)我最怕做接待工作、同陌生人打交道。

27)参加集会,我总是坐在熟人旁边。

28)我的朋友都是同我年龄相仿的。

29)我几乎没有异性朋友。

30)我不喜欢与地位比我高的人交往,我感到这种交往很拘束很不自由。

二、大学生交往的心理学原理

1.首因效应原理　首因效应一般指人们初次交往接触时,各自对交往对象的直觉观察和归因判断,在这种交往情景下,对他人所形成的印象就称为第一印象或最初印象。首因效应对人印象的形成起着决定性的作用。初次见面,我们会根据对方的表情、体态、仪表、服装、谈吐、礼节等,形成对方给自己的第一印象。

第一印象一旦形成,要改变它就不那么容易,即使后来的印象与最初的印象有差距,很多时候我们会自然地服从于最初的印象。在现实生活中,首因效应所形成的第一印象常常影响着我们对他人以后的评价和看法。有时我们会听见朋友抱怨:“坏就坏在没有给他留下好的第一印象,印象已无法改变。”因此,我们应该重视与人交往时留给他人的第一印象。为了塑造良好的第一印象,首先我们应该注意仪表,衣服要整洁,服饰搭配要和谐得体;其次应注意言谈举止,锻炼和提高交谈技巧,掌握适当的社交礼仪。

初次印象是长期交往的基础,是取信于人的出发点。我们不仅要学会一些技巧,同时,我们要知道与人交往是件地久天长的事,无论什么人都有可能成为好朋友,最重要的是我们都应有一颗真诚的心。

2.近因效应原理 第一印象产生的“首因效应”,一般在交往初期,即双方还处于彼此生疏的阶段特别重要,而在交往后期,即彼此已经十分熟悉的情况下,近因效应就发挥了很大的作用。

所谓近因效应,是指在多种刺激一次出现的时候,印象的形成主要取决于后来出现的刺激,即交往过程中,我们对他人最近、最新的认识占了主体地位,掩盖了以往形成的对他人的评价,因此,也称为“新颖效应”。多年不见的朋友,在自己的脑海中印象最深的,其实就是临别时的情景;一个朋友总是让你生气,可是谈起生气的原因,大概只能说上两三条,这也是一种近因效应的表现。我们在交往过程中,常常用近因效应整饰自身的形象。例如,双方感情不和,一旦要分手的时候,主动向对方表示好感甚至歉意,会出乎意料地博得对方的好感,甚至将以往的恩怨化解。

3.晕轮效应原理 心理学家曾经做过一项实验,给参加实验的人一些人物相片,这些相片被分为有魅力、无魅力和一般魅力三种,让实验者评定几项与外表无关的特征,如婚姻、职业状况、社会和职业上的幸福等。结果,几乎在所有特征上,有魅力的人都得到最高的评价,仅仅因为长得漂亮就被认为具有所有积极肯定的品质。这就是晕轮效应。

所谓晕轮效应是指我们在对别人作评价的时候,常喜欢从或好或坏的局部印象出发,扩散出全部好全部坏的整体印象,就像月晕(或光环)一样,从一个中心点逐渐向外扩散成为一个越来越大的圆圈,所以有时也称为月晕效应或光环效应,在多数情况下,晕轮效应常使人犯“以偏概全”“爱屋及乌”的错误,产生一个人一好百好的感觉。

“当局者迷,旁观者清”,我们要善于倾听和接受他人的意见,防备晕轮效应的负作用。同时也可以利用晕轮效应的影响增加自身的吸引力。与人交往时,可以采用先入为主的策略,让对方了解我们的优势,从而获得以肯定积极为主的评价。

4.刻板效应原理 商人常被认为是奸诈的,有“无商不奸”之说;教授常常被认为是白发苍苍、文质彬彬的老人;北方人则被认为是性情豪爽、胆大正直的。我们在认识和判断他人时,并不是把个体作为孤立的对象来认识,而总是把他看成是某一类人中的一员,使得他既有个性又有共性,很容易认为他具有某一类所有的品质。因而当我们把人笼统地划为固定、概括的类型来加以认识时,刻板印象就形成了。

刻板印象的积极作用在于它简化了我们的认识过程。因为当我们知道他人的一些信息时,常根据该人所属的人群特征来推测他所有的其他典型特征。这样虽然不能形成他人的正确印象,但在一定程度上可以帮助我们简化认识过程。但刻板效应更多带来的是负面效应,如种族偏见、民族偏见、性别偏见等。它常使人以点代面,凝固地看人,容易使人产生判断上的偏差和认识上的错觉。

5.定势效应原理 有一个农夫丢失了一把斧头,怀疑是邻居的儿子偷的,于是观察他走路的样子,脸上的表情,感到其言行举止都像偷斧头的贼。后来农夫在深山里找到了丢失的斧头,他再看邻居的儿子,竟觉得言行举止中没有一点偷斧头的模样了。这则故事描述了农夫在心理定势作用下的心理活动过程。所谓心理定势是指人们在认知活动中用

“老眼光”——已有的知识经验来看待当前的问题的一种心理反应倾向，也叫思维定势或心向。

在人际交往中，定势效应表现在人们用一种固定化了的人物形象去认知他人。例如，与同学相处时，我们会认为诚实的人始终不会说谎；而一旦我们认为某个人老奸巨猾，即使他对你表示好感，你也会认为这是“黄鼠狼给鸡拜年没安好心”。

心理定势效应常常会导致偏见和成见，阻碍我们正确地认知他人。所以我们要“士别三日，当刮目相看”，不要一味地用老眼光来看人处事。

6.投射效应原理　古代一位喜欢吃芹菜的人，总以为别人也像他一样喜欢吃芹菜。于是一到公众场合就热情地向别人推荐芹菜，成为一个众所周知的笑话。但是生活中每个人都免不了犯类似的错误，“以己度人”。心理学上称之为投射效应，即在人际认知过程中，人们常常假设他人与自己具有相同的属性、爱好或倾向等，常常认为别人理所当然地知道自己心中的想法。

心理学家曾做过这样的实验来研究投射效应，在 80 名参加实验的大学生中征求意见，问他们是否愿意背着一块大牌子在校园里走动。结果，48 名大学生同意背牌子在校园内走动，并且认为大部分学生都会乐意背，而拒绝背牌的学生则普遍认为，只有少数学生愿意背。可见，这些学生将自己的态度投射到其他学生身上 。“以小人之心度君子之腹”就是一种典型的投射效应。当别人的行为与我们不同时，我们习惯用自己的标准去衡量别人的行为，认为别人的行为违反常规。为了克服投射效应的消极作用，我们应该正确地认识自己和他人，做到严于律己，客观待人，尽量避免以自己的标准去判断他人。

三、大学生常见的人际交往心理问题及调适

1.自卑心理及其调适　自卑是人际交往的大敌。自卑，就是自我评价过低，自己瞧不起自己。是一种人格上的缺陷，一种失去平衡的行为状态。自卑常以一种消极防御的形式出现，可有多种表现形式：悲观、忧郁、孤僻、不敢与人交往，认为自己处处不如别人，性格内向，总觉得别人也瞧不起自己等。在工作与日常生活中，自卑的人遇事常常会这样想：“这件事我无论如何也干不了，我不是这块料。”“我对这件事太没有把握了。”一件事在没做之前，就不抱成功的希望，没有追求的勇气，一开始就从心理上打击自己，这种自卑比其他任何因素都更能破坏你的生活。这类人主要是由以下几种原因引起：过多的自我否定、消极的自我暗示、挫折的影响以及心理或生理等方面的不足。如有的学生身材矮小、相貌丑陋、出身低微、学习成绩差等。这种同学在学校中为数不少，这就加大了学生和学校教育的管理难度。克服人际交往自卑心理常用的方法有以下三种：

(1)正确地表现自己，积极与人交往。认识到自己的长处，就要大胆地表现。

(2)要扬己长，避己短，在人群中树立一个新形象。要相信自己的能力与价值，如一次发言，一次竞赛，要积极自信地去做、去尝试，因为只有行动才是达到成功的唯一途径，退缩与回避只能带来自责、懊悔与失意。

(3)要注意循序渐进，先表现自己最拿手、最容易取得成功的。有了一次成功，你会惊异地发现，你也行，这样自信心就随之增强，然后再去尝试稍难一点的事，接着争取更多的成功。

2.孤独心理及其调适 孤独心理有两种情况，一种是不愿让别人了解自己，总喜欢把自己的真实思想、情感和需要掩盖起来，往往持一种孤傲处世的态度，只注重自己的内心体验，在心理上人为地建立屏障，故意把自我封闭起来；另一种情况是虽然愿意与他人交往，但由于性格原因却无法让别人了解自己。这样的人一般性格内向孤僻，形成了一种自我封闭的状态。在我们现实生活中也存在着这样的同学，喜欢一个人独来独往，不喜欢与他人接触，做什么都一个人，很难融合到大集体中。另外，孤独者往往表现出萎靡不振，并产生不合群的悲哀，从而影响正常的学习、交际和生活。这类学生主要由以下几种原因引起：性格、过于自负和自卑。有句话说得好，“水至清则无鱼，人至察则无徒”。自尊、自负、自傲都会引起孤独的产生；克服孤独心理常用的方法有以下两种：

(1)要把自己融入集体中。马克思说过：“只有在集体中，个人才能获得全面发展的机会！一个拒绝把自己融入集体的人，孤独肯定格外垂青他！”

(2)要克服自负、自尊和自傲的心态，积极参加交往活动。当一个人真正地感到与他人心理相融、为他人所理解和接受时，就容易摆脱这种孤独误区。

3.嫉妒心理及其调适 嫉妒是影响人际关系的心理因素之一，是对成就、才华、社会地位以及个人条件、机遇等各方面优于自己的人所产生的一种交织愤怒、怨恨、仇视的复合情绪。现代社会讲究成功和竞争，然而激烈的人生竞技场上有获胜者必然也会有失利者。如果情绪处理不好，心理协调能力不强，或者对失利选择了错误的归因方式，就会将内心愤怒不满的力量投射到成功者身上从而产生嫉妒情绪。强烈而持久的嫉妒心理往往会对自己和他人造成严重的不良后果。更有甚者，有的大学生在人际交往中对同学取得的成就心怀不满，背后甚至当面冷嘲热讽、诋毁、污蔑和攻击他人，通过打击损害对方达到自我心理平衡，因而导致人际冲突和交往障碍，也不利于自身的身心健康与发展。产生嫉妒心理并不可怕，可怕的是自己无法正视嫉妒。大学生必须树立正确的竞争观念和宽容待人的生活态度，正确面对失利，调节认知模式。嫉妒心理的产生通常源于两种错误的归因方式：一是觉得他人的成功是对自己的威胁，侵害了自身利益。二是认为他人的成功是对自己的讽刺，越是大的成绩越突出了自己的无所作为。克服人际交往嫉妒心理常用的方法有以下三种：

(1)梳理自身的认知模式，认识到每个人身上都存在优点和缺点，在社会中生存就必然要面临与他人的比较，这是人际交往的必经途径。我们应通过不断的比较产生拼搏进取的动力，以成绩来证明自己的实力，而不是躲在阴暗角落浪费精力做无用功。

(2)不断充实自己，提高竞争能力。当我们有一个充实而忙碌的生活时，就不会把精力投到嫉妒等方面。因此，我们应学会把注意力集中到自己身上，集中到手边正在做的事情上，集中到对自己现在生活及将来规划的实现上，不断充实自己，提高竞争能力。

(3)学会肯定自己，增强自信心。从某方面来说，嫉妒者实际上是他人优点的敏锐观察者。如果将这样的敏锐投入对自己优点的发掘中，学会肯定自身能力，正确评价自己与他人，通过具体事情的操作赢取成就感，增强自信心，嫉妒的阴影也将被去除，人际关系也将走上良性发展的正轨。

4.报复心理及其调适 所谓报复，是在人际交往中以攻击方法去发泄那些曾给自己带来挫折的人的一种不满的、怨恨的方式。它极富有攻击性和情绪性。报复心理和报复行为常发生在心胸狭窄、个性品质不良者遭到挫折的时候。据社会心理学家研究表明:报复心理的产生不仅同个性特点有关,而且与挫折的归因和环境有关,报复常常以隐蔽的形式进行。因为报复者常常以弱者的身份出现,他们没有足够的心理承受能力和公开的反击能力,所以只有采取隐蔽的方式来进行报复。报复心理是一种不健康的心理状态,有报复心理的人,容易误解别人的意思,对别人经常有戒备心理。任其发展的话,心胸会越来越狭窄,与人相处较难时,内心会非常痛苦。克服人际交往中的报复心理常用的方法有以下三种:

(1)心理换位。在人际交往中,当受到挫折或不愉快时,不妨进行一下心理换位,将自己置身于对方境遇中,想想自己会怎么办。通过这样的换位,也许能理解对方的许多苦衷,正确看待他人给自己带来的挫折或不愉快,从而消除报复心理。

(2)找个知心朋友宣泄。情绪是一种本能的能量,情绪作为一种能量是有积蓄效应的,积蓄到一定程度就需要发泄。这时,你可以找一个知心朋友倾诉、请教,以宣泄心理压力,听听他人的评论、劝解。经过情绪的宣泄之后,可能你心中的火会不知不觉地熄了一大半,甚至烟消云散。

(3)转移注意力。当遭受欺侮,自尊心受到伤害时,愤怒之情会油然而生,甚至怒火中烧。这时,我们可以暂时离开一下你看不顺眼的人或环境,所谓眼不见,心不烦;或从事一些自己最开心的活动以帮助转移注意力,从而淡化愤怒情绪。

5.异性交往困惑心理及其调适　异性交往本来是很正常的社交活动。同时也是一直令大学生棘手的社交障碍。有一些学生在不良心理因素的作用下,与异性交往时总感到要比与同性交往困难得多,以致不敢、不愿,甚至不能和异性交往。这些大学生主要因为不能正确区别和处理友谊与爱情的关系,部分大学生划不清友情与爱情的界限,从而把友情误认为爱情。大学生的年龄本来就是一个情愫迸发的年龄,对异性的渴望本是正常的事,但由于一些大学生受传统观念的影响,特别是封建社会"男女授受不亲"的文化传统的影响,认为男女之间除了爱情就没有其他了,使得他们没有树立起正确的"异性朋友观"。这必然会对大学生异性间交往带来一定的消极影响。再有是舆论的影响,有的学校、老师、家长对男女同学之间交往横加干涉,这势必加重了异性之间交往的困难。克服异性交往困惑心理常用的方法有以下三种:

(1)摆脱传统观念的束缚,树立正确的异性交往观。

(2)积极参加丰富多彩的集体活动,因为集体活动有利于男女同学建立自然、和谐和纯真的人际关系。

(3)异性交往要讲究分寸和场合,以免引起不必要的误会。

6.猜疑心理及其调适　猜疑是人际关系中常见的不良心理品质,是指交往中遇事捕风捉影、对他人失去信任,怀疑他人的诚意,无法建立正常的人际关系。猜疑容易发生在具有封闭思路,对环境、他人以及自己缺乏信任感,曾经遭遇过交往挫折的人身上。他们往往变得自卑、消极、胆怯和被动,格外留心外界和他人对自己的看法,无法轻松自然地与人交往,闷闷不乐、郁郁寡欢。例如,当老师对自己态度冷淡一些的时候,就怀疑是不是有同学在老师面前说了什么坏话;当朋友没有给自己打招呼的时候,就想到他看不起自己,是不是要断绝友谊,这些琐事在猜疑者眼中都有着"潜台词"。猜疑者整天忧心忡忡,焦躁不安,也不肯对他人倾诉,不但自己心情低落,更会影响正常的人际关系,阻隔了信息的交流,容易将怀疑他人内化为怀疑自己,失去前进的信心。克服人际交往猜疑心理常用的方法有以下三种:

(1)增强自信心。“尺有所短,寸有所长”,每个人都具备独特的优势。关键在于能否发现长处,培养自信。充满信心地投入工作和学习,就不会有多余的精力去计较他人细微行动后面的“潜台词”了。

(2)及时沟通,消除误会。人与人之间多少都会发生误会,但只要我们具有澄清事件、消除误会的能力,天大的误解也会烟消云散。因此,当我们意识到可能造成误会的时候,应冷静自身情绪,找好时间、地点,尽快与误会的对象开诚布公地交流,了解彼此的真实想法,心平气和地解决问题。

(3)学会自我安慰。当一个人遭遇生活中的议论与流言时,通常都会有情绪上的困扰。只要未触犯立身处世的大原则,我们都可以从容面对细节,笑看风云变幻,减少不必要的烦恼。与其将精力耗费在虚幻的争执上,不如节省精力更好地处理自身事务。

第七章 健全人格

大学阶段是一个人格不断发展与重建的关键时期。健康的人格是大学生成才的必备条件,是大学生在自身所处的社会环境中保持良好的认识水平、平稳的情绪情感、恰当的行为方式和正常的社交与职业功能的基本前提。健康人格的培养和塑造,是一个长期的过程,是潜移默化中不断改造、不断提升的结果。塑造良好的人格,悦纳自己、悦纳别人。

第一节 人格概述

人格是人心理行为的基础,它在很大程度上决定了人如何面对外界的刺激以及反应。人格会影响到人的身心健康、活动效率、潜能开发及社会适应状况。人格一旦形成就具有相对的稳定性,人们在学习、工作、生活中,总是自觉或不自觉地受到其影响和制约。因此从某种意义上讲,一个人的人格决定他的命运。

一、人格概念

(一)人格的含义

人格一词来源于拉丁语"面具",原意是指希腊罗马时代戏剧演员在舞台上扮演角色时所戴的假面具,它用来表现剧中人物的身份和性格,正如我国京剧中的脸谱一样。

在现代生活中,"人格"的使用非常广,不同的学科对其有不同的解释。社会学中把人格定义为人品,法学中把人格定义为权利、资格,伦理学中人格指的是品格,医学上通常以身体发育是否正常、智商高低、神经系统是否健康来研究人格,把人区分为健康人格和不健康人格。

在心理学中,人格也是一个很复杂的概念。关于人格的定义可以说众说纷纭。美国著名人格心理学家奥尔波特对人格的定义作了统计,他发现心理学家关于人格的定义不下 50 种,在总结的基础上指出:"人格是一个人内部决定他特有的行为和思想的心身系统的动力组织。"我国著名心理学家陈仲庚先生在《人格心理学》中提出:"人格是个体内在的表现在行为上的倾向性,表现一个人在不断变化中的全体和综合,是具有动力一致性和连续性的持久的自我,是人生社会化过程中形成的给予人特色的身心组织。"为了便于交流和理解,目前,我国的一些心理学者倾向于把人格定义为:"人格是一个人相对稳定的心理及行为特征的总和。"

(二)人格的特征

1.**人格的整体性** 人格的整体性是指构成人格的各种心理成分不是相互独立的,而是相互联系的，它们构成了一个完整的功能系统。人格是具有倾向性的心理特征的总和。虽然由多种成分构成，但是一个人的各种人格倾向、人格特征和心理过程总是有机地结合在一起，它们相互联系、交互作用组成一个有机的整体。

人格的整体性首先表现在各种心理成分的一致性。一个正常的人总是能及时地调整人格中的各种矛盾，使人的心理和行为保持一致。如果没有这种一致性，人们就会长期处于对立的动机、价值观、信念的斗争中，一个人内心冲突就会激烈，其行为就会严重失调，会形成多重人格。人格的整体性还表现在构成个体人格的各种成分中，有的是主要的，起主导作用；有的是次要的，起辅助作用。起主导作用的成分决定个体人格的基本特征。

人的行动是人格的各种成分协调一致的结果，如人在做事的时候，其内在的价值观、动机、需要等对外部行为有直接的动力作用。一个人有清晰的自我意识，在实际生活中，他就能够扬长避短，发挥优势，并能够使自己的行为与社会保持一致。

2.人格的稳定性 人格是在人的成长过程中逐渐形成的，一旦形成某种人格特征就具有相对的稳定性。孔子说："三十而立，四十不惑，五十而知天命"，从人的社会化过程讲，"三十而立"就意味着人的社会化过程已基本完成，人格特征进入相对稳定的阶段。

理想、信念、世界观的确立，使人格具有倾向性。随着年龄的增长，人格特征变得日益巩固，人格具有相对的稳定性，因而我们以此可以推断一个人未来的发展。现在活泼开朗的人，将来也是活泼开朗的；在工作中喜欢竞争的人，在体育活动中也喜欢竞争；那些高成就需要者比其他人更有可能获得经济上的成功。个人行为中偶然表现出来的一时性的心理特征不能称其为人格特征。如一个内向的同学，平时严肃认真，但经过精心准备和多次练习，在某次晚会上表现得活泼开朗，并不说明他这个人具备活泼好动的人格特征，只有经常性的，在大多数情况下都得以表现的心理现象才是人格特征的反映。

人格的稳定性是相对的，一个人的人格也会随着生活环境、文化背景甚至身体条件的变化而发生变化，如长期移民在外的人信仰、价值观会发生变化，一场大病也可使本来活泼开朗的人变得沉默寡言。

3.人格的独特性 每个人的遗传素质不同，生活环境不同，个人主观能动性不同，因而每个人都有自己独特的心理特点，这就构成了人格的独特性。常言说："人心不同，各如其面"，就是指人格的独特性。如《红楼梦》中林黛玉的悲伤、懦弱，王熙凤的世俗、泼辣等，其人格特征各有千秋。在日常生活中，我们随时随地都可以观察到各种个性的大学生，他们在能力、气质、性格、动机和价值观等方面各不相同。

人格虽然具有独特性，但是人与人之间在心理和行为上也具有共同性。同一民族、同一阶层、同一群体的人具有相似的人格特征，如勤劳勇敢是中华民族共同的传统美德。长期从事某种职业，由于职业的影响，也会形成某种相似的特点，如军人严格自律，护士体贴入微，医生细致耐心，会计细致谨慎等。

因此，不同的人虽然有不同的特点，但也有某些相同的特点，这些特点统一到一个人的身上，仍能体现出人和人的差异。人格是独特性与共同性的统一。

4.人格的社会性 人格的发展有其生物学基础，生物因素为人格的发展提供了物质前提，是人格形成的基础，影响着人格发展的方向和方式，为能力、性格特点的形成与发展奠定了基础。但它们却不能预定人格发展的方向，影响人格发展的决定性因素却是社会生活环境。

人一出生就在一定的社会条件下生活,人的成长过程也是一个社会化的过程。社会环境、社会制度、文化氛围、社会地位、民族、家庭等一系列的社会问题影响着人格的形成。人格倾向性的发展受社会的制约,人格心理特征的形成和发展也是在社会生活的影响下实现的,因而,一个人的人格必然会反映出他生活在其中的社会文化特点及所受到的教育影响,在不同的历史和文化背景下,各个民族具有自己独特的特征,如美国人独立、务实和积极,法国人随意而浪漫,德国人严谨而规范,中国人含蓄而平和等。

因此,人格是生物性与社会性的统一体,生物因素是人格形成的物质前提和基础,社会生活环境是人格形成的决定性条件。

二、人格的结构

人格是一个复杂的结构系统,它包含着多种相互联系的成分,可以归纳为以下三个方面。

(一)倾向性系统

人格倾向性是人对事物的态度和倾向的动力系统,主要包括需要、动机、兴趣、理想、信念、世界观等。人的行为是以世界观为指导,在理想、信念的激励下,以需要为基础,在动机和兴趣的推动下去实现目标的过程。人格倾向性决定着人对现实的态度,决定着人格发展的方向。

(二)自我意识系统

自我意识是人们对自己及对自己同客观世界关系的认识,主要包括自我认识、自我体验和自我控制三个方面。自我认识是对自己的洞察和理解,包括自我观察、自我分析、自我评价等方面,自我体验是个体对自己的情感体验,如自尊、自信、自卑、自责等;自我控制是指个体对自己心理活动和行为的调节与控制,包括自我检查、自我监督、自我控制。个体通过自我调节系统对人格的各个方面加以整合,以保证人格的统一与和谐。

(三)心理特征系统

心理特征是人在心理活动中表现出来的比较稳定的心理特点,主要包括能力、气质、性格。这三者从不同的角度反映了人心理的个别差异,构成一个人心理面貌的独特性,体现着一个人独特的人格特征,其中气质、性格是人格的主要组成部分。

1.气质　气质是人心理活动动力方面比较稳定的心理特征,它表现为心理活动的速度、强度、稳定性和指向性等方面的特点和差异的组合。这种特征既决定了个体心理活动的动力特征,又给每个人的心理活动蒙上了一层独特的色彩。典型的气质类型有以下四种:

(1)胆汁质。胆汁质的人精力旺盛,直率、热情,行动敏捷,情绪易于激动,心境变换剧烈。这类气质类型的大学生有理想、有抱负,有独立见解,反应迅速,行为果断,表里如一;不愿受人指挥,而喜欢指挥别人;一旦认准目标,就希望尽快实现,遇到困难也不折不挠,但往往比较粗心,学习和工作带有明显的周期性特点,能以极大的热情和旺盛的精力投入学习和工作,一旦精力消耗殆尽时,便会失去信心,情绪顿时转为沮丧而心灰意冷。

(2)多血质。多血质的人喜怒形于色,可塑性强。多血质的人具有活泼好动,反应迅速,情绪发生快而多变,兴趣容易转移等特征。这类气质类型的大学生易于适应环境的变化,性情活泼、热情,善于交际,在群体中精神愉快,相处自然,常能机智地摆脱困境;他们在学习和工作上肯动脑、主意多,不安于机械、刻板、循规蹈矩,常表现出较强的工作能力和办事效率;对外界事物兴趣广泛,但容易浮躁,见异思迁。

(3)黏液质。黏液质的人安静、稳重,反应缓慢,沉默寡言,情绪不易外露,注意稳定难于转移,善于忍耐。这类气质类型的大学生反应较为迟缓,但无论环境如何变化,都能基本保持心理平衡;凡事深思熟虑,力求稳妥,一般不做无把握的事情,在各种情况都表现出较强的自我克制能力;他们外柔内刚,沉静多思,不愿流露内心的真情实感;与人交往时,态度适度,不卑不亢,不爱抛头露面和作空泛的清谈;学习、工作有板有眼,踏实肯干,严格恪守既定的生活秩序和制度。但他们过于拘谨,不善于随机应变,固定性有余而灵活性不足,有墨守成规、因循守旧的表现。

(4)抑郁质。抑郁质的人孤僻,行动迟缓,情感体验深刻,善于觉察别人不易觉察到的细小事物。这类气质类型的大学生在生理上难以忍受或大或小的神经紧张,厌恶那些强烈的刺激;他们的感情细腻而脆弱,常为区区小事引起情绪波动;心里有话,宁愿自己品味,不愿向别人倾诉;喜欢独处,与人交往时显得腼腆、忸怩,善于领会别人的意图,在团结友爱的集体中,很可能是一个容易相处的人;遇事三思而行,求稳不求快,对力所能及的工作能认真负责地完成。在学习、工作一段时间后,常比别人更感疲倦;在困难面前常怯懦、自卑和优柔寡断。

气质本身无好坏之分,任何一种气质都有其积极和消极的方面,气质也不能决定一个人活动的社会价值和成就的高低,因此,大学生要正确对待自己的气质类型,经常有意识地控制自己气质的消极品质,发扬积极品质,以有利于形成良好的个性。

2.性格 性格是人对现实稳定的态度以及与之相适应的习惯化了的行为方式。性格表现了人们对现实与周围世界的态度,包括对自己、对别人、对工作、对学习、对事物的态度。性格可以从不同角度进行分类。

(1)按知、情、意在性格中的表现程度,可分为理智型、情绪型和意志型三种。理智型的人以理智支配自己的行动;情绪型的人,情绪体验深刻,举止容易受情绪左右;意志型的人具有较明确的目标,行为主动。

(2)按个体的心理倾向,可分为外倾型和内倾型。外倾型的人心理活动倾向于外部,活泼开朗,善于交际,感情易于外露,处事不拘小节,独立性较强,但有时粗心、轻率;内倾型的人心理活动倾向于内部,一般表现为感情含蓄,处世谨慎,自制力强,但交往面窄,适应环境比较困难。

(3)按个体独立性程度,可分为独立型和顺从型。独立型的人不易受外来事物的干扰,他们具有坚定的信念,能独立地判断事物,发现问题、解决问题;在紧急和困难的情况下不慌张,易于发挥自己的力量,但有时会把自己的意志强加于人,固执己见,不易合群;顺从型的人随和、谦虚,易与人合作,但独立性较差,易受暗示,容易接受别人的意见,在紧急情况下易惊惶失措。

气质与性格都是构成人格的重要因素,二者相互渗透,相互影响,彼此制约。气质能够影响性格的表现方式，可使性格特征涂上一种独特的色彩，也可以影响性格形成和发展的速度及动态；不同气质类型的人可以形成同样的性格特征，同一气质的人也可以形成不同的性格特征。二者所不同的是，气质受先天因素影响比较大，变化比较难、比较慢；性格是后天形成的，具有社会性，变化比较容易，比较快。气质是行为的动力特征，与行为的内容无关，因此气质无好坏、善恶之分；性格涉及行为的内容，具有社会评价意义，因而有好坏之分。

三、健康人格的标准

健康人格指每个人在自身所处的社会文化环境中保持良好的认识水平、平稳的情绪情感、恰当的行为方式和正常的社交与职业功能。健康人格是人类追求的目标。

健康人格的标准可分为理想标准和相对标准。健康人格的理想标准就是人格的生理、心理、社会、道德和审美各要素完美地统一、平衡、协调，人的才能得以充分发挥。马克思所描述的“全面发展的、自由的人”就是健康人格的理想标准。但从相对意义上讲，不同时代，不同的社会条件有相对应的健康人格标准。人只有在自己所处的特定历史条件下，不断进取、不懈努力，才能使自己的人格健康水平不断提高。

健康人格的标准又可分为概括标准和具体标准。从总体上看，人格健康的人应该是在推动社会进步的实践中充分发挥自己的才干，为人类、为社会作出自己的贡献，同时使自己的人格在各个方面得到充分的、协调发展的人。从具体特征上讲，健康人格应具有以下标准。

（一）积极乐观的人生态度

人格健康的人对自己充满信心，能客观地评价自己的优点和缺点，能够悦纳自己。乐观的人常常能看到生活的光明面，对前途充满希望和信心，对生活充满希望，对自己所从事的工作或学习抱有浓厚的兴趣，并在其中发挥自身的智慧和能力，即使在遇到困难和挫折时，也能不畏艰险，勇于拼搏，生活目标明确，不断地为实现目标而努力。大学生的主要任务是学习，因而对学习的兴趣如何可以反映出对生活的基本倾向。人格健康的大学生对学习怀有浓厚的兴趣，表现出观察敏锐、注意集中、想象丰富、充满信心、勇于克服困难等特点，能通过刻苦、严谨的学习过程获得学习的满足感和成就感。

（二）正确的自我意识

人格健全的人，内心协调统一，能客观地认识和评价自己的行为是否符合社会规范，是否符合客观需要，能主动地控制和调节自己的行为，能及时协调自己和外部世界的关系，表现出自我意识的完善。具有正确自我意识的人能对自己作出恰如其分的评价，充满自信、扬长避短，在日常生活中能有效地调节自己的行为使其与环境保持平衡，而缺乏正确自我意识的人常常表现出自我冲突、自我矛盾，或者自视清高、妄自尊大，或者盲目自卑、妄自菲薄，甘愿放弃难得的机会。

（三）融洽的人际关系

人际关系是社会关系的直接表现，是构成人类社会最普遍、最直接的关系，人与人的交往和互动是社会存在和发展的前提。人格健康的人能正视现实生活，主动适应环境，建立令人满意的人际关系，与人相处时，尊敬、信任等积极态度多于嫉妒、怀疑等消极态度。人格健康的人常常以诚恳、公平、谦虚、宽容的态度尊重他人，同时也受到他人的尊重与接纳，在人际交往中能够理解、信任、宽容地对待他人，保持良好的心态。

（四）良好的社会适应能力

社会适应能力反映了人与社会的协调程度。人格健康的人能够和社会保持良好、密切的接触，以一种开放的态度主动关心社会，了解社会；在认识社会的同时，使自己的思想、行为跟上时代的发展，与社会的要求相符合，表现出能很快适应新的环境的能力；能把自己的智慧和能力有效地运用到自己的工作和事业中，在学习工作中具有创造热情，富有创造力，具有开拓性，敢于尝试新事物，寻求事业上的成功，追求自我价值的实现，生活内容丰富多彩。

（五）良好的情绪调控能力

情绪标志着人格的成熟程度。人格健康的人情绪反应适度，具有良好的调节和控制情绪的能力，能经常保持愉快、满意、开朗的心境，并富有幽默感，当消极情绪出现时能合情合理地宣泄排解、转移和升华。

第二节　健康人格的塑造

心理学研究表明，一个人的人格健康与否在很大程度上决定了其事业的成就、家庭的幸福、人际关系是否和谐。对个人而言，健康人格有助于提高生活质量；对社会而言，健康人格有利于和谐社会的建设。具有健康人格的人能够有意识地控制自己的生活，掌握自己的命运，正视自己，面对现实，发掘自己的潜能，实现自我价值。因此对于大学生而言，培养健康的人格具有重要的意义。

一、健康人格的意义

人格是人的心理行为的基础，是人性的升华与体现。现代社会发展迅速，对人才素质提出了更高的要求，不仅要求人们具备良好的道德素质、文化素质、能力素质，还要具备良好的心理素质。

（一）健康人格是身心健康的需要

医学研究证明，许多生理疾病都与相应的人格特征有关。这类人格特征在疾病的发生发展过程中起到了生成、促进、催化的作用。如多数神经衰弱患者不是胆怯、自卑、敏感、多疑，就是偏于主观、任性、自制力差等；易患心脏病的人多具有个性急躁、求成心切、争强好胜、攻击性强等人格特征；偏头痛患者多有刻板、好胜、嫉妒心强，刻意追求完美的人格特征。研究发现，癌症的发生常与癌症倾向性格有关，癌症倾向性格的人的心理和行为特征是：不能公开表达自己的情绪，谨言慎行，常常自责，怕失败；患病不肯求医，对人有戒心，没有很密切的人际关系；相信命运，觉得生活无意义，无价值，无乐趣；和家人有很深的隔膜，不把心思向人倾诉等。所以优化人格要素，培养健康人格是防病健身的需要。

（二）健康人格是时代的需要

现代社会迅速发展，现代化带来了社会的发展和人民的幸福，也带来了负荷和危机，它在增进人们健康的同时，也存在有害身心的因素，如人口膨胀、交通拥挤、空气污染、社会关系紧张、社会阶层复杂多变等，构成了不良的心理应激。面对四通八达的交通网，耸入云霄的摩天大楼，到处可见的电气化、自动化设备，人们会不时涌起孤独、渺小、无力、自卑、冷漠、茫然无助的感觉。现代化技术改变了人际交往的方式，修改了人际关系的准则，它一方面使天涯如咫尺，另一方面使咫尺如天涯；现代化社会生活节奏加快，竞争加剧，大大加重了人们的心理负荷；观念的多元和多变，使人失去了稳定感，变得难以认同、无所适从，所有这一切，都容易使人陷入焦虑、不安、压抑、苦恼中，从而产生这样那样的心理问题。因此，培养健康的人格才能使大学生从根本上保持健康的心态，使大学生学会调节、控制自己，更好地适应社会。

（三）健康人格是大学生自我发展的需要

大学生是将来的建设者。社会的进步，经济的发展，科技的创新与他们的高素质和健康的人格是分不开的。现在人们越来越多地认识到，影响一个人成才与成功的因素除了智力因素外，更重要的是非智力因素，而人格因素正是非智力因素的重要组成部分。一个乐观开朗、热情大方、善于交际、诚实有信的人，比较容易获得他人的接纳和帮助，比较容易创造和谐的环境，有利于才华的施展。在就业市场上，拥有健康人格的毕业生就业机会相对较多，事业成功的机会也相对较多。从某种意义上说，“人格即命运”指的是除了才华和机遇外，人格是决定人的一生成功与否、快乐与否的关键因素。健康的人格，使人在困苦中品出快乐，在失利时取得成功，在平凡里创造辉煌。因此，培养健康的人格，具有完美、独立的人格是大学生自我发展的需要。

（四）健康人格是学校教育改革发展的需要

现代的学校教育注重学生能力和个性的培养，特别是创造性的培养，提出了创新学习的概念，这与健康人格的培养是一致的，但是有不少学生虽然没有智力缺陷，但在情感和行为方面却存在明显障碍，如在情感方面过于冷漠甚至冷酷，或极不稳定，变化无常；在行为表现上自制力差，容易受偶然动机、本能欲望的支配，或因人格发展的不协调，对周围环境刺激反应不适应，易发生冲突，给别人和社会造成伤害或破坏，且伤害或破坏的程度与其智慧成正比。因此，如果没有积极健康的人格做支持，教育改革是难以成功的。

二、健康人格的模式

健康人格的模式主要有以下几种观点。

（一）自我实现者模式

美国人本主义心理学家马斯洛强调人的自我实现。他研究那些能够充分发挥自己才能，全力以赴地工作，并把工作做得最出色的人，如贝多芬、歌德、爱因斯坦、詹姆斯、弗洛伊德、杰弗逊、罗斯福和林肯等，概括出自我实现者具有以下特征：

1）良好的现实知觉。

2）对自己、他人和现实表现出高度的接纳。

3)有自发性。

4)以问题为中心。

5)有独处的需要。

6)高度的自主性,不受环境和文化支配。

7)高品位的鉴赏力,对普通生活的新鲜感。

8)常常有高峰体验。

9)关心社会。

10)能与他人建立持久深厚的友谊,具有民主的性格结构以及强烈的道德感和独立的善恶判断能力。

11)善意的幽默感。

12)富有创造性。

13)不受现实文化规范的束缚。

(二)成熟者模式

美国心理学家、人格特质论的倡导者奥尔波特认为,心理健康者在理性和意识的水平上活动,指引这些活动的力量是完全能够意识到的,并且也是可以控制的。因此,心理健康者是一个成熟的人。根据多年在哈佛大学的研究,他从成熟者身上归纳出七个特点:

1)自我扩展的能力。

2)与他人热情交往的能力。

3)自我接纳的能力和安全感。

4)具有现实性知觉。

5)有多种技能,并专注于事业。

6)客观地看待自己。

7)有坚定的价值观和道德观。

(三)机能健全者模式

美国人本主义心理学家、求助者中心疗法的创始人罗杰斯认为,健康人格不应该理解为人的状态,而是过程或趋势。认为幸福的真谛在于积极地参与实现的倾向,在于持续的奋斗,而不是它的结果。罗杰斯把机能健全者概括为以下五个方面的特征:

1)经验的开放,他们的社会经验都能正确地进入意识的领域。

2)协调的自我。

3)以自己的内在评价机制来评价经验。

4)自我关注。

5)乐意给他人以无条件的关怀,能与其他人高度协调。

(四)创新者模式

弗洛姆是一位从社会哲学方面探讨人格的理论心理学家。他认为,每个人都有充分利用自己潜能成长和发展的固有倾向,之所以更多的人未能达到心理健康的状态是因为社会本身的压抑和不合理以及病态的社会产生了病态的人格。他认为创新者有以下四方面的特征:

1)以“存在”为主要的生存方式。所谓“存在即欢乐”并建设性地利用自我的能力与世界融为一体。创新者能从给予和分享中获得欢乐,能尽可能地消除贪欲、仇恨和种种幻想,愿意放弃一切占有的生存方式;他们愿意培养自己爱的能力和批判思维、理性思维的能力,愿意让自己的同胞得到全面的发展,并使它成为自己最高的生活目标,以达到真正的存在。

2)创新性思维。创新者的爱会使人意识到与被爱者有密切关系,意识到去关怀被爱者。

3)有真正的幸福体验。这种幸福是一种生机盎然、充满活力、身体健康和充分发挥潜能的状态。

4)以良心为定向系统。创新者的良心是发自内心的道德准则的体现,它支配心理健康以一定的行为方式去实现个性的充分发展和表现,并使人获得幸福感。

(五)立足现实者模式

美国心理学家皮尔斯认为一个心理健康的人应该是充分地理解并坚定地立足于自己的现实情境的人,而那些仍然生活在过去的人,或者在今天就生活在未来的人,都有着不平衡的人格。只有立足于此时此地的人,才是心理健康者。他认为立足于此时此地的人,其人格具有以下特征:

1)牢牢地建立在当前存在的基础上。

2)对自己有充分的认识和认可。

3)对自己的生活负责并摆脱对任何人所负的责任。

4)完全处在与自我和与世界的联系状态中。

5)能摆脱外部调节,进行自我调节。

6)能认清、承认并且表达自己的冲动和渴望。

7)能够坦率地表达他们的怨恨。

8)反映当前情境并被当前情境所指引。

9)开放的自我界限。

10)不追求幸福。

三、塑造健康人格的途径和方法

大学生健康人格的培养,需要社会、家庭、学校和大学生自身的共同努力。但是外因毕竟要经过内因才能起作用,因此,培养健康的人格,关键还是在于大学生自己。

(一)确定积极可行的未来生活目标

人格健康的大学生积极进取,有自己奋斗的目标并努力实现它,追求自我价值的实现。人格健康的大学生生活态度乐观自信,对前途充满希望,对未来充满信心,在实现目标的过程中,体验到胜利的喜悦,享受到生活的乐趣。大学生可以选择某些健康的人格品质作为努力的方向,如勇敢、热情、勤奋、刚毅、正直、善良、自信、开朗等,针对自己人格上的弱点予以纠正,如自卑、胆小、懒散、任性、粗心、急躁等。

(二)学会在智能结构上优化组合

荣格有句名言:“文化的最后成果是人格。”培根说过:“知识就是力量。”他还具体地阐述道:“读史使人明智,读诗使人灵秀,数学使人周密,科学使人深刻,伦理学使人庄重,逻辑修辞之学使人善辩,凡有所学,皆成性格。”学习文化,增长智慧的过程也是人格优化的过程。事实上,无知使人自卑、粗鲁,丰富的知识使人自信、坚强,知识之间相互联系又相互促进,可以说,有了智能基础,人格发展的速度和质量才有保证。历史上著名的学者、伟人,绝大多数都是博闻多识、兴趣广泛、全面发展而又各有专长的人。反之,兴趣单一、才智片面发展的人,虽然也有可能成才,但不少是非痴即怪。对于大学生来说,处理好人格全面发展与专业成才的平衡关系,纠正其人格缺陷,才能更好地适应社会。

(三)培养良好的习惯

一言一行往往是人格的表现,反过来,一个人日常言行的积淀成为习惯就是人格。如一个人东西经常摆放得整整齐齐,房间打扫得干干净净,衣服穿得整洁,鞋子擦得光亮,这些日常小事聚集在一起,最终会形成优良的人格,老子说:“千里之行,始于足下。”一个人的果敢坚毅、勤劳勇敢、细致周密等都是长期慢慢形成的良好品格。

(四)营造良好的氛围

人格的培养与形成受社会各方面潜移默化的影响,是个人与他人、家庭、学校、社会相互作用的结果。现在有些家长只重视智力的开发而忽视了其他方面,或家长本人的人格有缺陷,对孩子就会产生消极的影响,教师人格的缺陷也会影响学生人格的形成,所以培养良好的人格需要创设良好的环境,营造良好的氛围。大学生通过人际交往,可以以他人为镜,从与别人的比较中认识自己人格上的优缺点;通过交往,大学生也可以了解自己的哪些方面受到赞扬、鼓励或受到指责、批判,从而有针对性地调整自己。

(五)塑造和谐的人格

人格发展和表现的和谐是十分重要的。培养健康人格的过程中要掌握辩证的原理,塑造和谐的人格。具体地说,大学生应该是:坚定而不固执,勇敢而不鲁莽,理智而不冷漠,活泼而不轻浮,豪放而不粗俗,谨慎而不怯懦,自谦而不自卑,忠厚而不愚蠢,干练而不世故,自信而不自负,忍让而不软弱,自爱而不自赏。和谐的人格除了表现在人格品质要协调发展避免偏向外,还要因人、因时、因事、因地地表现人格特征,也就是说,培养出来的人格应有较强的应变、适应能力。

总之,培养健康人格的过程,就是一系列自我改造、自我实现的过程,要有坚强的意志,从小事做起,持之以恒。

四、大学生常见的人格缺陷及调适

1.**懒散**　懒散是指一种慵懒、闲散、疲沓、松垮的生存状态。表现在思想上就是缺乏上进心、得过且过,对任何事没有信心,没有欲望;在行动上做事不主动、不勤奋,无法将精力集中在学业中,无法从事自己喜欢的事,犹豫不决,做事磨蹭。懒散影响大学生积极进取和能力的发挥,处于懒散状态的学生也常感到内疚、自责、后悔,但又觉得自己无力自拔,这主要是缺乏毅力所致。克服懒散的方法是:首先,要从小事做起,自我监控,管理好时间,努力做到不给自己找借口,不原谅自己的偷懒;其次,要培养上进心,因为上进心是动力,缺乏上进心的学生做事容易满足,对自己要求不高,常抱有应付和不负责任的态度。

2.怯懦　怯懦主要表现为缺乏勇气和信心。怯懦的人不敢表明自己的态度,不敢承担责任,不敢冒险,害怕可能面临的困难和挫折,回避困难,逃避责任,在困难面前常常知难而退,甚至不战而败。这样的人常常抱怨自身的不幸,却宁愿忍受痛苦而不主动追求。克服怯懦的方法是:首先,要鼓励自己积极应对生活中的挫折,发现自己的优点,树立自信心;其次,要培养勇敢精神。

3.狭隘　狭隘主要表现为心胸狭窄、耿耿于怀、挑剔、嫉妒、不能容人。心胸狭隘影响人际关系,伤害他人情感,也给自己带来烦恼,是一种有百害而无一利的人格特征。狭隘不是与生俱来的,而是后天习得的。克服狭隘人格的方法是:首先,要学会宽容,能够容人容事,宽以待人,正确看待生活中出现的矛盾冲突;其次,要胸怀坦荡,开阔心胸,拓展视野,正如歌德所言,比海洋更广阔的是天空,比天空更广阔的是人的心灵。

4.拖拉　拖拉指可以完成的事却不及时完成,今天推明天,明天推后天。试图逃避困难、目标不明确、惰性等都可能引起拖拉。拖拉是不少大学生的通病,它一方面耽误学习、工作;另一方面并不能使人感到轻松,反而会导致心理压力,引起焦虑,干别的事情也难以安心。改变拖拉的方法是:首先,要科学安排时间,讲究科学的方法,凡事分出轻重缓急,按顺序一件件完成;其次,要敢于做不合心意或难度较大又必须完成的工作,与其拖着还不如及早行动,完成后会有一种如释重负的感觉,带来成就感、满足感。

5.虚荣　虚荣是指过分看重荣誉、他人的赞美,自以为是。虚荣心往往与自尊心、自卑感联系在一起,是自尊心与自卑感的混合产物。虚荣心强的人一般性格内向,情感脆弱,虽然自卑,又担心别人伤害自己的尊严,过分介意别人的评论与批评,与人交往时防御性强,不允许有稍微冒犯,常会抬高自己的形象。防止或改变过强的虚荣心的方法是:首先,要有正确的自我意识,正视自己的优势与不足,扬长避短;其次,要树立健康与积极的荣誉心,正确表现自己,不卑不亢,正确对待个人得失与他人评价。

6.急躁　急躁指由内在冲突所引起的焦躁不安的情绪状态或人格特征,表现为遇到不顺心的事情马上激动不安,缺乏耐心,做事急于达到目的,没做好充分准备就盲目行动。性情急躁之人说话办事快、容易冲动、常处于紧张状态,往往会忙中出乱,祸及自己和他人;急于求成,当目的不能达到时又常常泄气和发怒,影响自己健康的同时又妨碍了人际关系的和谐。克服急躁心理的方法是:首先,要减少攀比心理,正确看待竞争,人不能处处领先;其次,要培养自制力,用坚强的意志控制自己的情绪,善于自我安慰。

第三节　人格障碍及应对

大学生处在人生发展的关键时期,容易产生种种偏差,导致人格缺陷或人格障碍。因此,大学生应当了解人格障碍的特点,并对自己个性品质中的不良成分加以调节、完善,采取一些措施对造成不良人格的心理问题加以疏导,以维护和保持自己健康的心理状态。

一、人格障碍的特征

人格障碍又称病态人格,指在没有智力障碍的情况下,行为方式明显偏离正常,形成了一贯的反映个人风格和人际关系的异常行为模式。这种模式显著偏离特定的文化背景和一般认知方式,明显影响其社会功能,集中表现为社会环境适应不良。人格障碍通常开始于童年期或青少年期,并长期发展至成年或终生。有人格障碍的人在适应环境、人际关系的协调、特长的发挥等方面出现困难,自己感到痛苦或使他人感到痛苦,给个人或社会带来不良影响。

人格障碍患者在社会上往往被人称为“怪人”“神经病”等,既给本人工作、学习、生活带来不便,又影响了社会及家庭。严格地说,医学界至今尚未认定它是一种病,而认定是一种畸形人格。个人的内心体验与行为特征在整体上与其文化所期望和接受的范围明显偏离,这种偏离是广泛的、稳定的和长期的。人格障碍的表现十分复杂,不同的类型有不同的表现,但也具有一些共同的特征。

1.**严重的人格缺陷** 人格障碍患者心理紊乱、情绪不稳、自制力差、易冲动、难以与人相处、人际关系紧张,而且性格的某些方面非常突出和过分发展,常做出不符合社会规范的事情。

2.**认知的异常偏离** 人格障碍患者把自己遇到的困难归咎于命运或别人的错误,没有自知之明,看不到自己的缺点,他们经常把社会或外界的一切看作是荒谬的,是不应该如此的。

3.**行为目的和动机不明确** 行为多数受冲动、偶然的动机或本能的愿望支配,缺乏目的性、计划性、完整性。自制力一般较差,易发生冲突和不正常的意向活动。

4.**情感的异常偏离** 情绪不稳定,易激怒、怀疑、冷酷,极端猜疑和固执,他们走到哪儿就把自己的猜疑、仇视和偏见带到哪儿,即使环境发生了变化,他们的观点仍不改变。

5.**否认自己的人格障碍** 行为常常伤害或扰乱别人,当别人指出或揭露他们的怪癖和不良行为时,他们不以为然,并不感到自己有病痛或心情不安,否认自己有疾病。

总之,人格障碍属于一种心理变态,一经形成后会显示出相对的稳定性。人格障碍患者是社会不安定的因素之一,程度轻微的,其不良影响较轻;严重的,尤其像反社会型人格障碍,常导演出一系列离奇的报复案、攻击案、虐待案,且行为目的很简单,只为了寻求刺激。

二、人格障碍产生的原因

人格的形成是一个漫长的过程。我们一般认为从出生开始,随着年龄的增长,心理发育逐渐成熟,人格也就随着形成了。一般来说,人格障碍问题要到成年时期,在走上社会工作岗位时才会定型,但在儿童时期就有所表现。早期的家庭环境、父母的教养态度、社会环境以及遗传与生理因素的影响都与人格障碍的形成密切相关,具体表现为以下几种因素:

(一)生物因素

1.**遗传因素** 英国学者卡特尔经过研究发现,人格的三分之二是由环境决定的,三分之一是由遗传决定的。心理学家们对人格障碍的遗传因素作了许多研究,发现人格障碍患者亲属中人格障碍的比率与血缘关系成正比,即血缘关系越近,发生率越高。双生子研究发现，双生子发生人格障碍的一致率为20%～25%。寄养研究表明，人格障碍者的子女，即使从小寄养在正常人的家庭，与正常家庭的孩子对照比较，仍有较高的人格障碍发生率。意大利心理学家调查发现许多罪犯的亲属中患有反社会型人格障碍，因此遗传因素对人格障碍的形成有不可忽视的影响。

2.生理状况　研究发现，个人的仪表、体型对人格障碍的形成也会产生一定影响。符合社会所赞许的体格标准的人会有良好的社会反应，反之就可能产生一些个人心理障碍。这是因为机体的状况中有些因素有助于社会上所认可的一些技能的发展，而有些因素有碍于一些技能的发展。有些身体特征是否符合当时当地的社会文化价值观念，往往会对一个人的自我意识产生重大影响，有的人逐渐养成了自信的个性，有的人则产生了自卑的感觉，如先天畸形的人只有在遇到周围人的贬低和排斥时，才有可能形成自卑心理。

（二）环境因素

后天环境因素对人格障碍形成的影响，往往超过先天的遗传素质的影响。有缺陷的养育环境、恶劣的社会环境等，易导致人格障碍的产生。环境的影响表现为以下几个方面：

1.家庭因素

（1）早期心理创伤。早期强烈的精神刺激和创伤，如剥夺母爱、虐待等，常常会给儿童的人格发展带来严重的影响。有人提出弃子会使儿童产生心理疾病，会形成攻击、反叛的人格。弗洛伊德认为成年人酗酒、吸烟、洁癖等与童年创伤经历有关。

（2）不和谐的家庭关系。父母关系不和睦或父母离异会使子女有残缺感、不安全感，导致敏感多疑、自卑、敌意、偏执，焦虑水平也较高，很难与环境建立有意义的联系，易发生人格障碍。另外，家庭成员之间缺少关心、爱抚，没有平等、互相尊重和理解的氛围，父母道德败坏、违法乱纪，往往给儿童人格的发展带来严重的危害。

（3）不合理的教养。凡粗暴、凶狠、放纵、溺爱、过分苛求、棍棒教育，以及父母之间、父母与祖辈之间的教育方式不一致，都会对儿童人格的发展产生不良影响。如孩子在批评中长大便学会了责难，在敌意中长大便学会了争斗，在支配中长大便学会了依赖，在娇宠中长大便学会了任性，在否定中长大便学会了拒绝。

2.学校因素　学校对儿童人格的形成有重大意义。学校的校风、班风、教风以及教师的人格特征、行为模式和思维模式都对学生人格的形成起直接或间接的作用，特别是教师的言传身教对学生人格的形成起潜移默化的作用。如果师生之间关系疏远、感情淡漠，教师主观武断、不能以身作则、奖罚不明，学生就会顶撞师长，造成师生关系紧张进而产生认知障碍。性情冷酷、刻板、专横的教师所管辖的班级中，学生的欺骗行为增多，在友好、民主的教师所管辖的班级中，学生的欺骗行为减少。

3.社会因素　人一出生，便置身于社会之中并受社会文化的熏陶和影响，社会对人格的影响伴随着人的终身。若个人极端偏离其社会所要求的人格特征，不能融入社会文化环境之中，可能被视为行为偏差或人格障碍。特殊文化中的道德信念和价值观念一旦被人接受，它们就逐步被内化，构成人格的一部分。社会文化氛围是善恶并举，利弊共存，好与坏相互交织，消极的社会因素对人格障碍的形成有着不可低估的不良影响，如社会上的凶杀打斗、暴力、金钱至上、享乐主义等文化现象,影响大学生人格的健康发展,成为人格异常、人格障碍形成的社会因素。

(三)个体因素

1.个体的生活实践 人格形成的诸因素中,个体的生活实践对人格的形成起着决定性的作用。个体的经历不同,人格的发展也就不同。常言说:“穷人的孩子早当家。”生活的艰辛也就使这些孩子多体验了一些困苦和艰难,坚强的意志、强烈的独立意识就成为他人格的一部分。现在一些家长、教师抱怨当今的孩子责任心不强,缺乏坚强的意志,耐挫折能力差,实际上是这些孩子缺少生活的磨炼。

2.病理因素 虽然尚未发现人格障碍患者在神经解剖生理上存在病变,但一般认为人格不健康者的神经系统在先天素质特点上有不健全的地方,同时也与神经生理、神经化学和内分泌方面有密切关系。大脑不健全有可能妨碍病人学习,使他们不能从经验中取得教训。心理学家曾针对人格障碍患者缺乏焦虑和内疚的情况,进行了非常有价值的研究。他们发现人格障碍患者倾向于缺乏焦虑,因而不能从经验中吸取教训,这就表明人格障碍者在某种神经系统功能上是存在障碍的。

三、大学生常见人格障碍的调适方法

人格障碍的类型很多,目前尚无一致公认的分类标准。参照美国《心理障碍的诊断和统计手册》(DSM-Ⅲ)中的分类,人格障碍有三大类群:第一类以行为怪僻、奇异为特点,包括偏执型、分裂型人格障碍;第二类以情感强烈、不稳定为特点,包括自恋型、反社会型、攻击型人格障碍;第三类以紧张、退缩为特点,包括回避型、依赖型人格障碍。这里介绍几种较为常见的大学生人格障碍及其调适方法。

(一)偏执型人格障碍

1.偏执型人格障碍的特点 偏执型人格障碍以猜疑和偏执为特点,始于成年早期,男生多于女生。按CCMD-Ⅲ(《中国精神障碍诊断标准》第三版,2001)分类标准,偏执型人格障碍至少符合下列诊断标准中的三项内容:①对挫折和遭遇过度敏感。②对侮辱和伤害不能宽容,长期耿耿于怀。③多疑,容易将别人的中性或友好行为误解为敌意或轻视。④明显超过实际情况所需的好斗,对个人权利执意追求。⑤易有病理性嫉妒,过分怀疑恋人有新欢或伴侣不忠,但不是妄想。⑥有过分自负和自我中心的倾向,总感觉受压制、被迫害,甚至上告、上访,不达目的不肯罢休。⑦具有将其周围或外界事件解释为“阴谋”等的非现实性优势观念,因此过分警惕和抱有敌意。

2.偏执型人格障碍的调适 偏执型人格障碍大都形成于青少年期,主要原因是受到家长无原则的迁就与宠爱,他们在百依百顺的家庭环境中听惯了家长的肯定与赞扬,习惯于以自我中心的眼光来看待周围的人与事,缺乏正确的自我评价与社会评价,但是社会环境不可能让人随心所欲,而是会遇到很多不顺心的事和挫折,这些性格弱点就很容易发展为偏执型人格障碍。

偏执型人格障碍一旦形成,就具有相对的稳定性,想彻底根治几乎是不太可能的,任何形式的疗法都收效甚微。原因是偏执型人格障碍者一般不肯好好配合心理咨询师的治疗,偏执型人格障碍者总认为自己根本没有问题,总是用不信任的眼光看心理咨询师,怀疑心理咨询师,拒绝与心理咨询师合作,使得心理咨询师无法介入治疗。一般来说,轻度的偏执型人格障碍可以通过自我调节以及自我治疗来获得超越。有偏执型人格障碍的大学生可以从以下几方面进行纠正。首先,要充分认识自身的缺点,改变极端的思维方式,建立一种合理化的认识。人无完人,对犯错误的人应给予改正的机会,人与人之间需要相互信任和相互帮助等。其次,要改变怀疑别人的习惯,学会宽恕。每个人都会犯错误,对偶然的错误应该原谅。再次,应逐渐学会与人和睦相处,相信生活中大多数人是值得信赖的,不要用敌视的态度去待人处世。并试着去结交、关心朋友,用心去体会友谊带给人的愉悦。

(二)分裂型人格障碍

1.分裂型人格障碍的特点　分裂型人格障碍以观念、行为和外貌装饰的奇特、情感冷漠,及人际关系明显缺陷为特点。男生略多于女生。按 CCMD-Ⅲ(《中国精神障碍诊断标准》第三版,2001)分类标准,分裂型人格障碍至少符合下列诊断标准中的三项内容:①性格明显内向(孤独、被动、退缩),与家庭和社会疏远,除生活或工作中必须接触的人外,基本不与他人主动交往,缺少知心朋友,过分沉湎于幻想和内省。②表情呆板,情感冷淡,甚至不通人情,不能表达对他人的关心、体贴及愤怒等。③对赞扬和批评反应差或无动于衷。④缺乏愉快感。⑤缺乏亲密、信任的人际关系。⑥在遵循社会规范方面存在困难,导致行为怪异。⑦对与他人之间的性活动不感兴趣(考虑年龄)。

2.分裂型人格障碍的调适　有分裂型人格障碍的大学生可以从以下几方面进行纠正。首先,要提高认识,要有意识地分析自己,确立积极的人生目标,对生活充满信心。其次,要创造条件,扩大交往范围,参加社会实践活动。再次,要培养广泛兴趣,陶冶情操。

(三)冲动型人格障碍

1.冲动型人格障碍的特点　冲动型人格障碍以情感爆发伴明显行为冲动为特征,男生明显多于女生。按 CCMD-Ⅲ(《中国精神障碍诊断标准》第三版,2001)分类标准,冲动型人格障碍至少符合下列诊断标准中的三项内容:①易与他人发生争吵和冲突,特别在冲动行为受阻或受到批评时。②有突发的愤怒和暴力倾向,对导致的冲动行为不能自控。③对事物的计划和预见能力明显受损。④不能坚持任何没有即刻奖励的行为。⑤不稳定的和反复无常的心境。⑥自我形象、目的及内在偏好的紊乱和不确定。⑦容易产生人际关系的紧张或不稳定,时常导致情感危机。⑧经常出现自杀、自伤行为。

2.冲动型人格障碍的调适　有冲动型人格障碍的大学生可以从以下几方面进行纠正。首先,要不断提醒自己镇静制怒,提升自己的修养,培养意志的自制力。其次,要参加丰富多彩的业余文化、体育活动,为体内的能量寻找一个正常的释放渠道。

(四)表演型人格障碍

1.表演型人格障碍的特点　表演型人格障碍以过分的感情用事或夸张言行吸引他人的注意为特点。按 CCMD-Ⅲ(《中国精神障碍诊断标准》第三版,2001)分类标准,表演型人格障碍至少符合下列诊断标准中的三项内容:①富于自我表演性、戏剧性、夸张性地表达情感。②肤浅和易变的情感。③以自我为中心,自我放纵和不为他人着想。④追求刺激和以自己为注意中心的活动。⑤不断渴望受到赞赏，情感易受伤害。⑥过分关心躯体的性感以满足自己的需要。⑦暗示性高，易受他人影响。

2.表演型人格障碍的调适 有表演型人格障碍的大学生可以从以下几方面进行纠正。首先，表演型人格障碍的大学生要注意开阔心胸，有意识地控制情绪变化，办事要多讲原则，服从事实而不是服从自己的情感。其次，对待表演型人格障碍的大学生要多鼓励、表扬、帮助，对不正确的主张和做法多解释，避免争吵，减少情感冲动的机会。再次，利用表演型人格障碍的大学生易受暗示的特点，向积极的方面对其进行引导。

（五）强迫型人格障碍

1.强迫型人格障碍的特点 强迫型人格障碍以过分的谨小慎微、严格要求与完美主义及内心的不安全感为特征，男性多于女性。按 CCMD-Ⅲ（《中国精神障碍诊断标准》第三版，2001）分类标准，强迫型人格障碍至少符合下列诊断标准中的三项内容：①因个人内心深处的不安全感导致优柔寡断、怀疑及过分谨慎。②需在很早以前就对所有的活动作出计划并不厌其烦。③凡事需反复核对，因对细节的过分注意，以致忽视全局。④经常被讨厌的思想或冲动所困扰，但尚未达到强迫症的程度。⑤过分谨慎多虑、过分专注于工作成效而不顾个人消遣及人际关系。⑥刻板和固执，要求别人按其规矩办事。⑦因循守旧、缺乏表达温情的能力。

2.强迫型人格障碍的调适 强迫型人格障碍的形成主要是后天教育的结果。父母管教过分严厉、苛刻，要求子女尽善尽美，幼年时期受到较强的刺激和挫折等，都可能导致强迫型人格障碍的产生。有强迫型人格障碍的大学生可以从以下几方面进行纠正。首先，要顺其自然。由于强迫型人格障碍的主要特征是过于追求完美，过分压抑和克制自己，使自己的思想过于紧张。因此，运用顺其自然的方法来调节紧张、强迫的心理压力，不要苛求自己，做了以后就不要再去想它，也不要去评价它、议论它。其次，可以通过对自己的异常人格进行戏剧性的夸张，使其达到荒诞透顶的程度，以致自己也感到可笑、无聊，由此消除人格障碍的强迫型表现，最终矫正强迫型人格障碍。再次，应多参加一些文娱体育活动和班集体活动，最好能参加一些冒险和富有刺激性的探险活动，大胆地对自己的行动作出果断的决定，对自己的行动不要作过多的限制和评价。在这些活动中尽量体验积极乐观的情绪拓宽自己的视野和胸怀。

（六）回避型人格障碍

1.回避型人格障碍的特点 回避型人格障碍又称焦虑型人格障碍，以一贯感到紧张、提心吊胆、不安全及自卑为特征。回避型人格障碍的大学生总是需要被人喜欢和接纳，对拒绝和批评过分敏感，因习惯性地夸大日常处境中的潜在危险，而有回避某些活动的倾向。按 CCMD-Ⅲ（《中国精神障碍诊断标准》第三版，2001）分类标准，回避型人格障碍至少符合下列诊断标准中的三项内容：①一贯的自我敏感、不安全感及自卑感。②对遭排斥和批评过分敏感。③不断追求被人接受和受到欢迎。④除非得到保证被他人所接受和不会受到批评，否则拒绝与他人建立人际关系。⑤惯于夸大生活中潜在的危险因素，达到回避某种活动的程度，但无恐惧性回避。⑥因“稳定”和“安全”的需要，生活方式受到限制。

2.回避型人格障碍的调适 回避型人格障碍形成的主要原因是自卑心理，这与个体的不良成长环境与早期生活经验有关。心理学家认为，自卑感起源于幼年时期，由于无能而产生的不胜任和痛苦的感觉，包括由于生理或某些心理缺陷而产生的认为自己在某些方面不如他人的心理。这样的大学生虽然学习成绩好，较聪明，但社交能力差，很难寻求到社会的帮助，成功的机会也就会减少。回避型人格障碍的大学生可以从以下几方面进行纠正。首先，要运用自我分析的方法找出自己的长处和优点，给自己正确的认识和评价，提高自信。另外，要正确认识自卑感的利与弊，自卑的人善于体谅别人，不会与人争名夺利，安分随和，善于思考，做事谨慎，一般人都较信任他们，并乐于与他们相处。认识到自卑的这些优点也可为消除自卑感奠定心理基础。其次，要对不合理的观念和认知进行辩论，改变原来的自我中心以及片面看问题的方式。要改善人际关系，多参加社会活动，加强行为训练；增强自信心，克服自卑感。再次，要运用自我暗示的方法进行自我鼓励，相信事在人为。

（七）依赖型人格障碍

1.依赖型人格障碍的特点　依赖型人格障碍以过分依赖为特征。按 CCMD-Ⅲ（《中国精神障碍诊断标准》第三版，2001）分类标准，依赖型人格障碍至少符合下列诊断标准中的三项内容：①要求或让他人为自己生活的重要方面承担责任。②将自己的需要附属于所依赖的人，过分地服从他人的意志。③不愿意对所依赖的人提出即使是合理的要求。④感到自己无助、无能，或缺乏精力。⑤沉湎于被遗忘的恐惧之中，不断要求别人对此提出保证，独处时感到很难受。⑥当与他人的亲密关系结束时，有被毁灭和无助的体验。⑦经常把责任推给别人，以应对逆境。

2.依赖型人格障碍的调适　有依赖型人格障碍的大学生可以从以下几方面进行纠正。首先，对依赖型人格障碍的大学生主要是运用认知领悟疗法，改变其不合理的信念，学会更好地表达自己的愿望和需要。其次，要培养独立性，在日常工作和生活中，可以从点滴小事做起。再次，要树立自信，多回想自己一个人取得胜利的事情，做一些冒险尝试。

（八）反社会型人格障碍

1.反社会型人格障碍的特点　反社会型人格障碍也称悖德狂人格，以行为不符合社会规范，经常违法乱纪，对人冷酷无情为特点，男生多于女生。按 CCMD-Ⅲ（《中国精神障碍诊断标准》第三版，2001）分类标准，反社会型人格障碍至少符合下列诊断标准中的三项内容：①严重和长期不负责任，无视社会常规、准则、义务等。如不能维持长久的工作（或学习），经常旷工（或旷课）、多次无计划地变换工作；有违反社会规范的行为，且这些行为已构成拘捕的理由（不管拘捕与否）。②行动无计划或有冲动性，如进行不在计划的旅行。③不尊重事实，如经常撒谎、欺骗他人，以获得个人利益。④对他人漠不关心，如经常不承担经济义务、拖欠债务、不赡养父母或抚养子女。⑤不能维持与他人的长久关系，如不能维持长久的(1 年以上)夫妻关系。⑥很容易责怪他人，或对其与社会相冲突的行为进行无理辩解。⑦对挫折的耐受性低，微小刺激便可引起冲动，甚至暴力行为。⑧易激怒，并有暴力行为，如反复斗殴或攻击别人，包括无故殴打配偶或子女。⑨危害别人时缺少内疚感，不能从经验特别是受到惩罚的经验中获益。

2.反社会型人格障碍的调适　由于反社会型人格障碍的病因相当复杂，目前对此症的治疗是对那些由于环境影响形成的、程度较轻的患者,实施认知领悟法有一定疗效。具体调适的方法是:首先,要帮助反社会型人格障碍患者提高认识,了解自己行为的危险,培养其责任感,使他们担负起对家庭、社会的责任。其次,提高反社会型人格障碍患者的道德意识和法律意识,使他们明白什么事可以做,什么事不可以做,努力增强控制自己行为的能力。这些措施对减少反社会型人格障碍患者的反社会型行为是一种较为有效的方法。

少数与家庭关系极为恶劣而与社会相处尚可的反社会型人格障碍患者,可以在学校或机关集体住宿,以减少家庭环境的负面影响,同时培养其独立生活的能力。个别威胁家庭与社会安全的反社会型人格障碍患者,可送入少年工读学校或成人劳动教养机构,通过强制性的行为约束,建立新的行为模式,使变态的人格得到矫治。对情节特别恶劣、屡教不改的反社会型人格障碍患者可采用行为疗法,当反社会型人格障碍患者出现反社会行为时,给予强制性的惩罚(如电击、禁闭等),使其产生痛苦的体验,通过这样减少其反社会的行为,然后根据其行为矫正的程度,放宽限制,逐步恢复其正常的家庭生活和社会生活。

一个人的人格是多方面的,它们之间存在着互补关系。如偏执型人格,很固执的同时还存在分裂型人格、强迫型人格的特征。正是这些人格之间能互补,把缺点掩盖过去了,所以,绝大多数人的人格是正常的,只有少数人的人格才有问题。虽然,每个人人格上会有一些缺陷,但是一个人只要为他生活的环境所接受,同时对社会有促进作用,就算是正常的。

第八章　网络利用

人类社会进入21世纪，网络的使用或利用已成为每一个人生活、学习、工作不可或缺的重要工具和手段。在今天，与网络相伴的生活被视为时尚生活，否则会被视为落伍。处于青春期，求知欲旺盛，好奇心强，追求时尚，锐意进取的大学生必然凭其聪颖的智慧、敏锐的思维迅速而灵巧地进入网络世界，充分地享受着网络带来的便利，不断地扩大视野、更新知识，利用网络娱乐身心、惬意生活。然而，由于大学生生活经历及自控力的限制，虚拟与现实并存的网络世界给大学生的生活方式、思想观念、心理状态带来了巨大的负面影响和冲击，使个别大学生变成了网络的奴隶。

第一节　网络与大学生

网络是一种迅捷传递无限丰富信息的工具。它具有其他大众媒体所不具备的优点和用途。大学生应根据自己学习和身心发展的需要，合理利用网络，克服网络的不良影响，促进自己的学习和生活，提高身心健康水平。因此，本节主要讨论网络的特点、大学生的网络需求和网络对大学生的影响等内容，帮助大学生了解网络的意义和作用，树立正确的网络观。

一、网络的特点

互联网以出人意料的速度迅速渗透到人类生活的各个领域，延伸到世界的各个角落，以从没有过的威力深刻地改变着人类的生活，影响着人类的行为。从知识和信息的获取，自我实现与自我锻炼、电子商务与网上购物、人际交往、远程学习、休闲消遣等方面对人的生活方式产生着越来越大的影响。它每天都向我们展现新的诱惑和挑战，不断加快我们的生活节奏，引领我们前进的步伐。在网络世界里，我们一天之中可以做出原来一年也做不完的事。它被称为继报刊、电台、电视台之后的“第四媒体”，具有其他传统媒体难以比拟的优点，其特点如下：

1.信息的综合性和丰富性　网络使“地球村”从概念走向现实。打破了信息交流的时空限制，模糊了地区、国别、省别的界限，把不同民族、信仰的人，不同社会地位和文化背景的人所提供的信息，一股脑地通过网络撒向世界每一个角落。

网络信息可以集报刊、广播、电视的功能于一身。能随时把全世界任何地方的任何门类、任何学科的任何信息综合性地反映出来，让人目不暇接。就是单独一个学科的每一天发布的信息,我们用一年时间也看不完。用“知识爆炸”形容信息的丰富性绝不为过。

2.**传递的快捷性和时效性** 网络中信息是以数字化的形态、以电磁波为载体传递的。它把报纸的易于阅读、收藏,电台的传播迅速、简略,电视的视听合一等优点集于一身,使我们无论是发布信息还是获取信息都非常快捷和即时。网络带给我们方便,诸如上网聊天,无论多远的距离,都可以像亲临其境一样,充分表达自己的意愿。可以在网上挥洒自如地抒发内心的诗情画意,还可以附上各种图片、表格等。这样高效、便捷的信息传递,不仅方便工作,还可共享人类知识成果等,推动社会进步。

3.**功能的多样性和实用性** 网络的功能特别多,可以适应人们的各种需要,使人的学习、工作、生活质量大大提高,满足人们的物质追求和精神文化追求。在网上,我们可以使用多种方法与朋友联系,也可以发表自己的任何见解。如 E-mail、QQ、聊天室、BBS 等,不管对方是否在线,也不管他或她远在何方,我们只需敲击键盘即可与他们保持联系。网上谈情说爱是年轻大学生们的最爱,网上购物更是方兴未艾。当今的网络已成为大学生不可或缺的生活、学习、工作的重要手段,更成为人们休闲、娱乐、消遣、游戏的重要工具。

4.**参与的自主性和交互性** 网络为人们自主选择网络生活方式、选择交流对象、选择获取的信息等提供了客观可能性。一切均可自行安排,按自己的意志使用网络,没有别人的约束和限制,只需注意法律和礼仪的规范即可。只要你需要和喜欢,就可以在任何时间、地点和环境下过网上生活,进行网上交友,网上浏览,在网上写博客,等等。网络变传统媒体单向式交流为双向互动式交流,使人们不再被动地接受外来的恩赐与强迫,而是根据自己的爱好和需要自主地选择和参与。

5.**身心的娱乐性和依赖性** 网络使用能满足人们的身心需要,具有娱乐性特点。诸如通过网上聊天、恋爱、游戏等能满足友谊、友情、爱情等情感需要,更能宣泄情绪、解除疲劳、养心怡情、消除孤独,调整精神状态。但是这些会使人们对网络产生依赖,甚至须臾不可或缺,形成“网瘾”,即网络依赖综合征。因为网络对人的生活调节性太强烈、娱乐性太明显,人们久而久之会自觉不自觉地上网寻欢作乐,寻求精神支持。尤其是大学生们正处于“心理断乳期”和性生理、性心理迅速发展的骤变期,过剩的精力,也让他们依赖网络以满足求知和猎奇的心理。

6.**形式的虚拟性和真实性** 虚拟性是网络最重要的特征。“虚拟世界”已经成为“网络世界”的代名词,在网络世界里一切都可以虚拟。如虚拟学校、商场、会场、课堂、医院、社团、家庭等,甚至有人把性别、年龄、姓名、学历、婚姻、职业等都虚拟了,让交往对象丈二和尚摸不着头脑,分辨不出是非真假。然而网络又有其真实的一面,网络本身是现实的,网络承载的大部分事件与真实生活息息相关。网上的新闻报道,皆来源于现实生活,我们发出的电子邮件,总是发给现实生活中存在的人。随着网上银行的开通,我们可以通过网络为家里添置家具,购买物品,得到实实在在的商品。当然,利用网络进行犯罪的现象也屡见不鲜。总之,网络世界是虚拟的形式与真实性内容的统一。当然这种真实是通过折射的真实,可以说,网络世界是虚拟的实在,要保持清醒头脑,防止让虚拟的东西蒙蔽了眼睛,上当受骗。

7.**交往的自由性和自律性** 这是当今网络使用的一个规范性特征。即上网有充分的人权自由,但也应遵守法律、道德规范和礼仪要求。

由于网络传播具有交互性、针对性、个性化、直接性等特点,人们普遍认为自由和自律是网络交往的重要特点。自由是指人们可以自由地通过网上的电子邮件、聊天室、QQ、博客、网上民意调查、电子论坛等形式畅所欲言;自律是指人们在网上交流时要对自己的言论加以控制,要有礼有节,提高交往水平。二者是辩证统一关系。自由建立在自律的基础上,绝对的自由是不存在的。上有法律、法规、制度、守则,下有道德规范、礼仪准则。况且,网络交流虽然不是面对面的交往,但是虚拟社会仍然需要现实社会的人来构建。若是没有起码的礼仪规范约束网上交往的言语和行为,有效的交流就无法顺利进行。当今的网络犯罪现象越演越烈,对网络的管制,对不良信息的管理正逐步纳入法制轨道。人们已经认识到在网上营造一个和谐交往氛围的重要性,这也是建立和谐社会的一种文明行为。

二、大学生对网络的需求

目前社会中,网络与每个人的生活、学习、工作都密切相关。不少能够拥有电脑并负担得起上网费用的人,生存对他们来说已不是主要问题,而精神需求的满足才是最主要的。尤其是有一定文化知识和网络操作技能的大学生,更是乐于上网、不知疲倦、流连忘返,以满足精神上、心理上的需要。因为他们正处于身心发展的骤变时期,对网络信息的好奇、对网络交往的新奇、对网络虚拟的追求尤其强烈和不可控制。大学生对网络的需求主要有以下几个方面:

1.**娱乐消遣的需求** 网络的游戏、娱乐性特点决定了人们要利用网络娱乐身心、排遣烦恼。大学生的学习、生活是繁重和紧张的,玩玩电脑一方面可以放松紧张身心、休养生息,缓解焦虑紧张的心情,另一方面可以解愁、消磨时光。正确使用电脑可焕发精神、消除疲劳,若是过度上网则会更加疲惫不堪,影响身心健康。

2.**求知猎奇的需求** 网络信息丰富多彩,无所不包。一般常识、专业知识、文化娱乐,无穷无尽。大学生正处于求知欲旺盛、精力充沛、好学上进、猎奇心强的时期。他们不满足课堂上老师的讲解、图书馆的图书信息,他们渴望获得最新的、最全面、最有用的信息,故上网可满足他们求知、猎奇的需要。于是很多大学生,尤其是积极进取、永不满足的大学生会上网查找资料来补充课堂学习的缺失,扩大和拓宽知识面,力争获得更完善、更合理的知识结构。但同时他们也会浏览到不良信息,诸如黄色图文,黄色影片等,黄色信息会使大学生神魂颠倒、六神无主,严重影响身心健康。

3.**自由独立的需求** 大学生的自我意识发展有很强的独立性,他们总尝试独立生活的自由,而上网的自由和自主正好满足了自我独立的需要。首先,上大学以后,父母的管教鞭长莫及,家庭的监督大大弱化,他们开始享受自由的生活。而且把这种自由连结到了网上的游戏以及电脑空间的聊天室。其次是没有老师过多的约束。初到大学校园的学生惊奇地发现,大学老师不像中学老师那样处处约束学生,许多事情(尤其是时间)都可以自由安排。再次,他们拥有大量的自由时间。大学生的课程总的来说少于高中,自由时间本应是自学和参加一些有益的活动,但一些自控力不强的大学生却忘记了应该参加的活动,而把注意力集中到上网去了。这些所谓的自我独立的需要的满足方式是错误的、不当的,甚至不加控制是会造成严重伤害的。

4.**交往沟通的需求** 上网交往满足了大学生的求生存、保安全动机,使他们在遇到烦心事想得到理解和帮助时,可通过上网向网友倾诉或发泄,从中得到补偿,获得心理归属和情感寄托等。他们利用网上聊天、写博客的形式以及网上贴图、贴照片等,达到人际吸引、交往沟通的愿望和目的。正确的网上交往可使大学生获得友谊、友情,甚至获得“梦中情人”或“白马王子”。但是若网上交往不慎,不仅不能交到真心朋友,促进生活、学习,还可能误中圈套,上当受骗,害人害己。因此要端正交往态度,慎交网友、自尊自重、健康交往。

5.逃避现实的需求 进入大学后,大学生常会感到诸如学习、家庭、社会交往、情感上、就业上的种种压力,面对压力他们无奈和沮丧,产生恐惧、焦虑和无可奈何之感,于是选择上网方式来逃避严酷的现实,从理论上讲,网络能起到一定的帮助作用,使大学生忘记烦恼和忧愁,也可能暂时忘记恐惧和焦虑及沮丧的感觉。

6.性心理的需求 大学生正处于青春发育成熟期,性意识、性心理需要强烈,而网络的消极信息、色情内容恰好满足他们的性心理需求。以黄色网站为基础形成的“感情游戏”让大学生们乐此不疲,许多黄色网站上充满了消极颓废、不堪入目的内容。由于我国在性教育方面存在一定的误区,加之一些大学生心理的空虚、无聊,网站上的各种“黄色图片或内容”满足了他们对性的好奇与渴望。因此,对控制力、约束力差,缺少有效监督的大学生来说,网络是一个非常危险的地方。它能满足大学生的性心理需要,但也可能埋下性犯罪的祸根。应加大监管力度,消除不良信息,打击不法网站。

三、网络对大学生的影响

网络对大学生的影响是全面的、深刻的、深远的,甚至是终生的,包括积极的影响和消极的影响。网络既能促进大学生的生理健康、心理健康和良好行为的养成的需要,又会阻碍其身心健康发展。下面从三方面具体说明网络对大学生的影响和作用。

1.对生理健康的影响 网络具有娱乐性,大学生通过上网可以释放过剩精力,放松心情、恢复身体的紧张状态,使大脑得到相应休息,从而以更佳状态投入新的学习生活之中。但若过度上网,造成的负面影响也是相当严重的。首先是造成网络依赖和上网成瘾,并且欲罢不忍,导致生活节奏颠倒、精神恍惚、体力透支,造成身体神经系统紊乱。长时间沉迷于网络会导致视力下降、肩背肌肉劳损、生物钟紊乱、食欲不振、消化不良、体能下降、免疫功能下降等。

2.对心理健康的影响 网络可以满足大学生多方面的精神需要,缓解心理压力、宣泄不良情绪,增进相互了解,沟通思想感情、端正认知态度、健全人格结构,促进心理健康。但是不加调控、过度上网,造成网络依赖和强迫心理,也会严重影响心理健康。由于长期的视觉影响,逻辑思维活动迟钝,注意力不集中、不持久,记忆力减退,沉迷于虚拟世界而对日常工作置之不理,学习与生活兴趣减少,与现实疏远,与周围的同学、师长的人际关系极度紧张。贫困大学生为了进网吧而偷窃财物的事件时而发生。因不能面对现实,常常处于上网和不敢面对现实的心理冲突之中,他们情绪低落、沮丧、悲观,有的产生焦虑、忧郁、人格改变等,严重者导致精神失常和自杀身亡。

3.对行为的影响 网络信息也包含大量的人的行为方式、行为习惯和行为特点。大学生正处于好奇心、求知欲极旺盛的时期,他们对网上的行为举止进行观察和欣赏,模仿和学习，以充实、矫正自己的行为形成他们认同的行为。当然网上端庄、大方、高雅、文明的行为会给他们以积极的影响。反之，网上不端、庸俗、低级的行为会给他们以消极影响。此所谓"染于苍则苍，染于黄则黄"。网络环境的熏陶感染会使他们带有网络中人的行为烙印。另一方面，一些人为了上网不惜用掉自己的学费、生活费，借款、欺骗父母甚至偷窃、抢劫。不当的上网行为对大学生最为直接的危害是耽误正常的学习，尤其是网络游戏，费时费脑，导致他们不能集中精力听课，不能按时完成作业，成绩下滑、考试挂科，经常逃课、违反纪律。网络中不健康的内容也可能造成大学生自我过分放纵，人生观、价值观扭曲，甚至导致违法犯罪行为。这些行为会给大学生身心发展带来严重后果，应加强教育和疏导。

四、大学生网络心理分析

1.**网络心理现象**　网络心理是人在上网活动中产生的心理活动和心理现象。网络心理是伴随着网络的产生和发展而产生和发展的。人的心理现象是客观现实的主观映像。当人类进入信息时代，人们就习惯于把大脑的思想信息通过网络进行储存和传递，并与他人进行思想交流。网络由此开始进入人的精神世界，成为人的大脑的延伸。网络心理活动和现象由此而产生。人的心理活动与网络世界这一"客观现实"发生密切联系后，人们对客观世界的认识会随着网络信息的变化对人类生活、学习、工作领域产生渗透和影响，从而使人的感知、记忆、思维、情感、兴趣、信念以及个性悄然改变，进而产生新的思维方式、行为模式与生活习惯。

网络心理现象与网络环境关系密切。网络环境作用于人的心理有三个方面的特征：①中介性。在网络环境下，人与自然或社会的发展的联系是以人—计算机—自然或社会的模式间接发生的。自然或社会对人的心理作用是间接影响的。②虚拟性。由于网络的虚拟性，使得网络的监督与自律程度发生变化，进而对心理的影响也悄然发生改变，具有一定的非真实感，对网络世界产生质疑和怀疑。③心理情绪的弥漫性。网络心理现象一般产生于在线状态，这种心理现象一旦产生，就有可能持续下去。把这种心境带到非在线状态，对非在线状态的心理和行为也产生影响。

2.**大学生的网络心理特点**　大学生上网非常普遍，网络心理表现也是复杂多样。虽然网络具有虚拟性，网络主体的身份也具有虚拟性。但是，这丝毫改变不了其在客观世界的真实身份。所以，大学生在网络环境下的心理特点与在非网络环境下的心理特点既有相同之处也有不同之处。主要表现在以下几个方面：

(1)大学生网络心理的情绪特点。首先，大学生网络情绪表现为稳定性与波动性并存。大学生网络情绪在时间的保持上有一定的延续性，对自己的情绪变化，也有一定的控制能力和自我调节能力，多数情况下能保持理性的思考，保持情绪的稳定性，这是网络世界能够保持一定程度稳定性的基础。但是大学生网络情绪同时也存在波动性的一面，有些并不为他们重视的信息，当有人在网络上进行一番炒作之后，一些大学生就会受网络气氛的感染，情绪发生波动。这种网络环境下的情绪会带到他们的非网络环境中，影响大学生在真实世界的学习、生活和工作。

其次，大学生网络情绪的外显性与内隐性并存。大学生一般对外界刺激反应迅速而敏感，显现出情绪的外显性。但是在表达某些问题时，由情绪引起的内心变化与在网上外显的情绪表现往往并不完全一致。这种不一致是人生理机制中第二信号系统对第一信号系统控制支配的结果，也是系统对情绪调节的结果，表现出理智掩饰内心世界的真实感性的现象。

最后，大学生网络情绪的丰富性与复杂性并存。由于网络功能的多样性，对人心理的刺激和影响也是多方面和多层次的，表现在情绪方面也是丰富和复杂的。一方面，大学生通过网络可以尽情抒发胸臆，使自己的情绪调整到平衡状态；另一方面，由于大学生个性、心态、性别、性格、精力的不同，个人的情绪表达方式差异也很大。饱受挫折者可能表现出成熟感、稳重感、沧桑感；而一帆风顺者则可能表现出新鲜感、激动感和憧憬感。总之，网络上的情绪是复杂多样的。

(2)大学生网络心理的认知特点。首先，大学生处理知识与信息的独立性与从众性并存。大学生对网络信息的处理有两种心理表现。一是独立心理。表现为能冷静对待网络信息，以宽容的态度决定对信息的取舍，这种心态是合理可取的；如果对网络信息持完全否定的态度也是不对的，绝对否定实际是排斥了网络给我们带来的便利，使自己游离于信息时代之外。二是从众心理。这是一种人云亦云的社会心理，是一种不加思考、不辨是非，受群体压力而产生的不由自主的心理和行为。如某大学生在校园网吧发表文章，声称"省电视台新闻报道，有一食品厂生产的不卫生劣质食品已经进入我们学校食堂，为了大家的身体健康，大家应团结一致，用罢餐行动来抵制伪劣食品。"消息一出，群情哗然，一些学生马上提出许多措辞激烈的要求。校方非常重视，成立专门调查小组。经查是电视消息的误解。该生将"果蔬市场"听成"某某食堂"并予以发布。该生进行了辟谣，并向食堂师傅深表歉意，一场风波总算平息了。上例说明从众心理会使人们成为事件的推波助澜者，不仅会影响个人的认知水平，而且也可能引发事端，干扰大家的正常生活。

其次，大学生的网上求知趋向与猎奇心态并存。求知与猎奇本身就是一对孪生兄弟，通过网络满足求知猎奇的心理正常。但猎奇应有尺度，如果看黄散黄，制造或散布计算机病毒，侵犯他人隐私、造谣中伤，就不能用猎奇心理来为自己开脱。因为这些行为已经触犯我国法律，是要受到法律制裁的。

(3)大学生网络心理的自我意识特点。首先，大学生网络活动的理想自我与现实自我并存。在自我同一性上存在矛盾。理想自我与现实自我总会有一定差距，当这种差距超过一定限度就会发生心理冲突，这种冲突在网络心理活动中可能更为剧烈一些。因为有些大学生在现实的客观世界不太突出，不被他人重视，希望通过网络世界表现自己的才能，摆脱世俗的偏见，恢复自信以找回失去的自我，实现理想的自我。这些人往往期望值比较高，心理压力比较大，在网上表现如果不尽如人意，可能会进一步加深这种心理冲突。

其次，大学生网络意志、调节心理表现为自控与失控并存。一方面，大学生随着学习和生活阅历增长，在现实社会中的自控能力有了上佳的表现。但是，在上网时可能发生自我失控的问题。这主要是由于"网络世界太精彩"，容易激发人的兴趣，使人的情绪调整到兴奋状态，而人的理智处于被抑制状态。我国高校有一些大学生患上了"互联网成瘾综合征"。因此，面对互联网为人们学习、研究、工作带来方便的同时，要警惕网络产生的副作用和危害。

最后,大学生网络道德心理表现为自律与放任并存。道德心理一般分为三个层次:最低层次是担心因不道德行为而受到社会惩罚。自律的程度与被惩罚的可能程度成正比。如果被发现的可能性越大,被惩罚的可能性就越大,对自己的约束也越大,自律程度也越高。第二层次是担心自己的不道德行为遭社会舆论的谴责。自律的程度与社会舆论的监督程度成正比。监督机制越健全,自律程度越高。最高层次是自觉。自己的道德行为完全处于自觉自愿,处于对道德规范的发自内心的高度认可。不仅可以“吾日三省吾身”“见贤思齐,见不贤而内省”,而且可以“君子慎其独也”。网络道德是社会道德的延伸,但网络环境不同于客观社会,大学生的网络道德会发生一些变化。由于网络中人与人的交往是不直接的暗箱式操作,匿名性较强,被发现的可能性降低,社会舆论监督力度不够,人的自律性心理水平可能下降,而放任性心理容易膨胀。

(4)大学生网络心理的性心理特点。大学生网络心理的性心理特点表现为严肃性与随意性并存。大学生处于性生理和性心理走向成熟的阶段,普遍产生了强烈的性意识,对异性产生好感或被异性吸引,常常想到性问题。由于网络环境下主体身份的不确定性,使得大学生的性心理问题变得更为复杂。在“真性状态”(即上网者的真实性别与网上表现出来的性别特征一致)下,性心理与该人在真实客观社会的心理状态比较接近,有人比较严肃,有人比较随意。严肃者可能通过网络结识异性朋友,随意者可能酿成苦酒,卷入感情是非的旋涡难以抽身。在“伪性状态”(即上网者的真实性别与网上表现出的性别特征不一致)下,性心理的情况就更复杂,随意性的成分会更大,造成的后果也更严重。

五、大学生网络心理问题概观

人们渴求心理健康,就像渴求身体健康一样。如果我们不注意讲究心理卫生,心理问题就会光顾我们。人们在享受网络生活带来的便利与多彩时,也开始感到网络心理问题的困扰。大学生在使用网络过程中,由于网络具有虚拟性和新异性、匿名性、平等性、自由性、随意性等,加之大学生的好奇、猎奇心理和性意向强烈等因素的复杂作用,大学生网络心理问题越来越突出,干扰了大学生健康的生理、心理行为,影响了大学生的身心和谐发展,具体表现如下:

1.**动机冲突** 动机冲突是指个体在有目的的行为活动中,常常会同时存在着一个或数个所欲求的目标和两个相互排斥的动机。包括趋避冲突,双趋冲突,双避冲突,双趋双避冲突等。在现实生活中,我们的所求目标不可能全部满足。于是就出现了“鱼与熊掌不可兼得”的动机冲突现象,这一心理现象在网络环境下常常得到强化。比如,上网时可能有几个目的,查找资料,做考题,困乏时打一打游戏等。但上网后发现时间不够用,于是觉得无所适从,便会发生动机冲突的心理现象。在这种矛盾心情下,可能什么目的都达不到,都会半途而废,甚至影响学习和生活。或者干脆打游戏消磨时光、排遣烦恼或者聊天聊得天昏地暗,资料没有查到,考题没做成,最后无功而返。

2.**自我封闭** 由于网络环境下的交往具有虚拟性,真真假假、虚虚实实。为了防止上当受骗,有些人草木皆兵,怀疑一切,不敢与人在网上交流,恐怕说错了话,不敢在网上写博客、发帖子,更不敢利用网络的便利开展业务,把自己封闭在另一个世界里,因噎废食,使自己丧失了许多机会。有些大学生最多上网查看新闻、资料,缺乏与人的网上交流与沟通，无朋无友、孤独寂寞，对身心发展也十分不利。

3.情感异常 情感是指人们对外界事物采取的某种态度。诸如喜、怒、哀、乐、惧、愁等各种不同的内心体验。一般而言，外界环境和社会条件的急剧变化，会导致一些人的情感活动异常和情绪不佳，甚至出现恶劣心境和抑郁情绪。一些在现实生活中不得志者因为交际场失宠、官场失利、情场失意、家庭失和等原因而在网络世界的过分张扬、过分攻击等表现，应属于情感活动异常。大学生情感活动异常的原因大多是交际场失败、情场失恋。他们因失败而沮丧、愤怒、狂躁、放荡又无从发泄，只能以上网表达不良情绪和情感，排遣空虚、寂寞和失落感，达到心理平衡。但这些方式都是不健康的，对自己和别人均不利。

4.认知和思维障碍 过度上网会给人的生理和心理带来一系列影响。若超过一定极限，可能会引起认知与思维障碍。诸如感知迟钝、注意力不集中、记忆力减退、思维不敏捷、想象贫乏、语言迟缓等，会严重影响学习和生活，这都是长时间连续上网造成的必然后果。重则发展为意识不清晰、没有自知力，因此要克制和控制上网时间和次数。

5.性行为变态 性行为变态是指寻求性满足的对象与常人不同，用违反社会习俗的方法获得性满足的行为。性行为变态在现实社会主要表现为同性恋、异性装扮癖等。在网络世界，性别可以虚拟，可以异化，这就为一些本来有性行为变态者提供了土壤。有些采取异性身份上网的人并不是出于好玩，而是异性装扮癖的网络化表现。而网上同性恋的报道已经不新鲜了。大学生要端正性态度、规范性行为、遵守性道德，即使在虚拟的网络世界也要倡导高雅、典雅，防止低级庸俗的性行为。

六、大学生网络环境下的自我教育与控制

大学生网络环境下的心理问题很多，轻度的可以自我教育，自我控制，自我调节和消除。为帮助大学生学会对网络心理问题的自我调适，特提出以下要求：

1.正确认识网络的作用和价值 首先要认识到互联网是一把双刃剑。除以其巨大的威力冲击着人们的思想灵魂，深刻地改变着人类的社会生活方式，使人们淋漓尽致地享受着它所带来的便利和高效外，也给人们带来了诸多心理问题和心理障碍，影响着我们的身心健康，甚至给网络成瘾者带来学习、工作和家庭生活的灾难。

其次，正视网络对我们的冲击，做网络的主人，弄清人与网络的相互关系，摆正自己的位置。网络和人的关系，实际上就是工具与人、环境与人的关系，人是工具的发明者和主人。而网络作为一种工具、一种环境，一方面承载着人的行为活动，另一方面也对人的行为和生活产生反作用。但是，如果反客为主，把人置身于从属的地位，被动地、消极地使用网络，为网络所累，沦为网络的奴隶，那这项发明就失去了它应有的意义。要认识和摆正网络与人的关系，利用网络工具感受新生活，成为网络的主人。

最后，认识到网络解决多种问题的巨大功能和积极作用。生活中我们会遇到多种问题，凭借个人的能力也许无力解决，或许周围的人也无法帮助我们解决。但是网络上有各种信息和功能会为你解决生活、学习、工作中的多种问题，提供知识、技能、技巧、技术的服务和支持，方便快捷。

2.端正网络环境下的心态，保持网络心理健康 首先，要了解网络心理健康标准，保持在网络环境下的健康心态。除了一般的心理健康标准外，网络环境下的心理健康标准

有:①正常的自我控制能力。网络只是生活的一部分,而不是生活的全部。上网应有较强的目的性和时间性,不能因为上网影响了正常的学习和生活,破坏了自己的生物钟。因为引起了浓厚的兴趣而不分昼夜,放弃原定的安排而沉湎于网络,是不正常的心理。培养自我控制能力对于保持心理健康是很重要的。②以平静的心态面对不友善的交往。因为网络交往具有隐蔽性、间接性,对于没有“慎独”素质的网民来说,其自律行为和责任心就会下降。在网上交往具有明显的攻击性。有些人逢场作戏,开一些不适宜的玩笑,还有一些人用网络语言进行调侃。大学生初上网时可能对这些网络环境下的交往方式很不适应,往往心理失衡、生闷气。所以应该用平静的心态去应付这些局面。③对信息有辨认真伪的能力。网络信息十分庞杂,真伪难辨。如果用怀疑一切的心态对待网络信息,也得不到真正有用的东西。健康的心理应该是运用现有知识,理智地辨认和分析错误信息,能够有勇气即时改正自己的认知和行为。④正确对待和处理网络和现实生活的差异。网络信息是现实生活的反映。虽然这种反映有正确和扭曲之分,但网络信息的基础仍然是现实社会,逃避现实生活,“躲进网络成一统,管它春夏与秋冬”是心理不健康的表现。

其次,提高自我调节能力,预防网络心理障碍。大学生要了解和掌握一些心理学基本知识和心理健康的知识,了解心理调节和心理平衡的技巧,学会放松身体、调整心态,多与现实生活的人交往和沟通。一般的网络心理问题要学会自我化解;严重的网络心理问题或障碍要积极寻求心理咨询老师的帮助和指导,防止网络心理障碍给我们带来严重后果。

3.**严格遵循网络行为原则,有效控制网络行为** 首先,要在网络环境下维护和促进心理健康,需要遵循一定的网络行为原则:①重视遗传和重视教育相结合的原则。遗传决定了人的心理健康的深度和广度,即心理障碍或心理疾病的易感因素。而在此范围内能否发展到应有的程度,则取决于后天的环境和教育。正确地利用网络,主动掌握网路心理健康知识,无疑是有利于心理健康的。②保持人与环境和谐的原则。网络是客观存在的,网络环境也是特定的,大学生要主动适应网络世界的客观规律,与环境保持和谐统一。③适应与改造相结合的原则。人对环境的适应与协调,不仅仅只是简单地顺应、妥协,而更要积极、主动地适应和改造客观环境,使之更有利于发展个体与群体的心理健康。应采取积极主动的态度建设健康向上的网络文化和和谐的网络人际环境。④自我控制原则。互联网的发展吸引了不少“电脑痴”在网上驰骋。但上网时间要有限度,长时间无节制地上网会变得情绪不稳、忧虑及沮丧,患精神病的机会增多。这就需要大学生网民有良好的自我控制能力。

其次,要有效控制自己的网络行为。其要求如下:①要理智地控制上网时间和次数,不能长时间泡网吧。②对网上出现的色情图片和信息,应洁身自好,防止掉入色情陷阱。③网上交际不能代替现实生活的社会活动,必须调整身心,纠正错位的思维定势,并在此基础上处理好各种人际关系,保持与周围人的正常交往。④有心理疾病的大学生最好不要上网去寻求安慰,应求助于心理医生。⑤不要把上网作为逃避现实生活问题或排遣消极情绪的工具,借网消愁。⑥上网之前先订目标。每次花两分钟时间想一想,上网干什么,对身心发展有什么帮助,把应完成的任务列在纸上。⑦上网之前,先限定时间,看一看列在纸上的任务,估计一下大概需要多长时间,宁可减少上网时间而不要延长。对于大学生来说,要学会珍惜时间,多做有意义的事情。

4.发挥学校教育主导作用，提高大学生网络心理素质 学校教育是大学生心理健康教育的主渠道,起着主导作用。学校教育要积极主动地应对网络文化对大学生带来的消极影响。积极探索新的教育方法,不断提高大学生的网络心理素质,可从以下几方面做工作:①加大校园网建设力度。在内容和形式上不断创新,力求最大限度地吸引大学生。②加强网络的监督、管理,设立“信息看门人”或“防火墙”,增强学生上网的自警意识,学会自我管理。③积极开展健康有益的网络竞赛活动。诸如诗歌、散文、书法、绘画、网页设计等不断发展学生的智力,丰富校园网络文化。④充分利用网络资源,开辟网络心理咨询站,对大学生进行网上心理咨询。⑤主动进行日常的心理辅导,帮助学生辩证地认识上网。⑥充分发挥学生干部的作用,营造良好的人际氛围,减轻学生的心理压力。挑选一部分素质高、责任心强的学生党员或学生干部担任“网管员”,主动关心和帮助上网学生规范上网行为,使学生感受到集体大家庭的温暖,不断提高网络心理素质,学会自尊、自爱、自强。

第二节　大学生网络心理障碍及调适

大学生网络心理障碍是大学生过度使用和不合理利用网络产生的严重后果。对大学生正常生活、学习、工作极为不利,因此必须加大对网络心理障碍的调适力度,不可不闻不问不管。本节主要讨论大学生网络心理障碍的主要表现和调适与矫正的方法,规范和训练大学生合理利用网络的行为。

一、大学生网络心理障碍的表现

网络心理障碍是指患者无节制地花费大量时间和精力在互联网上持续聊天、浏览网页、玩游戏,以致损害身体健康,并在生活中出现各种异常行为或部分神经功能失调。其典型表现包括:情绪低落、不愉快或兴趣丧失、睡眠障碍、生物钟紊乱、食欲下降和体重减轻、精力不足、精神运动性迟缓或激越、自我评价低和能力下降、思维迟缓、有自杀意念和行为、社会活动减少、大量吸烟、饮酒和滥用药物等。大学生网络心理障碍主要表现为以下几个方面:

1.对现实生活缺乏热情的孤独心理 调查显示,大学生中有近一半人喜欢上网,接触过网络的学生达到九成以上。网络已经成为大学生现实生活的重要组成部分。令大学生目不暇接、眼花缭乱的网络信息和刺激,不仅会使他们的神经过于紧张,而且会使他们对现实生活信息和刺激产生厌倦和排斥。网络之下的任何事物似乎都没有网络信息精彩纷呈,都无法激起他们的热情和关注。因此,有的大学生在上网时趣味盎然、兴趣十足,感到高兴和刺激。而离开网络后,就会感到无聊空虚、孤独寂寞,感到精神无所寄托,又想继续上网以排遣孤寂。由于网络的诱惑,使得少数大学生对外界的认知度和感应度降低,不愿参加集体活动,甚至无法享受正常大学生的乐趣,孤独感日益增强,于是把注意力都投入到网络游戏当中。

2.不善交往、回避交往的自卑心理　有些大学生由于长时间上网，很少参加集体生活和活动，缺乏社会生活和交往经验，没有得到应有的社会实践活动的磨炼，因而也没有进行社会交往活动的真知灼见和能力。尽管网上也可以交友，但却缺乏具体情境。因此，很多大学生在人际交往中往往显得笨拙，手、眼、肢体动作不协调，不善言辞，交际能力差，由此产生自卑心理。严重的自卑感会造成大学生的心理变态，如忧郁、悲观、自我封闭、拘谨、退缩、回避、消极待人等，这更不利于人际交往。为了保护自尊心，他们会减少交往，不断压抑自身能量的释放，给学习和生活带来沉重的精神负担。

3.逻辑思维能力下降导致的厌学心理　人的逻辑思维过程是运用抽象概念进行判断、推理得出命题和规律的复杂的内在心理活动。人的经验、词汇、语言共同形成了人的逻辑思维方式。而电脑是高科技设计好的程序，往往只有结果，没有具体过程，加上网络快捷性的特点，很多问题的解决只需“点击”一下，不需要大脑复杂的思考或逻辑思维过程。倘若大学生经常长时间与电脑打交道，处处事事依赖和利用网络解决问题，不仅会使自己的思维活动受到极大抑制，懒于思考，久而久之，思维也会变得迟缓单一。思维能力下降，想象力不再丰富，造成“脑残”。而且想象力更是电脑所无法具有的，大学生不再会思维和想象，结果是学习能力和水平必然下降。由于学习是一项非常辛苦、高度复杂的脑力劳动，必须付出大量努力，不可能一挥而就、伸手而得。这就使那些痴迷于网络的思维能力、想象能力下降的大学生知难而退、不愿学习、无心学习，从害怕学习发展到厌恶学习。

4.长期网络刺激造成的人格扭曲　大学生健全的人格是在各种活动中积极主动地通过人与人相处和交流形成的，是经过长时间努力培养起来的。倘若大学生整天忙于与电脑打交道，沉湎于虚拟的网络世界，必然导致“认知失调”，对现实中的人生、社会形成错误认识和态度。网络的最大特点是信息量大、覆盖面广，各种信息良莠不齐，“正理、歪理”应有尽有，真假难辨。当大学生在接受和理解网上纷至沓来的信息和矛盾的思想观念时，由于缺乏正确的鉴别能力和强大的抗干扰能力，难免会出现认识上的偏差和失误，从而造成内心的迷惑、困扰和冲突，甚至导致人格扭曲。特别是如今互联网上的一些反动的、暴力的、凶杀的、色情的内容，对正处于人生观、价值观和道德观形成阶段的大学生来说，毒害尤为严重。

人格扭曲是对人生、社会的态度和观念上的偏差或偏离于正常人的现象，若不及时纠正会导致人格异常或人格障碍。人格障碍是不易矫正的，会给大学生的身心健康造成深远的严重影响。

5.过度心理疲劳导致的情绪焦虑　网络有使人难以抗拒的诱惑力。上网聊天或打游戏成了目前大学生上网的主旋律和基本活动，其吸引力远胜过当年的呼啦圈、交谊舞，有人称之为“另类鸦片”。很多大学生把全部身心扑到网络上，网络取代现实成为自己的最爱。现在3G手机上网非常盛行，大学生可以在任何时间、任何地点上网聊天、打游戏。一位大学生这样表述：“我宁可花钱通宵达旦上网，也不舍得买一件像样的衣服、吃一顿可口的饭菜；宁可步行去500米以外的网吧，也舍不得花一块钱坐车。”这是多么可怕的心理扭曲！虽然上网者的体力劳动强度不大，但由于长时间处于高度紧张状态下，视觉、大脑、身体极易出现疲劳症状。一旦回到现实，情绪就会变得焦虑不安、敏感脆弱，在困难和挫折面前变得烦躁、沮丧。如大学生王某家庭贫困，但入学后逐渐迷上网络游戏，后来发展为逃课、夜不归宿，长时间连续上网，最终导致严重营养不良，整天昏昏沉沉，上课呼呼大睡，荒废了学业，一学期欠债达2000余元，终被学校劝退。

二、大学生网恋及其调适

1.网恋的概念 网恋，顾名思义就是通过上网谈恋爱或者说在网上遇到知心可意的人并与之建立恋爱关系。网恋是虚幻中最美丽的风暴，是最惊心动魄的心灵震撼。在爱情的红砖道，一个男孩和女孩用键盘和鼠标说话，一起笑、一起发愁或一起寒冷、一起温暖，忘却了时间，忘却了空间。在虚拟的网络世界，熟识而陌生的男女，带着一份憧憬，在网络世界寻找属于自己的天空。而两个人的眼里，都只有对方的身影，不知道寂寞是什么，岁月是什么！这就是网恋。在网恋的人群中，学生是人数最多的一族。

2.网恋的危害 不少大学生在网恋中受到伤害。20岁的张玉是长沙某大学的学生，上大学不久就迷上了网上聊天。一个月前，张玉以“嘌呤”的网名在一聊天室内认识了网名为“无情剑客”的男子。“无情剑客”自称姓杨，是广东人，年龄25岁，是珠海某电脑公司的工作人员。两人聊得甚是投机，将下线时，双方各自留下对方的QQ号码和手机号码，以便进一步联系，一来二往两人很快坠入网恋。

在无数次电话联系后，张玉冲动地决定去珠海找自己的网络情人。张玉在珠海的街头发现根本找不到联系了无数次的他，而对方所说的单位里压根就没有那个人时，她绝望了。她的第一次恋爱被无情地扼杀了，她从珠海一路哭着回来。

受伤的张玉把失恋的苦楚全部发泄到网上。也许是命运的安排，她的一个网友从宁波跑到长沙来了，他说“我想见你了”。张玉再次陷入网恋的泥沼中不能自拔。不同的是，这次的对象比她整整大了13岁，这个男人很体贴，对张玉呵护得无微不至。每个周末都到长沙来看她，并带她去逛街、喝茶、郊游。张玉虽然嫌他年纪大了点，不敢给家里说，但仍然美滋滋地享受这种幸福。随着张玉多次拒绝与对方“发生关系”的要求。两人的关系开始变僵，此时张玉对对方至今未娶的话产生了怀疑，她跑到宁波终于得知对方已结婚多年，儿子现在上小学三年级。

2008年9月，张玉认识了校友刘森。为了避免再次受伤，她提出两人先在现实中交往，对方答应了。相处两个多月，两人正式确立了恋爱关系。

11月的一天晚上，两人在湖边散步，不知不觉间已到了子夜，两人浓情蜜意一番，正要告别，刘森拉住了张玉的手。那一夜，他们在一个小旅馆里度过。之后两人多次到旅馆里开房约会。张玉想，反正以后都是一家人了，也无所谓了。然而，不久张玉就发现刘森渐渐疏远自己了。她开始不停地质问他，他一急：“你别烦，不行就分手！”张玉顿时陷入绝望之中。

在无数次争吵后，张玉想到了死。12月18日，她服下100片安定。在及时的抢救治疗后，张玉活了过来。她说：“我会恨他们一辈子，他们都辜负了我！”

上例说明了大学生在网络使用中，爱上了异性朋友发展为恋爱关系，进而受到了欺骗和伤害的现象。有调查表明，在大学中确有一些通过交流学习心得、人生看法，逐渐情投意合而网恋成功的事例。但就多数而言，则是经不起外界的诱惑，看见同宿舍的同学都在网上谈情说爱，觉得留下自己孤零零地不好，于是，就加入了网恋队伍，且大多数以失败而告终。既浪费了时间又浪费了感情。

大学生网恋一般很容易上瘾，而一旦上瘾就会沉湎于网络不能自拔，把网上爱情视为生活的唯一追求。有些大学生是中午、晚上不休息，加班加点在网上谈恋爱。上课时却无精打采，甚至为了上网谈恋爱而逃课。网恋不仅严重影响学习，而且容易使他们减少与老师、同学之间的交流，不愿意参加集体活动、性格变得孤僻，甚至造成人格分裂。还有大学生因为网恋失意，不得不到心理咨询中心寻求帮助，问题严重的甚至出现精神崩溃。网恋的欺骗性对一些大学生更是一个沉重打击，一些受到打击的大学生，由于得不到及时的引导而采取自伤、自残甚至自杀的手段，断送了自己一生的前程，真是可悲可叹。

3.网恋的调适　进入网络时代后，许多未曾谋面甚至远隔重洋的男女，通过网络相识、相爱、相恋，不足为怪，更何况大学生情窦初开，感情丰富，且都会使用电脑，堵是堵不住的。对已经影响到大学生身心健康和学习的网恋，大学生要正确认识、及时调适。

网恋调适常用的方法有：①树立正确的恋爱观。爱情是性爱基础上高度升华而成的人类崇高的社会性情感，是两性的一种社会关系，是建立爱情大厦的过程。它经历互不认识，开始注意，表面接触，建立友谊，关系亲密五个阶段，循序渐进方成正果。②充分认识网络爱情的虚拟性。因为网络的匿名性，非真实性比较明显，因此不可轻信对方的豪言壮语、山盟海誓，一定要多方了解和观察，弄清底细，保持清醒头脑，不可冲动莽撞。③发现上当受骗或身心受到严重伤害，要学会自我调节情绪和行为。不可一错再错，可以找朋友倾诉、宣泄情绪或自我调整、吸取教训。④自我不能很好调整时，应找专业人员如心理咨询师或到精神卫生中心就治，不可任其发展或自暴自弃，造成无可挽回的后果。⑤以充实、求实、求真的心态，从现实中找到你的意中人。

三、大学生网络成瘾及其矫正

（一）网络成瘾的概念及种类

网络成瘾也叫“网络依赖综合征”或“病理性网络使用”。有研究者将其定义为：用户反复使用互联网并达到一定的时间后，其认知、情绪、情感功能以及行为活动甚至生理活动偏离现实，生活受到严重伤害，但仍然不能减少或停止使用互联网。就其表现而言，网络成瘾是行为成瘾的一种。成瘾者需要不断增加上网时间来获取满足，离开网络后表现出明显的生理、心理上的不适。我国有关部门将连续上网 8 小时仍不下线的网络成瘾者定为精神病性障碍，并强制监管和治疗。

网络成瘾有着不同的类型。西方学者和国内学者都提出不同的分类。归纳起来有以下几种：

（1）网络游戏成瘾。个体将大量时间、精力和金钱花费在网上赌博、游戏、购物和拍卖等活动中，往往丧失学习和工作能力。这是大学生网络成瘾的常见类型。

（2）网络关系成瘾。个体将全部精力投注于在线关系之中。在不自觉中虚拟的人际关系取代了现实生活中的亲朋好友，在线朋友似乎比现实生活中的家人、朋友更为重要。最终导致与家庭、亲友关系不和。另一方面，网络上的他们夸夸其谈、毫无惧色；而生活中，他们却少言寡语、内向封闭，丧失人际交往能力。

(3)网络信息收集成瘾。个体将大量的时间用于网上查找和收集信息并伴随强迫冲动倾向和下降的工作效率两个典型特征。

(4)网络色情成瘾。个体要么沉迷于观看、下载和交换色情作品,要么在聊天室中乐而忘返甚至利用网络进行裸聊而乐此不疲。

(5)计算机编程成瘾。成瘾者不停地使用网络进行计算机程序的编写和创作,从而体验自我的能力感。

(6)病理性网上购物成瘾。成瘾者不停地使用网络购买自己需要或不需要的物品。

(二)网络成瘾的基本特征

(1)耐受。成瘾者需不断增加上网时间达到原来的兴奋点,获得原来的快感。

(2)戒断。一旦下网,成瘾者即表现出烦躁、忐忑不安,总感到“好像缺少了什么似的”,一心期待着能再次上网,甚至发生情绪低落、沮丧等。除非再次上网,否则很难改善。

(3)社会功能损害。对于大学生网络成瘾者来说,在学校,学业受到破坏,上课精力不足,学习成绩明显下降,厌学、逃学;在家里,与父母沟通时间减少,亲子关系开始冷淡,出现不信任感。另外网瘾者为能继续上网常常放弃很多社交等方面的机会,使社交能力低下。

(4)自我控制。网络成瘾者的自我控制能力下降,伴随着意志力减弱,他们可能无数次尝试拔掉网线,扔掉浏览器,但最终还是失败了。

(5)时间特征。上网比预计时间长,上网频率比预计的高,无法有效管理和控制自己的上网时间。

(6)“心瘾”。即内心强烈的上网“渴求感”。个体往往在下网后就再次上网或不停盘算着下次上网干什么。

(7)情绪。不少成瘾者都存在内向、敏感的特点,缺乏归属感。他们更多地使用网络来排解忧虑的心情,逃避现实生活中的压力和不适。由于网络上人际关系的特殊性,他们不需要以控制自己的情绪来维持友谊,使情绪状态更倾向于不稳定,无法有效控制。

(8)行为。网络成瘾的青少年适应生活更加困难,来自家庭和学校的压力促使他们发生行为问题,如说谎、逃学,在逃避压力、应对挫折时采用打架的方式解决等。另外,多种症状出现的频率高于普通人群。

(三)网络成瘾的诊断标准

美国心理学年会确定的网络成瘾的诊断标准包括七种症状:①耐受性增强,需增加更多的上网时间以获得满足感。②在努力减少或停止上网时,感到烦躁不安、闷闷不乐、抑郁或易激怒。③上网频率总是比事先计划的要高,上网时间总是比事先计划的更长。④企图缩短上网时间的努力,总是以失败告终。⑤花费大量时间在互联网有关的活动上。⑥上网使人的社交、职业和家庭生活受到严重影响。⑦虽然能意识到上网带来的严重问题,仍然继续花大量时间上网。标准规定,如果网络用户在 12 个月中的任何时期有多于以上所列的三种症状出现,即为网络成瘾。

(四)网络成瘾的发病机制

不少学者从多方面尝试解答网络成瘾发病的可能因素,但至今没有得到一致的结论。

网络成瘾可能是一种由多种因素相互结合、共同参与后产生的行为表现。这些因素是：

1.**生物学因素**　多巴胺是大脑内重要的神经递质，多巴胺浓度的高低与个体情绪焦虑、体验快感有关。网络成瘾者长时间上网，中脑皮质边缘通路多巴胺系统中的多巴胺水平升高，激活脑内奖赏中枢，短时间内令个体高度兴奋，产生心理向往和渴求。下网后，由于多巴胺分泌不足，网瘾者则出现颓废、消沉现象，无法再兴奋起来。

2.**行为强化**　大学生在网络游戏中可以获得虚拟的物质、货币等代替品，游戏升级满足了个体的成就感和自我价值感，战斗性游戏满足了攻击的本能愿望，网络聊天得到了情感交流的满足，个体得到了积极的情绪体验。这种心理上的强化作用使上网行为进一步增强。长期上网使个体的现实适应能力下降，在现实生活中越来越感到沮丧、苦恼，为了摆脱这种困境，成瘾者更倾向于回到网上。网络成瘾者往往存在社交焦虑问题，开始上网时个体体验到网上交友的乐趣，正强化发生作用。当他们无法将在网上的交友方式应用于现实生活中，感到遭受挫折时，他们更倾向于应用网络，此时负强化发生作用。

3.**认知歪曲**　对网络成瘾者认知的研究认为，网瘾者对网络的用途认知片面。不少网瘾者仅仅把网络当成交友和游戏的方式，也有网瘾者把上网当作是排遣焦虑、逃避困难的方式。网瘾者存在非适应性的认知包括两种：关注自我和关注世界的。关注自我的认知是自我怀疑、低自我效能、消极的自我评价。关注世界的认知是将特殊事件泛化成是一种全或无的认知方式，如“网络是我唯一的朋友，在网下我没有朋友”。当对网络的认知作用于网络使用者时，个体可能发展为网瘾者。

4.**精神分析的解释**　对物质依赖者进行精神分析认为，他们停留于“口欲期”。因为通过哺乳可得到精神上的满足，感到温暖、关怀和安全。“口欲期”结束后，这些感觉隐藏到潜意识中。网络的互动使个体重新获得了这种满足感。因此个体在受到挫折与应对压力时，就会为了寻求解脱而沉溺于网络之中，表现为所依赖物质的无节制需要。网瘾者还表现出年龄倒退的特点。

5.**人本主义的解释**　大学生处于特殊的人生阶段。网络的虚拟空间很好地满足了他们的心理需求。网络感知体验丰富、炫目，满足了他们对感觉刺激的需要。他们缺乏归属感或对社交焦虑，网络能满足他们人际交往的需要，满足归属感。网络游戏的升级和称王满足了他们的自我实现和自我超越的需要。网络色情信息随手可得，很好地满足了他们对“性”的好奇。

6.**人格因素**　人格是目前对网瘾者的研究重点之一。物质成瘾者存在所谓的成瘾性格，表现为依赖、独立性差等。研究认为，网瘾者大多性格内向、敏感、自我认可度低、不善交际、与人交往时内向、腼腆甚至表现出社交焦虑。也有研究者认为，网瘾者往往是C型性格，表现为委曲求全、忍辱负重、压抑自己的意愿等，实则内心冲突激烈。他们害怕外界的否认和拒绝，社交中温文尔雅、对他人要求不忍拒绝，虽有怨言但从不表达，有时会委屈自己而成全别人。这类人在实际生活中无法达到自我满足，而在网络上他们可以隐去自己的真实身份，不再需要保持“好人”的角色，内心冲突和需要得到了充分的表达和释放，这些都促使他们继续上网。

7.**社会家庭因素**　青少年面临升学的压力，背负着繁重的学业，受到来自学校、老师和父母的压力，却得不到他人的理解和支持，这些促使他们不断上网进行自我减压。大学生的学习、生活、就业压力更大,促使他们上网减压。

家庭是大学生生活的重要环境。一些特殊的家庭环境对大学生的网络利用有显著的影响。单亲家庭、离异家庭的大学生的网络使用更可能产生偏差。在网瘾者的家庭中,父母亲更倾向于采用过分干涉、过度严厉否认、责怪的方式来教养孩子。否认的态度容易使孩子出现较低的自我评价,不能自我认同,过于严厉和干涉则容易激起大学生的叛逆心理。

(五)网络成瘾的调适与治疗

1.**心理教育和辅导** 心理教育和辅导的形式可提供给成瘾者更多思考和心理自助空间。尤其是青少年网络成瘾者的咨询,都可以在共同商量、达成共识的基础上,澄清网络的用途以及网络成瘾的危害,引导其科学上网等。在深入了解网路成瘾者心理状态的基础上,进一步给予其心理学知识的帮助,如情绪的识别和控制,现实问题的解决,行为的自我控制力等。

(1)指导网瘾者规范网络行为。通过商讨与网瘾者达成科学上网的共时。包括上网时间、地点、内容、网络行为规范。制定上网时间注意循序渐进,逐渐减少。网吧上网是成瘾的危险因素,应在有父母监管的家庭或亲戚家、学校机房等有约束的地方上网。与成瘾者讨论坚决杜绝网络赌博、色情等网络使用内容。在上网前先明确安排上网目的、计划上网,一旦达到目标即断开网线。建议使用真实身份或固定身份上网,讲诚信、不欺骗他人、不散布谣言。鼓励网瘾者的求助行为,一旦感到自身行为失调,应及时向心理老师或医生求助。

(2)指导网瘾者提高对网瘾危害的认识。认识网瘾对个人的生理、心理、生活的严重影响与危害,重在充实他们对网络的全面认识,而非教育他们“不要做这些,不要做那些”,要标本兼治。

(3)指导网瘾者学会情绪管理。网瘾者更多利用网络发泄自己的情绪。有效帮助他们发现和控制自身的不良情绪,将有助于戒除网瘾。首先,要学习识别负性情绪,学会自我观察,寻找促使自己上网的原因,体会自己在面对电脑屏幕时的情绪变化;最后感受自己上网前后的情绪改变;最终理解自身情绪到底经历了些什么。其次,学会处理自己的情绪,合适的方式有倾诉、转移、发泄、理智、升华等。

(4)指导网瘾者解决实际问题。网瘾者往往把网络当成“逃避现实”“逃避难题”的工具。要让网瘾者明白,客观现实问题不会因我们的埋怨、痛苦而改变,只会“雪上加霜”,逃避问题只会使问题在我们脑海中变得更难处理。与其沉浸在抱怨、伤心之中,不如勇敢地正视问题,把它看作自我锻炼的机会,接受生活的考验。应对挫折要分析失败的原因,根据实际原因采用不同策略。要适当使用合理化投射等中性方法,避免使用攻击、逃避、出走、沉溺网络等消极方法处理心理矛盾,解决心理冲突。

(5)指导和干预网瘾者行为控制和时间管理。通过适当的帮助体系改变网瘾者的行为。具体方法包括:①打破习惯。了解网瘾者使用因特网的具体习惯。包括上网时间、地点、网上行为、上网规律等。采用新的上网模式,使个体产生不适应感。②外力阻止。一些必须要做的事情可以作为帮助个体控制上网行为的督促者,也可以设置闹钟或在与父母达成一致的情况下,邀请父母亲成为阻止者。③制订目标。根据自身情况制订上网时间计划。通过调整上网时间和上网频率,逐步减少总的上网时间。④不让网瘾者使用使他上瘾的网络服务。⑤提醒卡。让网瘾者分别写出五条网络成瘾对家庭、对学业等方面的害处和五条戒断网瘾的好处,制成卡片放在随身的口袋中,必要时可以提醒自己。⑥个人清单。让网瘾者按重要性等级列出自己因上网而失去或忽视的人生计划,增加他们对现实理想的追求。⑦支持小组。很多网瘾者长期上网,在现实生活中缺乏同伴,因此要鼓励他们参与到不同的社会团体或是社区活动,鼓励他们走进现实生活。⑧家庭治疗。家庭成员对网瘾者表达理解和信任,给网瘾者以戒断网瘾情感上的支持和帮助。

2.认知和行为治疗

(1)认知治疗。这种治疗方法主要作用于网瘾者的认知过程。通过商讨、自我理解的方式来纠正其认知错误,代之以正确的思维方式。具体步骤如下:第一,认知重建;第二,自我提醒;第三,自我辩论法;第四,自我暗示。

(2)行为治疗。行为治疗常用的方法有六种。①行为强化法。操作性条件反射认为,一种行为发生后如果得到奖赏,那么这种行为就会正强化,出现的次数则会增加。②行为消退法。咨询者应了解上网的原因,帮助解决现实中的负性事件。同时也可以学习采用不同的方法排解现实生活中的不快,寻找快乐。如引导其欣赏音乐或看电影、电视,参加体育运动、外出郊游等。③厌恶刺激性。即将能引起个体痛苦的刺激(如电击、催吐等)与希望消退的不良行为结合起来,以达到消退行为的目的,但必须在征求个体同意的前提下进行。如请成瘾者谈自身感受到成瘾后面临的痛苦和困难,当个体在上网再次出现快感时,引导个体想象成瘾可能导致的种种严重后果。④放松疗法。躯体放松,如骨骼、肌肉乃至精神放松的行为治疗方法。包括肌肉放松法、想象放松法、深呼吸放松法,网瘾者通过学习和反复练习放松的方法,建立条件反射性放松反应。⑤自我管理法。是通过个体的自我管理来重塑自己的生活,改变无节制上网的不良习惯。诸如列表作计划、合理安排作息时间,学习、上网时间兼顾,用记日记的方法记录戒断网瘾过程中每一天的心得体会,增加自我效能,增加自我体验、自我调节的能力。⑥行为契约法。是强化和惩罚相结合的个体行为管理方法。首先要与成瘾者的全家会谈,得到家长的理解和支持。其次与成瘾者家长共同商讨并建立行为契约,成瘾者自愿签署契约并承诺遵守契约。最后由家长负责监督和执行。

第九章　慎涉爱河

在美丽的青春季节里，爱情是最活跃的音符，撩动着每一位年轻人的心弦，但爱情也是一把双刃剑，时而似春天里绚丽的花朵，给人带来欢乐和幸福，时而如涩水苦果，令人痛苦和烦恼，因此，大学生涉入爱河时应慎重。明确爱情的含义，树立正确的恋爱观，正确处理恋爱中的各种烦恼和挫折，培养爱的能力是大学生的一个重要人生课题。

第一节　爱情概述

对大学生而言，爱情不再神秘，而是已成为最关心、最敏感的话题之一。爱情除了可以感受之外，还可以分析和研究，更需要学习和经营。了解爱情的含义、明确爱情的特征、明白恋爱对大学生的各种影响，对大学生的健康成长具有重要的现实意义。

一、爱情的含义

1.什么是爱情

英国哲学家休谟认为："爱情是人的自然本性，是美貌、肉欲、好感三种情感的结合。"

德国哲学家黑格尔认为："爱情是男女双方心灵和精神上的统一。"

美国心理学家马斯洛认为："爱的需要涉及给予爱和接受爱，我们必须懂得爱，必须能教会爱、创造爱、预测爱。"

美国心理学家海德认为："爱是深度的喜爱。"

关于什么是爱情，可以说有多少人就有多少种理解和解释。现在人们普遍认为爱情就是一对男女基于一定的社会关系和共同的生活理想，在各自内心中形成对对方最真挚的倾慕，并渴望对方成为自己终身伴侣的最强烈感情。是两颗心灵相互向往、吸引、达到精神升华的产物，是人类特有的一种高尚的精神生活。

2.爱情的成分　美国耶鲁大学的斯腾柏格教授提出了爱情成分理论，认为人类的爱情基本上由以下三种成分组成：

(1)动机成分。爱情背后的动机对人类而言复杂多样。其中主要有性动机，性动机的产生除了有生理上的需要外，异性间身体、容貌等外在诱因也很重要。以动机为主的两性关系表现亲密。

(2)情绪成分。情绪是人对客观刺激是否符合人的需要及满足人的愿望时产生的体验，如喜、怒、哀、惧、爱、恶、欲七情。其中属于爱情的情绪除了爱与欲外，还伴随有其他情绪，如多日不见的相思，长期分别后相逢的甜蜜等。以情绪为主的两性关系表现为热情。

（3）认知成分。爱情中的认知成分是一种控制因素，是爱情中的理智层面。爱情是在人类理智指导和制约下的特殊感情，必须依靠认知来调节。以认知为主的两性关系表现为承诺。

爱情三因论认为，两性间的爱情形式因人而异，情侣间的亲密关系和热烈程度各不相同，但基本上是这三种元素彼此不等量的配合而演化生成的。爱情是人类心理上的色彩世界，每对情侣所调出的色泽如何，要看他们如何处理自己的动机、情绪和认知。

爱情三因论对爱情本质的理解可以给我们如下启示：首先，爱情的动机成分表明爱情有其生理的基础，爱情以人的生理成熟为基础，由性驱力所致，包括身体、容貌等。其次，爱情使人有强烈的情绪体验，如幸福、快乐、痛苦、悲伤等。情绪体验会有变化，有时激情澎湃，如热恋中的人，而更多的时候是爱情、亲情与友情的交融，使爱情看似平淡。再次，爱情有理性的一面，它不仅仅有情感体验、承诺，责任感更是爱情的重要组成部分。每个人其三种成分所占的比例各不相同，才使我们看到了多姿多彩的爱情世界。

二、健康爱情的特征

1.**自主性** 真正的爱情出于双方自主自愿，不受其他外界因素的干扰，二者在地位上是完全平等的，不存在依附和占有关系。自主是双方发自内心的爱，爱情不是私欲，也不等同于同情或怜悯。俗话说“强扭的瓜不甜”，爱情不是撮合的情缘，不能违背人的意志，任何牵强和欺瞒的感情付出都不会带来真正的爱情。爱情不仅表现为按照自己的认识达到一定目的、调整自己的行为，而且表现为对于获得个人幸福的幻想和渴望。

2.**双向性** 双向性是指男女双方既是爱者又是被爱者，既是爱情的主体，又是爱情的客体，是一种“你爱她，她爱你”的情感，而不是“落花有意，流水无情”。只有一方的爱恋是单相思，不能与真正的爱情混为一谈，如果不及时撤出，一味沉溺于其中，带来的将是无尽的心灵折磨，将使人丧失意志，贻误青春。只有男女双方互相爱慕，平等相待，爱情才能健康发展，爱情以男女双方的互相爱慕为前提。

3.**专一性** 专一性也称为排他性，指对爱情的忠贞不渝。爱情要求双方忠贞专一，不与任何第三者分享，爱情所包含的特有的感情和义务只能存在于恋爱者两人之间。男女双方一旦确立了恋爱关系，就要在内心深处珍惜这份情感，这也是社会道德所提倡的。爱情的专一性与传统道德中的从一而终有着本质的区别，若经过一段时间的接触，发现对方并非自己理想中的伴侣，应该勇敢而明确地提出分手。爱情的排他性并不意味着对他人的排斥和漠不关心，它只是在两性结合的意义上排除对他人的爱，恋爱的任何一方与他人包括异性建立友谊都是正当和正常的。

4.**奉献性** 成熟的爱情是在保留自己完整性和独立性的条件下，也就是保持自己个性的条件下与他人合二为一。爱是一种主动给予的欢乐，对方感到快乐就是自己最大的快乐，且愿意为对方牺牲和奉献自己的一切。正因为爱情具有这个特征，才有了为自己的爱人牺牲自己生命的美人鱼故事，有了和心上人双双化为蝴蝶的梁山伯和祝英台的民间传说。真爱的双方，不会在乎对方给自己带来多少享受，只会考虑自己为对方奉献了多少。

5.持久性 男女双方的情感持久稳定，是真正爱情的标志，双方不会因另一方健康、地位等发生变化而移情别恋。真正的爱情不是朝秦暮楚，而是心中只有一个人，在对方最需要自己的时候给予鼓励和慰藉。青年人中流行这样一句话“不在乎天长地久，只愿曾经拥有”，看似潇洒，不如说是对爱情难以把握的一种无奈。爱情的持久性意味着爱情所包含的感情和义务不仅仅存在于恋爱过程中，而且存在于婚后夫妻生活和家庭关系之中。恋爱双方相互爱慕的情感，以及由此所应承担的义务和责任，都应该是持久的。

三、影响大学生选择恋人的因素

1.双方间的感情 一些大学生认为爱情是最纯洁、最真挚的感情。大学生觉得自己的爱情较少有功利、世俗的色彩，选择恋人不会过于看重经济、家庭背景等，只要彼此感觉不错就可以交往，如有的欣赏某人的聪明才智，有的喜欢对方的温柔体贴，有的是在一起很开心，玩得到一起，有的是谈得来，志趣相投。只要情投意合，便可成为恋人。

2.外表形象 外表形象仍是男生们考虑女友的重要标准，而女大学生选择恋人的标准则更看重学识、性格等。

3.父母的影响 大学生最初对男人、女人的认识，及与男人、女人关系的建立，是以父母为学习榜样的。大学生在选择恋人时，会受自己对父母态度的影响。如一个把父亲当成偶像，非常欣赏父亲的女生，会按照父亲的样子来选择男友，同样，一个对母亲欣赏备至的男生，也会按母亲的标准去选择恋人。父母的感情如何，父母之间彼此相处方式如何，也会直接影响到大学生对男人、女人的态度。如果一个女生觉得父亲对母亲不好，可能会产生对男人不好的印象，会希望找一个尊重女性，使其有安全感的男生作朋友，男生也同样如此。

4.心理需要的满足 选择什么样的恋人也与每个人的成长经历、特殊的心理需要有关。在心理上如果对某一方面特别渴望，就会特别看重对方的某一点。如认为自己社会地位低，渴望拥有名誉、地位，选择恋人时就会看重对方的社会背景；感觉自己贫困，渴望拥有财富时，就会过多地考虑对方家庭的经济状况等。

5.性格特点 性格特点是选择恋人的一个重要因素。在选择恋人时，一般人们会觉得女性选男友，希望男友更具有男子特征，比如勇敢、坚强；而男性选择女友则注重女性特征，比如温柔、体贴等。现实生活中越来越多的大学生在选择恋人时，会对男友选择标准上加上一些女性化的特征如温柔、体贴；在选择女友时加上自信、独立等男性化的特征。

6.社会时尚 由于人在社会中生活，而每个时代有着自己的择偶标准，所以大学生选择恋人时也会受时代和社会时尚的影响。现代社会崇尚的开放、竞争、务实等特点，也会成为大学生选择恋人的标准。“干得好不如嫁得好”等带有争议性的讨论，多少反映了现在大学生选择恋人的心态。一些大学生选择恋人从大学校园转移到社会上，经济、社会地位等自觉不自觉地成为大学生选择恋人时考虑的因素。

四、恋爱对大学生的影响

(一)积极影响

1.学习建立亲密关系 恋爱是一个人与另一个人建立起的一种亲密关系。这种亲密关系能否稳固、发展，走向成熟，既是大学生自我成长的一个重要标志，也是其良好心理素质的体现。学习建立亲密关系，是在学习如何去爱另一个人；学习如何和一个人长期相处，学会包容、体贴、关心、尊重，接纳失望、痛苦、不满等；学习保持恰当的关系距离，享受安全感、亲密感；学习体会满足自身及相互的心理需要。如果我们不会跟我们最亲密的人相处，且不知道怎样相处，我们就会出问题，进而引发心理障碍。

2.培养发展爱的能力　爱情要巩固与发展，需要不断地培养，恋爱会使人有更多的情感体验，由于爱情中有激情的成分，激情却不能一直保持在一个高度的水平上，所以，爱情是一个平淡的过程。爱情的成分处在不断的变化中，恋爱过程中少了激情，就会多了亲密和承诺。爱情在产生的瞬间不是就此停止的，是需要发展、更新充实的，要不断提供养分才能使爱情之花长久地盛开。

3.促进自我意识的完善　通过恋爱，大学生可以更好地认识自己。恋人对一个人来说是一个重要人物，重要人物对自己的态度和评价是了解自我的重要途径，且有着巨大的影响力。恋人就像一面镜子会照出自己的许多东西，从中发现自己。大学生在恋爱过程中，会不断发现自己的情感世界和个性特点，发现为人处世的方式，从而有针对性地进行调适，向积极方向发展。爱可以改变人的趣味，升华人的人格，开发人的潜能，促进自我意识的完善。

（二）消极影响

1.带来烦恼和苦涩　现实中，有些恋爱成为促进学习、工作和全面发展的动力，而有些恋爱则成了使人情绪起伏、烦恼不安的源头，这是因为一部分大学生的人格尚未成熟。心理学家指出："在人格尚没有成熟的时期就谈恋爱，对该人的人生有可能带来不利。"不成熟的心灵既难以把握自己要选择什么样的人，也难以处理恋爱中的各种矛盾。正如张洁的小说《爱是不能忘记的》中所言："人在年轻的时候并不了解自己追求的、需要的是什么，甚至别人的起哄也会促成一桩婚姻，等到你再长大一些，更成熟一些的时候，你才会知道你真正需要的是什么。可那时，你已经干了许多悔恨得使你锥心的蠢事。"

2.加重经济负担　有人至慧至贤地说过："物质是爱情的基础，爱情是物质美丽的外衣。"恋爱中自然少不了逛公园、看电影、庆贺生日和情人节之类的事情，这些都需要一笔不小的开支，对于仍需要父母提供经济援助、没有任何经济收入的大学生而言，谈恋爱无疑加重了经济负担，所以出现"打饭不打菜，省钱谈恋爱"的现象也就不足为奇了。

3.影响学业的完成　大学生的主要任务是学习，大学里学业的竞争仍然十分激烈。谈恋爱是一项费时费力的工程，影响着学生正常的生活及身心健康，谈恋爱对学业有不可忽视的负面影响。在调查中发现，那些补考、不及格的大学生，有相当一部分在校期间谈恋爱，所以在不能正确处理恋爱与学业的矛盾之前，过早的恋爱对大学生的个人发展是不利的，处理不好还会造成终身遗憾。

第二节　培养健康的恋爱心理

爱情虽然是一种感情，但爱也是一种能力。现实生活中有的人会爱，有的人不会爱。

会爱的人，不仅内心里产生美好的情感体验，而且还可以通过恰当的方式表达出来；而不会爱的人或者不能表达爱，或者其表达爱的方式让人接受不了。爱的能力是学习得来的，这需要大学生在生活中去思考、去感受、去体验、去培养。

一、大学生恋爱的心理过程和特点

（一）大学生恋爱的心理过程

大学生爱情的产生和发展，一般来说，大致要经过好感、爱慕和相爱等步骤。

1.**好感** 好感是指在人际交往中所产生的一种彼此欣赏的情感体验。如大学生在生活和学习中，通过相互的接触与往来而产生彼此希望进一步交往的心情。男女之间的好感，并非是性爱，但却是爱情产生的必要前提。异性之间的好感会增强相互的吸引，形成一种内在动力，促使双方的接近和情感交流。

2.**爱慕** 在好感的基础上，经过对对方的爱好、志趣、性格、为人等各方面特征更多的了解而产生的更深刻的情感体验，以致这种内在感情使人心旷神怡，萌发了希望与其结合的强烈情感倾向，并在理智支配下，发展成对对方的爱慕之情。

3.**相爱** 大学生之间单方面的爱慕还不是爱情，只有相互爱慕，爱情才能建立。在恋爱中，从单方爱慕到互爱，有时可能是同步到来，有时也可能是异步的，或者还会经受一些波折与非难，但只要双方心心相印，无论是谁首先打开自己的心扉，最终都会赢得对方的回应，开出绚丽多彩的爱情之花。

（二）大学生恋爱的心理特点

由于大学生自我意识还不够完善，他们的恋爱除了具有一般爱情的特征外，还具有以下独特的特点：

1.**恋爱的浪漫色彩浓厚** 由于是在校期间谈恋爱，不需面对现实的经济问题，因此大学生的恋爱倾注着爱慕之情，更多的是看中对方的外貌、能力、兴趣，谈论的话题大多是学习、娱乐、人生、社会等，注重花前月下、诗情画意，追求丰富多彩的精神生活，很少甚至根本不谈婚姻、家庭等具体问题，浓厚的浪漫色彩掩盖了理想和现实之间存在的矛盾。大学生的爱情缺乏挫折的磨炼和必要的现实基础，比较脆弱，经不起矛盾和困难的考验，容易破裂。

2.**恋爱的自主性较强** 大学生多数远离家庭，他们在校园里谈恋爱，通常不受家长、老师的约束，大都是自己做主。在大学里，男女的平等权利与平等价值观特别突出，反映在恋爱问题上，一般都是自己做主，自由选择，和谁恋爱，怎样恋爱，自己感觉好就行。在他们看来，相爱是两个人的事，他们要主宰自己的爱情。大学生因离家独立生活，在恋爱关系确定前，一般不会征求双方父母的意见。

3.**恋爱的盲目性较大** 由于受从众心理的影响，相当一部分大学生的恋爱都是随波逐流的，盲目性较大，他们甚至不清楚什么样的人适合自己，自己适合什么样的人，自己为什么去爱等问题，看到周围的同学成双入对的，也就想与异性交往，想谈一场恋爱。其实大学校园里的许多恋爱是盲目从众的结果。

4.**恋爱的公开性突出** 过去许多高校禁止大学生谈恋爱，所以恋爱双方不让其他同学知道，更不希望老师知道，现在的大学虽没明确赞同大学生谈恋爱，但态度较为宽松，大学生的恋爱活动便转向公开。有的学生在恋爱过程中追求所谓的轰轰烈烈、光明正大，整日形影不离。

5.**恋爱的稳定性较差**　大学生还未真正走向独立，心理变化剧烈，恋爱开始快，结束也快，稳定性较差。有的大学生把在校期间谈恋爱作为打发时间、填补空虚的一种方式，有的学生甚至频繁更换恋爱对象，与人攀比，看谁的对象更漂亮。

二、大学生恋爱的动机和类型

（一）大学生恋爱的动机

大学生由于所处的地理位置、文化环境、经济状况不同，其恋爱动机也各具特色，常见的恋爱动机主要有以下几种：

1.**空虚寂寞，寻找慰藉**　大学生远离家乡、父母、朋友，又不能很快适应大学生活以及当地的文化习俗，常有被抛弃、被遗忘的感觉，尤其是节假日，孤独与寂寞之感更加明显。另外，部分大学生业余生活较为单调，人际关系范围狭窄，当心理需要无法从周围人群中获得满足时，就萌发了恋爱意识，把谈恋爱当作是消除空虚、排泄无聊、摆脱人际孤独的一种方式。

2.**从众攀比，寻求平衡**　在一个群体中，如果大部分同学都在谈恋爱，就会给那些因种种原因而未涉足者形成压力，这是从众心理的影响。一些同学看到别人成双成对时，心理会失去平衡，尤其是看到了条件不如自己的同学有了恋人之后，这种心境会更甚，为了证明自己并不比别人差，于是就急匆匆地随波逐流。甚至还有同学认为自己不谈恋爱是因为自己对异性缺乏吸引力，会被人瞧不起，为自己没有恋人而自卑，因而为了寻求心理平衡、满足自己的虚荣心，就慌忙把自己抛入恋爱的潮水中。

3.**怕失机缘，把握时机**　有些大学生，特别是部分女生，担心自己毕业后年龄偏大找不到合适的对象，把校园作为爱情的最后殿堂，在大学期间抓住时机加入恋爱大军。还有人认为，大学里人才济济，大家经历相似，交往单纯，选择范围较大，机会较多，并且有较长时间的相互了解，找一个称心如意的伴侣相对容易，而社会上交往复杂，功利性强，不易找到志同道合的伴侣，所以需要把握住大学的恋爱时机。

4.**了解异性，满足好奇**　大学生正处于喜欢探索的阶段，未知的事物又充满神秘与诱惑，对于没有恋爱经历的大学生具有很强的吸引力。再加上受爱情故事、诗歌等文学作品的影响，不少大学生对爱情充满了向往与好奇，渴望亲身体验。因此当遇到机会时，即使不爱对方也会去尝试，以满足自己的好奇心。

5.**考虑未来，寻找出路**　近年来，大学校园也受到社会上一些功利思想的影响，部分大学生把恋爱作为达到自己某种目的的手段。如有些大学生与那些家庭经济状况较好、社会地位高的学生或校外的人谈恋爱只是为了将来能找到一个好工作、好单位。

6.**满足欲望，寻求刺激**　个别大学生把恋爱作为一种时尚，一种感情消费，认为谈恋爱追求的是一种感官刺激，可以满足与异性交往的欲望。更有甚者，少部分大学生认为在大学里谈恋爱可以丰富人生阅历，可以为以后的恋爱积累经验，为自己美好的未来生活作准备。

7.理想主义，为爱而爱 大学生在长期共同的学习和交往过程中,相互吸引,彼此了解,通过双方的选择,以情感为基础,由相知发展到相爱,由友谊发展到爱情。由这种动机促成的恋爱双方在恋爱过程中注重心灵的沟通,把美好的爱情与成功的事业作为目标,以步入婚姻作为恋爱的目的。

(二)大学生恋爱的类型

在大学生恋爱中,不同的理想、信念、人生观和心理素质形成了不同的恋爱类型,主要有以下几种:

1.志趣相投型 这些大学生把感情融洽、志趣相投、事业成功作为爱情的基础。这种恋爱类型的大学生,恋爱双方道德高尚、互相尊重,感情热烈而举止文明,注重思想上的沟通,以和谐的精神生活和事业的共同追求为满足。恋爱双方都有较强的事业心、进取心和自控能力,有共同的理想和价值观,能把幸福的爱情转化为学习和工作的动力,认为恋爱应促进双方的成长和进步。

2.功利满足型 这些大学生是以对方的门第、家产、地位、名誉、处所、职业等为恋爱的前提条件的。这种恋爱类型在恋爱时考虑对方可以给自己带来实惠、利益,因而重视对方的经济条件、权利大小、门路多少、对自己有无实际的用途。这类大学生在恋爱前已把对方调查得很清楚,把恋爱当作谋取功利的手段,基于利益而恋爱,这是一种非常势利的实用主义恋爱类型。

3.空虚慰藉型 这些大学生用恋爱来打发无聊的时光,填补心灵的空虚。大学生处在各种矛盾多发时期,经常发生与自身及与社会的冲突,渴求社会和他人的理解,常常产生惆怅感和孤独感,特别是那些性格内向,同性朋友较少的大学生,当周围的环境不能满足心理需求时,有的学生便急于与异性交往,以恋爱的方式来满足精神需求。他们恋爱的目的就是寻求心理慰藉,排除内心的孤独寂寞。

4.友好情意型 有的大学生以前是邻居或中学同学,本来就有感情基础,考上大学后,由同学关系逐渐发展成为恋人关系。这种恋爱关系发展稳定,成功率也较高。也有些同乡同学,虽然长期交往,但感情上缺乏共鸣,尽管一方有意,但最终也难以发展为爱情。这部分学生基本上能处理好爱情、友情与学业的关系。

5.理想浪漫型 这类大学生情感比较丰富,喜欢幻想,浪漫的爱情对他们有着强烈的吸引力,他们对爱情充满理想色彩,一旦认定某个异性与自己理想中的爱人相吻合,就不顾一切地去追求,并甘愿为之牺牲一切。他们在追求和接受爱情时,对爱情的缠绵有较深的体验并乐在其中。这类大学生把爱情理想化,感情比较脆弱,一旦遇到恋爱挫折便会非常痛苦,容易导致心理疾病。

6.情欲满足型 个别大学生受青春生理本能的驱使或受文学作品的影响,控制力较弱,进行模仿尝试,追求刺激,以满足生理需要为目的与异性同学交往。有的甚至把恋爱当作娱乐,逢场作戏。这些学生只注重异性的外表,追求感官上的愉悦,这是一种不道德的恋爱类型。

三、树立正确的恋爱观

恋爱观是指对待择偶和爱情的基本看法和态度。现代大学校园中，大学生恋爱现象已很常见，虽然爱情可以让人陶醉，但不成熟的恋爱也会给恋爱双方带来一些负面影响，因此树立正确的恋爱观显得尤为重要。树立正确的恋爱观应包括以下几方面的内容：

（一）提倡志同道合的爱情

大学生的恋爱观应该是理想、道德、义务和事业的有机结合，在恋人的选择上最重要的应该是志同道合，思想品德、事业理想和生活情趣等大体一致，只有这样，爱情才能经受住考验，也才能持久。一般情况下，在异性交往中当一方成为另一方心中无人可替代的角色时，爱情就可能降临，在分享快乐和痛苦、共同成长的过程中，爱情就会产生和发展。

（二）摆正爱情与学业的关系

爱情是人生内容的一部分，但不是人生的全部，生活中还有许多其他的人生意义存在。爱情应该服从于事业，促进事业的发展。大学生应该把学业放在首位，摆正爱情与学业的关系，不能把宝贵的时间都用于谈情说爱而放松了学习，因为学业是大学生价值的主要支柱。当爱情成为唯一的存在价值时，其本人就会失去人格的独立和魅力，也很容易失去被爱的理由。只有将爱情与事业结合起来，爱情才有旺盛的生命力。

（三）懂得爱情是一份责任和奉献

大学生进入恋爱状态之前就应该懂得，爱不仅是得到，更重要的是一种责任和奉献。不成熟的爱情是“我爱，因为我被人爱”，成熟的爱情是“我被人爱，因为我爱人”；不成熟的爱是“我爱你，因为我需要你”，成熟的爱是“我需要你，因为我爱你”。所有的爱情都包含着一份神圣的责任，这种责任不是义务，不是外界强加的而是内心的自觉。爱情不仅是感官上的愉悦与寂寞时的陪伴，更是为所爱的人作出的奉献。

（四）理解爱情是真诚和互相尊重

恋爱时要诚实、礼貌，坦白地向对方说明自己各方面的情况，使对方对自己有一个全面的了解与认识，用欺骗的手段去获取对方的爱情是不道德的。一经建立恋爱关系，就要专一，要尊重对方的人格和情感，这样才能使对方感到平等，也才能使爱情长久。

（五）理智地处理激情

没有激情的爱情是不完美的，但失去了理智的激情其最终品尝到的也是苦果。大学生正处于生理发育成熟而心理发展尚未成熟的阶段，在热恋中容易冲动，失去理智。本着对自己负责，对对方负责的态度，热恋时要保持清醒的头脑，用理智控制激情。爱恋的过程充满激情，这种激情的表达方式应该是端庄文明、持之有度、健康发展的。

四、爱的能力的学习

（一）爱的能力的组成

爱的能力是指和他人建立亲密关系的能力，它对人一生的发展有着重要的意义。具备了爱的能力会引导一个人去真正地爱他人，也真正地爱自己，能真正体验到爱给人带来的快乐和幸福。爱的能力实际上是一种综合的素质，包括以下几个方面：

1.表达爱的能力 当爱上一个人时,能用恰当的方式和语言向对方表达出来就是表达爱的能力。表达爱需要勇气,需要信心。表达爱是在表明爱一个人也是幸福,即使可能得不到回报,让对方知道他(她)被一个人爱着,也是一种很崇高的境界。

2.接受爱的能力 当期望的爱来到自己身边时能勇敢地接受也是爱的能力的表现。有的大学生在别人向自己表达爱意后,内心挺高兴,但又不敢接受别人的爱,或者对爱缺乏心理准备,或者觉得自己不配,从而失去发展爱的机会。

3.拒绝爱的能力 具备爱的能力的人不是对爱来者不拒,也不是认为不是自己的所爱就简单地将其拒之千里。当然也有不少大学生在拒绝别人向自己示爱时有些优柔寡断,因怕伤害对方,怕对方误会。

4.鉴别爱的能力 鉴别爱是指能较好地分清什么是好感、喜欢和爱情。有鉴别爱的能力的人,是自信也尊重别人的人。有鉴别爱的能力的人,会自然地与别人交往,主动扩展交往的范围,珍惜友谊,会尽量多体验他人的感受。

5.解决爱的冲突的能力 爱的冲突可能来自于日常生活中的不一致、不协调,也可能来自于个性的差异。相爱的人不是寻求两人的一致,而是看如何协调、合作。爱需要包容、理解、体谅,会用建设性的方式去解决冲突。恋人间需要有效的沟通,表达清楚自己的思想、感受,伤害性的争吵或者冷战都不利于问题的解决。

6.面对失恋的心理承受力 失恋是人生中一个重大的挫折,考验的是人的挫折承受能力。失恋使人痛苦是很正常的,几乎每个人都会体验到,只是程度不同而已。失去爱会使人感到一种重要关系的丧失,一种身份的丧失,需要一定的时间去面对和适应。

7.保持爱情长久的能力 爱需要两个人真正地关心对方,走进对方的内心世界。保持爱情的常新,需要智慧、耐力、持之以恒及付出心血,同时又要有自己的个性,有自己的追求与发展。学习新的东西,善于交流,欣赏对方,是爱的重要源泉。保持爱情的长久,也要学习处理恋爱与学业、与其他人际交往的关系等,将爱情作为发展的动力。

(二)正确对待恋爱的途径和方法

爱情是人类高尚的情感体验,是个体独特的心灵历程,更是双方心与心的沟通与交流,要正确理解爱情,就需要培养爱的能力。

1.培养给予爱的能力 一个人心目中有了爱,在经过理性分析之后,能敢于表达、善于表达,这就是一种给予爱的能力。这种能力是许多人所缺乏的,其主要表现是:

(1)有些大学生,当心目中有了爱恋对象时,往往不能对其爱恋对象作出客观的恰如其分的分析,容易出现以点代面、一俊遮百丑的现象,表现出很大的冲动性和盲目性。也就是说,对方究竟有哪些优点和缺点,哪些方面令自己十分仰慕,哪些方面是自己不喜欢的,这些不喜欢的方面是否经常发生,如果经常发生是否可以接受或容忍等,对于所有这些都缺乏深刻的认识。

(2)有些大学生尽管认识深刻,并且觉得对方确实适合于自己,但缺乏表达的勇气,或者是不好意思开口,或者是怕遭到对方拒绝而受到伤害,因此,只好将爱深深地埋在心底,默默地承受感情的折磨。

(3)有些大学生并不缺乏表达爱的勇气,但缺乏艺术的表达方式、方法。比如有些同学，不明白爱是“润物细无声”，其表达爱的方式很唐突，不容对方考虑，上来就说“交个朋友，可以吗”，这些表达方式使人很难接受。

要培养给予爱的能力，可以从以下几个方面来努力：

（1）要具备认识爱的能力。大学生首先要懂得爱是什么，什么是健康的爱。大学生对待爱情一定要慎重，尤其是要作理性的分析，知道自己的喜欢、需要，不仅要分析对方是否适合于自己，而且要分析恋爱对自己的影响，以及什么时候谈恋爱比较合适，切不可凭一时的感情冲动，盲目地涉足爱河。

（2）要学会委婉地表达爱意。真正的爱情是在日常生活中一点一滴逐渐发展起来的，需要细致的关怀、体贴、帮助、鼓励、认同、交流，需要时间，需要在一言一行、一举一动中亲身去体验，绝不能像有些人所想象的那样，一开始就进入狂热状态，花前月下，形影不离。

2.培养接受爱的能力　一个人面对异性的求爱，能及时、准确地对爱作出判断，并作出接受、拒绝和再观察的选择，这就是接受爱的能力。要培养自己接受爱的能力，可以从以下方面来努力：

（1）对异性的行为要有一定的敏感性。经验证明，多数大学生在首次向自己所钟爱的异性表达爱慕之情时，其方式都是比较含蓄的。有的是写一封爱情诗赠予对方，有的是把象征爱情意义的信物送给对方，有的是在信中谈起对对方的好感，也有的是单独约对方一起散步、看电影、跳舞、吃饭等。当然，对于大学生而言，诸如此类的施爱方式都是足够敏感的，但也不能对这些行为过于敏感，尤其是随着异性之间交往的日趋频繁，在正常的异性友谊关系开始广泛建立的今天，过分的敏感可能导致自作多情。

（2）要理智地分析自己的感情，并作出相应的选择。对那些初次面对异性求爱的大学生来说，他们会感到手足无措，不知该怎么面对，因此会草率处之。其实，爱情是人生的大事，应该理智、冷静、深入分析自己的感情。要反复地问自己，对方是我心目中的人吗，有令我仰慕之处吗，有没有吸引力，我们之间相互了解吗？性格上是否和谐，价值观是否相投，如果建立恋爱关系，是否令我满意？等等。如果双方相互了解，并且彼此都是对方心目中的人物，可以作出接受的选择；如果双方不够了解，则需要进一步观察；如果对方不是自己心目中的人物，或者有令你无法容忍的缺点，则应作出拒绝的选择。

（3）学会拒绝那些自己不愿意，不希望或不值得接受的爱。在爱的世界里，面对丘比特的神箭，有接受就有拒绝。大学生要敢于果断地、理智地拒绝自己不希望得到的爱情，有以下一些方式可供借鉴。①语言和方式要婉转。拒绝不要伤害对方的自尊心，因为每个人都有追求爱的权利。尊重每一份真挚的感情既是对他人的尊重，也是对自己的尊重，要学会用充满关切、尊重、机智的方式维护他人和自己的尊严。既然有拒绝，就会有伤痛，要让双方的损失降低到最小限度。②态度明朗。用明确的言语或行动来表明自己的意向，使对方及时地关闭求爱之门，不能模棱两可，给对方留有希望。如不接受对方做自己的恋人，但二人以兄妹相称；拒绝对方求爱，但仍愿意和对方单独一起去吃饭、散步、游玩等，都是态度不明朗的表现。③掌握一些拒绝的技巧。例如，避开对方的追踪，时间长了，对方也就会悟出其中的道理；用不见面的拒绝媒介，如用书信拒绝可避免当面拒绝时的尴尬；反其道而行之，尽量破坏在对方心目中的美好形象，让对方有种上当受骗的感觉，或者明白其中的真意，只好惜别；发现对方的不足，提出自己的条件，让对方知难而退，等等。

3.培养发展爱的能力 爱情不是静止的,而是不断发展变化的。大学生一旦涉足爱河,就要不断浇灌它、培养它、发展它,使它由浪漫走向现实,由肤浅走向深刻,由幼稚走向成熟。要提高发展爱的能力,应该做到以下几方面:

(1)注意加强心灵的沟通。恋爱是一个相互了解、加深认识和延续彼此选择的过程。在恋爱过程中,双方只有彼此沟通,谈情趣、谈志向、谈理想、谈事业,才能摆脱低级趣味,使双方感情得以升华,使彼此性格更加和谐一致,使爱情更加高尚。

(2)用爱去换取爱。爱情的积极意义是给予及对恋爱对象的关心、责任心、尊重与了解。“给”比“得”更能使自己得到满足,更能使自己快乐,“爱”比“被爱”更重要。建立纯真的爱情,要遵循爱情产生和发展的规律,也需要遵守恋爱道德。

(3)尊重恋爱自由。自由是恋爱的基本属性和前提,恋爱双方必须尊重各自的自由。这里说的自由是指能独立自主地决定自己的恋爱婚姻大事,不被他人所左右。双方或一方没有这种自由便恋爱不起来,自己没有这种自由,或不尊重对方的自由,违背爱情发展的规律,势必带来痛苦和不幸。爱情是男女双方的事,只有两者感情交融,相互爱慕,爱情才能建立起来。

(4)尊重人格。任何人都有人格,有尊严感,大学生不仅要尊重别人,也要尊重自己,不仅要求别人尊重自己,自己也要尊重自己。事实表明,一个有强烈自尊心的人,一个懂得人格价值的人,是反对别人玩弄自己感情的,也绝不会去玩弄别人的感情。爱情包含了尊严,包含了彼此对人格的尊重。忽视或者抹杀这种尊严,不自尊自爱、互尊互爱,就不可能拥有甜美的爱情,因此,互相尊重人格是爱情自身的高尚性、严肃性所要求的道德准则。

(5)彼此忠诚专一。坦诚相见,忠贞不贰,不朝秦暮楚,不见异思迁,这是爱情的特征。男女双方一旦确定恋爱关系,就要专一地、精心地培植它。通过一段时间的接触了解,如果一方或双方觉得不满意,可以分手,另找对象。但是双方正在恋爱的同时又去搞三角或多角恋爱,是对自己和对别人感情的嘲弄和践踏。蔑视爱情专一性的道德原则,势必会给对方同时也给自己造成精神上的痛苦与麻烦,甚至会酿成严重后果。

(6)行为端庄文明。恋人之间免不了有亲密的表示,但举止要文明,有分寸,符合环境要求,而不可随心所欲,无视社会道德。尤其是年轻人,在恋爱过程中,要用理智控制情感,不放纵自己,否则可能遗恨终身。中国有自己的传统道德,大学有大学生的行为规范要求,在表达爱情方式上,应该体现民族的习惯和个人的尊严,遵守恋爱的道德,遵守校规校纪。

4.提高恋爱的挫折承受力 大学生的恋爱受多种因素的制约,因而在追求爱情的过程中遇到各种波折是在所难免的,如果大学生心理承受能力强,就能较好地应对,否则就有可能造成不良后果,因此提高大学生恋爱的挫折承受能力对大学生的心理健康是非常重要的。

(1)增强理智感。当爱情遭遇挫折后,不要沉浸在苦恼和悲痛中,应保持冷静的头脑,用理智来驾驭感情,分析原因,总结教训,寻找解决问题的途径和方法,摆脱或消除烦恼和痛苦的情绪。爱情不是一厢情愿的,应该尊重对方选择的权利,通情达理。

(2)增强恋爱的挫折承受力。当爱情遭遇挫折后,没必要缠住一个人不放,“强扭的瓜不甜”;应该在新的追求中确认和实现自己的价值,“天涯何处无芳草”。可以通过向亲人、朋友诉说心中的烦恼,寻求社会支持;可以参加一些文娱活动,转移对挫折的注意;不过多涉足以前与恋人常去的地方，改变一下环境，避免勾起伤心的回忆等；可以把时间和精力投入到事业中，使之成为事业的动力等方式训练，提高恋爱的挫折承受力。

恋爱是人生的重大课题，大学生只有不断提升和培养爱的能力，才能获得真正属于自己的爱情。

第三节 大学生恋爱心理问题及应对

恋爱过程是感情发展的过程，也是彼此了解、相互促进、共同发展的过程。大学生健康的恋爱心理、文明的恋爱行为，是赢得甜美爱情的基础和前提条件。大学生恋爱过程中可能出现这样或那样的问题，本节将对大学生恋爱中可能出现的心理问题进行调适，希望大学生最终能获得美满的爱情。

一、大学生恋爱的心理效应

（一）晕轮效应

晕轮效应指人际交往中形成的一种夸大的社会印象，又称为光环效应或成见效应。俗话说“情人眼里出西施”，就是晕轮效应的结果。在对恋人评价时，晕轮效应经常发生。当恋人的某些条件比较优越时，就很容易忽视对其他条件的考察，如看到长相漂亮的异性就忽视其内在素质而一见钟情等；或者偶尔发现对方的某个缺点，又会忽视他（她）的优点，而对其全盘否定。因此晕轮效应容易造成评价和判断的偏差，是心理不成熟的表现。

（二）逆反心理

逆反心理指因客观与个人主观需要不相符而产生强烈的抵触情绪，并引发一种负向要求和行为的心理活动倾向。如有的学生在恋爱过程中，因受到双方父母的反对，或其他不利因素的阻挠，往往会使彼此相爱的态度更加坚决，关系更加紧密，难舍难分；中学生的早恋现象，学校越禁止，老师越反对，他们越交往。在心理学中此类现象又称为“罗密欧与朱丽叶效应”。

（三）自卑心理

自卑指由于自我评价偏低而引起的害羞、不安、内疚、胆怯、忧伤、失望等消极的情绪体验。大学生恋爱中的自卑心理大都是因为自身的“缺陷”和“不足”造成的，如认为自己的相貌、身材不如他人，或者认为自己的家庭出身、社会地位、经济条件低人一等，或者感到自己的学习成绩、社交能力、个人修养等方面总不如人等。自卑感过强的人，在对待恋爱上，常会因怀疑自己的能力，惧怕自尊心受到伤害，而无法敞开爱的心扉；或者一旦恋爱遇到挫折，又往往会采取自我封闭、不再与他人交往的方式，逃避现实。自卑心理是恋爱中的一种消极心理。

二、大学生恋爱中常见的心理困扰

（一）喜欢与爱情

爱情与喜欢表面上有许多共同点，实际上它是性质不同的两种现象。其区别表现为以下几个方面：

(1)爱情是一种强烈的依恋状态。相爱的人一日不见，如隔三秋。有的人会因分离而坐卧不安，茶饭不香，甚至郁郁得病。喜欢却仅仅是一种平和的吸引状态。

(2)爱情中关怀成分更多。恋人的一举一动、或笑或愁，事无巨细，都是对方注意的对象，令对方牵肠挂肚。

(3)爱情往往不求回报。恋爱中的人们一般不计较得失和考虑公平，可以说，对方的需要就是自己的义务。

(4)爱情有更多的宽容。恋爱中，即使对方有些小毛病或行为不合适，也会得到宽容的对待。而这在喜欢状态下，就可能产生矛盾。

(5)爱情有更多的自我暴露。自我暴露就是向对方袒露自己的真实面貌，包括思想、感情、学识、能力等方面。自我暴露是爱情关系深度的指标。随着恋爱的深入，男女双方自我暴露的深度和广度都会不断加大。

(6)爱情具有很强的排他性。爱情具有专一性，容不得对方移情别处，而喜欢却能与一人或多人分享，彼此和睦相处。

(7)爱情对对方更信任。爱情关系中人们对对方更信任，几乎完全不设防，很少考虑后果。

总的说来，爱情与喜欢是有很大差别的。但它们也是相互联系的，男女之间常常是先互相有好感，进而是喜欢，最后才发展到爱情，喜欢和爱情在一定条件下可以相互转化。

(二)友谊与爱情

友谊和爱情有时很难严格划分，现实中确实有不少大学生把一般的友谊误解为爱情，如常听同学讲，那个男同学为什么总是帮我们送报纸、送信，为什么在一些活动中那个女生总是对我特别的关心。大学生异性相处中，一个眼神，一个动作，常都会被赋予很特别的意义。友谊与爱情有联系，也有质和量的区别。一般而言，友情是爱情的基础和前提，爱情是友情的发展和质变。日本心理学家曾对异性间的友情和爱情的异同作过区分，他认为在以下的五个方面有所不同：

1)支柱不同：友谊的支柱是理解，爱情的支柱是感情。

2)地位不同：友谊的地位是平等，爱情的地位是一体化。

3)体系不同：友谊的系统是开放的，爱情的系统是关闭的。

4)基础不同：友谊的基础是信赖，爱情则纠缠着不安和期待。

5)心境不同：友谊充满“充足感”，爱情则充满“欠缺感”。

(三)同情与爱情

在大学生的交往中，由一方对另一方的深切同情而发展成为爱情的现象并不少见，但这并不意味着同情就是爱情。尽管有时同情能够发展成为爱情，那也得彼此产生了真挚的爱情，双方真诚地相爱才行。只有彼此倾心、钟情、爱慕，才是建造雄伟爱情大厦的坚固基石。如果青年男女之间没有感情，两颗心也没有贴在一起，单靠怜悯的泪水是无法浇开爱情之花的。即使有的人在同情心驱使下，一时感情冲动，向对方献上玫瑰花，也会很快凋谢、枯萎，而留给他们的，则往往是那令人难咽的苦果。正如戏剧大师莎士比亚说的那样:“爱情不是轻绵的眼泪,更不是死硬的强迫,爱情是建立在共同的基础上的。”离开了这个“共同的基础”,单靠对方的同情、怜悯,是撑不起爱情大厦的。

(四)好感与爱情

好感与爱情是大学生异性交往中经常遇到又难以区分的两种感情。大学生在生理发育成熟时,便开始被异性吸引,对异性产生好感,开始有寻求恋人的需要,这是人的自然本能。但生活中,一些大学生容易将这种男女之间相互对异性的吸引、好感等同于爱情,其实并非异性之间凡有好感便可产生爱情。异性之间的好感一般来讲是广泛的、无排他性的,而爱情则是专一的、排他性的;好感常常表现为人们一时出现的情绪感受,而爱情则是在长时间的相互了解中形成的。

三、单相思的苦恼及调适

单相思又称单恋,指异性关系中的一方倾心于另一方,却得不到对方回报的单方面的“爱情”。我国《诗经》之开宗明义的第一篇《关雎》,娓娓细述的就是一个男子的单相思,他的倾慕、爱恋与渴望,正道尽了自古以来每一个人心中对爱情最深的企盼。爱情是一张双程车票,只有双方相互有意才行得通,但是,自古以来,也留下许多“落花有意,流水无情”的无奈。

(一)单相思的表现

(1)曾经热恋的情侣一方感情不再,而另一方仍难告旧情,希望对方能回心转意,于是编织着破镜重圆的美梦。

(2)得不到回报的单相思,一方向另一方表达了爱慕之情,遭到拒绝,但仍不放弃,屡追屡败,越挫越勇,期望有朝一日“精诚所至,金石为开”。

(3)暗恋,不向对方表明爱意,只在心里默默地爱着对方,并因此感到痛苦。一般性格比较内向的大学生这种情况比较多见,女性因为矜持,比较容易单恋对方。

(二)单相思的危害

1.虚度宝贵的青春 单相思者一般把恋爱的对象奉若神明,把追求、获得爱情作为自己最高的目标。他(她)们心之所想,目之所视,耳之所闻,都是这个人的一颦一笑,一举一动,反复琢磨其中是否有爱的暗示,无法把心思集中在学习和工作上。单相思者固然能体验到一种深刻的快乐,但更多的却是情感的压抑,因为他们无法正常地向自己所钟爱的异性倾诉柔情,更得不到对方的积极反馈,所以常常痛苦得难以言表。生活中由于摆脱不了单相思对象的影子,以致影响婚恋、断送前程的人屡见不鲜。

2.造成心理失调 单相思者首先是自己爱上了对方,于是也希望得到对方的爱,在这种具有弥散心理的作用下,就会把对方的热情大方当作是爱的表示并坚信不已,从而陷入单相思的深渊不能自拔。一个生活在幻想爱情中的人,必然是封闭型的,会造成性格孤僻,情绪低沉,对周围的人和事漠不关心,处不好人际关系,心情压抑,内心苦闷,而又无人可排解,无处疏泄,心理出现失衡的状态,以致导致心理疾病的发生。

(三)单相思的调适

1.树立正确的爱情观 错误的爱情观往往会使人对爱情产生错误或偏颇的看法,进而产生错误的行为。与自己喜欢的人两情相悦才有可能幸福,而没有回应的感情是不可能结出甜美果实的。对于爱情而言,重要的是双方之间能否产生“心灵的撞击”。只有树立了正确的爱情观,才能指引自己的行动,去追求自己的所爱。

2.**避免恋爱错觉** 学会准确地观察和分析对方的表情,用心明辨,要视其反复性,某些经常出现的信息意义可能很深。钟情的一方可以主动采取行动了解对方的一些重要情况以及对方对你的态度,如了解对方有没有意中人?如果还没有,那么对方的择偶条件和标准是什么?你现有的条件能否引起对方的爱慕?对方对待你仅是出于一般的礼貌和热情,还是有什么异乎寻常的地方?弄清楚这些情况再根据可能性大小来作决定。

3.**大胆表白爱情** 如果对方还没有意中人,而你现有的条件又基本能符合对方的要求,你在对方心中又确实占有一定的位置,这时与其让这种相思之苦放在心中煎熬,还不如下定决心通过适当的方法向对方表白自己的心迹。要鼓足勇气,克服羞怯的心理,大胆地表达自己的感情,如果被接纳,爱的快乐就取代了等待的痛苦;如果是“落花有意,流水无情”,则应该面对现实,勇敢地抛弃幻想,用理智克制感情。在求爱之前,必须要有清醒的认识,即求爱的结果可能是对方接受你,也可能是拒绝你,需要作好心理准备。

4.**及时转移情感** 爱情不是一厢情愿的事情,当向对方表达遭到拒绝时,要用理智克制自己的情感,迅速转移注意,把注意力转移到学习和工作中去,在紧张、繁忙的工作和学习中忘却痛苦,说不定还会有意外的收获。把精力投入到自己感兴趣的事情上去,通过思想感情的转换和升华来获取心理平衡。“天涯何处无芳草,人间到处有知音”,只要大学生能及时播下爱的种子,就一定能获得丰硕的果实。

5.**把爱埋在心底** 爱别人的感觉虽然是美好的,但如果没有结果,明智的方法是把这份美好的感情封存在心底。爱对方就应该为对方着想,不要让自己打扰对方的平静,也不要让对方与你一起陷入烦恼之中,在心里永远为对方默默地祝福,这才是爱的最高境界。相反,不顾及对方的感受,其结果只会使双方更加痛苦。

四、失恋的痛苦及调适

失恋就是恋爱的一方失去另一方的爱情。交往中,一旦双方或者某一方出于这样或那样的原因,不愿再保持彼此的恋爱关系,就将意味着双方恋爱的终止。对于任何男女来说,失恋都是一杯浓烈的苦酒,是一种痛苦的情感体验,会在人的灵魂深处烙上深深的印痕,有时这种不可言说的心理隐痛会一直伴随着整个生命。

(一)失恋心态的一般表现

失恋可以说是人生中最为严重的心理挫折之一,经常出现以下几种消极心态:

1.**心境恶劣** 由于失恋者无法接受这种事实和打击,因此首先受到影响的是情绪。失恋者羞愧难当,产生自卑心理,心灰意冷,走向怯懦封闭,出现悲伤、哭泣、愤怒、悔恨、痛苦等持续性的心境恶劣状态,性格开朗的人变得沉默寡言,性格内向的人变得更加孤僻离群。

2.**行为反常** 失恋者对抛弃自己的人一往情深,对爱情生活充满了美好的回忆和幻想,自欺欺人,否认失恋的存在,从而陷入单相思的泥潭。也有人会出现一种特殊的既爱又恨心理，不能自拔。这类人首先从心理上拒绝、否认失恋的事实，继而更加思念对方，认为失去的是人生最好的；或者从此嫉俗厌世，怀疑一切，看着什么都不顺眼，爱发牢骚；或者从此玩世不恭，得过且过，寻求刺激，发泄心中不满。

3.**报复**　有些失恋者被对方抛弃或断绝恋爱关系后，感到自己的感情被愚弄，或认为对方是个卑鄙、无耻的骗子；或不愿名花易主，自私心理极度膨胀，威胁不成，遂产生报复心理，譬如扰乱、伤害、毁容等，造成毁坏性结局。

4.**轻生**　当双方的感情发展到一定的程度，而一方突然被恋人抛弃时，精神上会受到很大的打击，如果此时失恋者缺乏及时、有效的社会支持，或感情脆弱、心理承受能力差，易导致精神崩溃，发生绝望、轻生、殉情等恶性事件。

5.**精神错乱**　在各种精神病的发病原因中，失恋是一种重要的因素。由于失恋可引起各种严重和持续的情绪反应，这些变化就可以成为发生精神障碍、精神分裂症、情感性精神障碍等精神病的诱因。

（二）失恋的调适

失恋的种种不良心态会严重影响大学生的身心健康，甚至可能导致一系列社会问题。所以，面对失恋，要学会一些必要的心理调适方法。

1.**坦然相对法**　要克服失恋引起的羞耻感、自卑感、依附感等情绪障碍，需要采取正确的态度，顺其自然，全盘接受，允许存在，即坦然相对法。要重新认识恋爱，恋爱不可能百分之百地成功，有恋爱就意味着有失恋，失恋并非是什么羞耻的事情。一次恋爱失败并不代表一生爱情的结束，既然对方绝情而去，作为失恋者就不要再用廉价的泪水去换取对方的同情，同情不是爱情。

2.**积极遗忘法**　有的失恋者心中明知对方已经不爱自己了，却仍然禁不住怀念对方、眷恋对方，以致苦闷和烦恼。对于这类失恋者来说，应该采取积极遗忘法，即尽快遗忘过去，抹掉对方在自己心中的形象，用理智战胜感情。爱情是以互爱为前提的，不可因一厢情愿而强求，应该尊重对方选择爱人的权利。也可以进行反向思维，多想对方的不足点，分析自己的优势，鼓足勇气，迎接新的生活。不妨像《伊索寓言》中的狐狸那样吃不到葡萄反嫌葡萄酸，有点酸葡萄心理；作为失恋者也可以用"天涯何处无芳草"来告诫自己以寻求安慰；还可以这样设想：失恋固然是失去了一次机会，然而却让人进入了另一个充满机会的世界，正如海伦·凯勒所言："一扇幸福之门对你关闭的同时，另一扇幸福之门却在你面前洞开了。"

3.**合理宣泄法**　不少人在失恋以后情绪沮丧、惆怅失望、缄默不语、孤独寂寞、愁苦不堪，如此长期沉积，必然会导致精神抑郁。为此，应采取合理宣泄法释放心理负荷，即通过正常的发泄方式，以不侵害他人为原则，运用发泄、疏导的方法减轻心头压力。可以用口头语言，把自己的烦恼和苦闷向亲朋好友、父母、教师毫无保留地倾诉出来，并听听他们的劝慰和评说，这样心理会平静一些；也可以用书面文字，如写日记或书信等方式把自己的苦闷记录下来，或给自己看，或寄给朋友看，这样便能释放自己的苦恼，并寻得心理安慰和寄托；国外利用"死玫瑰"发泄更是一种绝妙之法。然而，我们切不可采取不当的发泄方式，如打人；也不能出于卑鄙的报复心理肆意造谣中伤、诬陷诽谤对方，这样不但无法帮助人们解除失恋痛苦，反而使人更为萎靡颓废，甚至走上犯罪的道路。

4.立志忘忧法 人生的主要内容并不只是爱情，还有比爱情更重要的追求，那就是学习、工作和事业。失恋者积极的态度会使自我得到更新和升华，全身心地投入到工作中去，许多失恋者因此而创造出了辉煌的成就。正如鲁迅所说的“不能只为了爱，盲目的爱，而将别的人生要义全盘疏忽了”。如果把自己的时间和精力忘我地、专注地投入到更有意义的事情上去，那么你也就无暇自寻烦恼和忧愁了，因此失恋以后我们不可消沉下去，应该忙碌起来，把心中的忧愁驱赶出去。歌德、贝多芬、罗曼·罗兰、诺贝尔、牛顿等历史名人也都曾饱受失恋的痛苦，他们是用奋斗的办法更新自我、积极转移失恋痛苦的楷模。

5.情感转移法 情感转移法指及时适当地把情感转移到失恋对象以外的人、事或物上。可以发展密切的朋友关系，交流思想，倾吐苦闷，从而得到抚慰。当然密切自己与其他异性的交往，也不失为一个合适的途径。心理学家认为，寻求一个新的恋人是失去旧恋人之后解除烦恼、摆脱折磨最根本的办法。失恋以后要客观冷静地分析原因、吸取教训、重整旗鼓寻求新的目标，用爱的阳光驱散心头阴云，尽快从失恋中解脱出来，让欢乐、幸福重新回到自己的身边。这是因为纯洁的爱情是一剂神奇的药，它能使失恋者心灵上的创伤得以迅速愈合，唤起失恋者对生活的美好憧憬，对幸福的热切向往，对爱情的勇敢追求。然而也要注意不宜在失恋之后立刻寻求新恋，以防情绪波动，因旧情未断而谈吐、举止失态，造成误解和新的失败。另外，我们还可以利用环境进行情感转移，就是去名胜古迹游览参观，大自然的美好风光使人心旷神怡，能冲淡失恋的痛苦，洗涤心头的惆怅和失意。

第十章 挫折应对

人生就如同股市一样，没有一帆风顺，只有曲曲折折。人的一生会经历大大小小的逆境、不如意甚至磨难……

"人有悲欢离合，月有阴晴圆缺，此事古难全。"尽管人们希望能一帆风顺、万事如意，但挫折却总是不可避免的。成功固然可贵，失败也并非毫无意义。对大学生而言，挫折既是打击，也是成长，正确地认识与对待挫折，是成功者的必备能力。

第一节 挫折概述

古人云："人生逆境十之八九，顺境十之一二。"在现实生活中，当你遇到了严重的"堵车"而长时间不能疏通时，会变得越来越烦躁；考前复习时，有的题目怎么也做不出来，心里会焦躁不安；以为自己的考试成绩在班里能够名列前茅，却只排在了中等，心中就产生了极度的自卑；与同宿舍的同学发生了争执，对自己现有的生活产生了不满；恋情出现了矛盾，对一切感情失去信心。这些感受，也许都曾经历过，在遇到这些情景时，挫折心理就产生了。

一、挫折的含义

生活中的挫折是挫败、阻挠、障碍的意思。《管子》："兵挫而地削"，最开始挫折常用于兵家失利。心理学中的挫折是指人们在某种动机的推动下，在实现目标的活动过程中遇到了无法克服或自认为是无法克服的障碍和干扰，使其需要或动机不能获得满足时所产生的紧张状态和消极的情绪反应。如一位学习成绩优秀、才华出众的大学生，刻苦学习，积极努力，准备报考理想中的大学去读研究生，但在考前，一场大病却将他送进医院，使他无法进行盼望已久的研究生入学考试，这种打击使其痛苦、失望，久久不能平复。挫折的内涵包括三个方面：

1.挫折情境 挫折情境是指人们在有目的的活动中，使需要不能获得满足的内外障碍或干扰所实际呈现的情境状态或情境条件，比如高考落榜、亲人去世、与恋人分手、工作不如意、受到别人的讽刺、打击等，都是造成挫折的情境因素，是产生挫折的重要条件之一。

2.挫折认知 挫折认知是对挫折情境的知觉、认识和评价。挫折认知既可以是对实际遭遇的挫折情境的认知，也可以是对想象中可能出现的挫折情境的认知。不同的人对相同的挫折情境所产生的主观心理压力也不尽相同，个人的知识结构也会影响其对挫折情境的知觉判断。这是因为每个人的生长环境及所受到的教育并不相同,因此对待事物的看法也是不同的。这种不同就会体现在对于相同问题的不同认识上。

3.挫折反应 挫折反应是指主体伴随着挫折认知,对于自己的需要不能得到满足而产生的情绪反应,如愤怒、焦躁、紧张、躲避或攻击等。当挫折情境、挫折认知不一样的时候,其相应的挫折反应也会不同。

在挫折的三个含义中,哪一个最重要呢?

有一天你走在校园里,看见班主任迎面走来,他好像正在深思。你冲他笑笑,说了声"李老师好!"可他似乎毫无表情地与你擦肩而过。这时你可能很不愉快,想"好大的架子!难道我以前有什么事情得罪他了?哼,我还不爱理你呢!"于是,你和李老师之间就埋下了误会的种子。但是,如果你换一种想法,"李老师在想什么呢,我这么大的声音都没听到",或者开玩笑地大声喊道:"李老师,虽然我很苗条,但你也太无视我的存在了吧!"那么一场可能的误会就避免了,你心中也不会产生不愉快的挫折感。

这个例子说明不同的挫折认知产生了不同的心理反应与体验。一般来说,当挫折情境、挫折认知和挫折反应三者同时存在时,便构成典型的心理挫折。但如果缺少挫折情境,即使只有挫折认知和挫折反应这两个因素,也可以构成心理挫折,这是因为主体认知不当的缘故。因此,在挫折情境、挫折认知和挫折反应这三个因素中,挫折认知是最重要的因素,挫折情境与挫折反应没有直接的联系,它们的关系要通过挫折认知来确定。由此可见,挫折反应的性质及程度,主要取决于挫折认知。一般说来,挫折情境越严重,挫折反应就会越强烈;反之,挫折反应就会较轻微。但如果个体主观上将严重的挫折情境认知评价为不严重,其反应就会比较轻微,反之,如果将并不严重的挫折情境认知评价为严重事件,那么也会引起强烈的情绪反应。

即使面对同样的挫折情境,不同的人也会产生不同的挫折反应。如同样是考试不及格,有的学生痛不欲生,有的学生懊悔不已,有的学生则不以为然,这就是因为他们对考试不及格这一挫折情境的认知不同所造成的。正如巴尔扎克所说:"世上的事情,永远不是绝对的,结果完全因人而异。苦难对于天才来说是一块垫脚石,对于能干的人是一笔财富,而对于弱者则是一个万丈深渊。"

二、大学生挫折心理产生的原因

人的需要、动机只是一种主观愿望,它同客观现实之间总是存在着这样或那样的矛盾,这种主观愿望和客观现实之间的矛盾是挫折心理产生的重要原因。挫折心理是指人们在通往既定目标的道路上,遇到挫折时产生的心理上紧张和情绪上的不适应状态,其中既有阻碍目标实现的种种主观因素,也有由于某种障碍和干扰致使需要不能满足而产生的愤怒、恐惧、焦虑、悲观、痛苦、不安等心理反应。因此,大学生挫折心理产生的原因是多方面的。随着社会的进步和外部环境的变化,我们主要从以下两大类来认识。

(一) 客观环境因素

客观环境因素即外部原因产生的挫折,是指由于客观因素给人带来阻碍和限制,使人的需要不能满足而引起挫折。客观环境方面的因素又分自然因素、物质因素和社会因素。

1.自然因素产生的挫折 自然因素是指各种人为力量无法抗拒的因素。如无法预料的天灾、人祸、亲人的生老病死等。有一位成绩好、对自己要求高的学生,在一次期末考试前,因得了急性阑尾炎要住院治疗而不能参加考试,他心里很着急,患得患失,病好后却怎么也不能集中精力准备考试了。

2.物质因素产生的挫折 包括家庭经济状况、学校生活环境和学习环境不如意产生的挫折。其中家庭经济困难使大学生心理产生挫折的可能性最大,许多贫困学生因此而自卑、意志消沉或心态失衡。有资料显示,因经济拮据而造成的心理挫折在各年级大学生中都有一定的比例。

3.社会因素产生的挫折 指个体在社会生活中受到政治、经济、道德、宗教、习惯势力等因素的制约而造成的挫折,如入团、入党、评优等愿望因某种原因而不能实现,或因人际关系紧张,社会生活事件等而产生的挫折。同自然和物质因素相比,社会因素给学生带来的阻碍或困难更复杂、更普遍、更广泛。

(二)主观条件因素

主观条件因素产生的挫折也称为内部原因产生的挫折,是指由于个人生理、心理因素带来的阻碍和限制所产生的挫折。

1.生理因素产生的挫折 是指因自身生理素质、体力、外貌以及某些生理上的缺陷所带来的限制,导致需要不能满足或目标不能实现的挫折,如个子太矮、容貌不佳、智力不高等。尽管人人都追求外表美,但如果能正视自己、悦纳自己,重视培养自身的内在气质,自信、自强、快乐,便会形成一种过人的人格魅力。一个连自己都不能接受的人,怎么能让别人喜欢呢?

2.心理因素产生的挫折 是个体因需求、动机、气质、性格等心理因素导致活动失败、目标无法实现而产生的挫折。主要与以下因素有关:

(1)个性不够完善。思想成熟、性格坚强、行为规范、社会适应能力强的学生遇到挫折很冷静,能正确认识,并作出理智反应;反之,思想幼稚、性格脆弱、社会适应能力差的学生遇到挫折会夸大对事实的认识,甚至产生过激反应。

(2)自信心不足。自信心强的学生敢于向挫折挑战,百折不挠,勇往直前;而自卑感强的学生,受挫后会一蹶不振,心灰意冷,意志消沉。

(3)个体抱负水平过高。个体抱负水平是指一个人对自己的行为所规定的标准。一个人的自我估计、期望水平恰当与否,往往是造成心理挫折的重要因素。抱负水平太高的学生若为自己制订了一个无法实现的人生目标,那么必然遭受挫折。

(4)心态失衡。由于不能全面正确地看待事物,不能正确对待自己和他人,从而产生嫉妒、失望、自卑等心态。如荣誉争不上、朋友找不到、学习不如人时所表现出来的一种不满、与人闹矛盾的情绪。

(5)动机冲突。动机冲突是指产生了两个或者两个以上的动机,但由于条件限制,二者不能兼得,如"鱼和熊掌不可兼得,前怕狼后怕虎"的冲突。在现实生活中,一个人经常同时产生两个或多个动机,假如这些并存的动机受条件限制无法同时获得满足,就会产生难以抉择的心理矛盾,即动机冲突。如果这种冲突持续得太久,太激烈,或者一个动机得到满足,而其他动机受阻,都会产生挫折感。理想与现实冲突所带来的挫折体验在大学各年级都表现得比较强烈。如有位大学生既想学习成绩好,又希望多点机会打工赚钱,还想谈恋爱,而人的时间精力有限,不知如何抉择,从而产生心理矛盾。

三、挫折与心理健康

挫折具有必然性和普遍性,同时还具有两面性。一方面,挫折具有消极性,使人失望、痛苦、沮丧或引起粗暴的消极对抗行为,甚至导致攻击侵犯行为或失去对生活的追求,给自己和他人造成严重损失;另一方面挫折又具有积极性,给人以教益,使人认识错误,接受教训,磨炼意志,使人更加成熟、坚强,在逆境中奋起,从而获得进一步的发展。

青年学生所遇到的挫折主要表现在学习方面和情感方面。学习方面主要包括考试没考好,成绩下降,受到老师和家长的批评、责备。情感方面如:向自己喜欢的异性表示好感,却遭到拒绝,以及恋爱后不欢而散等。它是一种消极的心理状态。这种心理状态如果不及时调整,会造成强烈的情绪反应,或者引起紧张、消沉、焦虑、惆怅、沮丧、忧伤、悲观、绝望……长期下去,这些消极恶劣的情绪得不到消除或缓解,就会直接损害身心健康,使人变得消沉颓废,一蹶不振。或愤愤不平,迁怒于人;或冷漠无情,玩世不恭;或导致心理疾病,精神失常;也有的可能轻生自杀,行凶犯罪。

挫折的消极性和积极性是相对的,也是可以转化的。当我们遇到挫折时,以积极的态度面对挫折,将挫折变为动力,以顽强的毅力继续奋斗,或重新调整目标,从而使需要或动机获得新的满足的心理过程和实践过程,即减少挫折的消极因素,积极寻找挫折积极的一面,促使挫折产生的消极因素向积极方面转化。

第二节　大学生的挫折心理反应

大学生是同龄人中的佼佼者,普遍自视较高。当遇到挫折时,常常盲目自信和固执,缺乏灵活性,从而使自己长期处于不良情绪之中不能自拔,致使挫折感不断增强。

人们对挫折的反应有着不同的情形,有的情绪反应强烈,有的则不明显;有的以各种偏激的行为表现出来,有的则以积极的方式来对待。一般来讲,大体上可分为原始性反应(也称情绪性反应)和自我防卫反应两类(也称理智性反应)。

一、挫折的原始性反应

原始性反应是指个体在遭受挫折时伴随着强烈的紧张、愤怒、焦虑等情绪所作出的反应,可表现为强烈的内心体验,也可表现为特定的行为反应。主要表现为焦虑、冷漠、退化、幻想、逃避、固执、攻击、自杀等。

(一)焦虑

焦虑是一种模糊的、紧张不安的综合性负面情绪。常常伴随焦急、忧虑、恐惧等感受,甚至可能会出现出冷汗、恶心、心悸、手颤、失眠等神经生理反应。当人们面临心理冲突、情境压力或遇到挫折，或者预感到某种不祥的事情或不良的后果将要发生，或者感到需要付出努力的情境将要来临而又感到没有把握预防和解决时，都会产生焦虑情绪。挫折是引起焦虑的重要方面，人们遇到挫折时一般都会表现出某种程度的焦虑情绪。

一般来说，焦虑的情绪体验总是不愉快的，甚至是痛苦的。过度的焦虑会使人的情绪很不稳定、心情烦躁、神经过敏，对生活事件反应过度，致使认知能力、思维能力、对外界的适应能力和自信心显著降低。因此，持续的、过度的焦虑对人们的身心健康是有害的，若不及时调整，设法尽快摆脱或降低焦虑，可能会导致心理障碍，如焦虑症等。另一方面，适度的焦虑也有积极作用。当人们面对挫折或感到即将面临挫折时，适度的焦虑常常有助于使人集中注意力，活跃思维，从而最大限度地调动身心资源，集中精力去应对挫折或即将到来的挑战。如考试前适度的焦虑可以使学生更集中精力去准备；当众演讲时适度的焦虑可以使人的思维更敏捷，发挥得更好。

（二）攻击

攻击是指当一个人受到挫折时，为了将愤怒的情绪发泄出去，或者对构成挫折的对象进行报复而产生的攻击性行为。攻击性行为的对象可能是构成挫折的人或物，也可能是其他替代物，还有可能是受挫者自身。攻击性行为的表现形式多种多样，一般分直接攻击和转向攻击两种。直接攻击是指受挫者将愤怒的情绪直接指向构成挫折的人或物上，通过动作、表情、言语、文字等形式表现出来。转向攻击是指受挫者感到引起挫折的真正对象不能直接攻击或不便攻击，或者挫折的来源无法确定时，将愤怒的情绪发泄到其他人或物上的一种变相的攻击方式。如有些学生在比赛时没有获得期望中的名次，便乱砸乱摔东西等。

一般情况下，当人们遇到挫折时，最原始的反应便是攻击，当攻击不能解决问题，甚至可能带来更坏的结果或遭受更大的挫折时，人们又常常以间接的攻击方式或者以冷漠、退化、幻想、逃避等方式来对待。大学生正处于生理、心理发育的旺盛时期，多数学生争强好胜，报复心强，而自我控制能力又普遍较弱，因此，受挫后常常出现攻击性行为，由此往往产生更严重的后果，导致更大的挫折。

（三）倒退

倒退是指当人们受到挫折时所表现出的与自己年龄和身份不相称的幼稚行为。通常，不同年龄阶段的人各有其不同的情绪和行为模式。随着年龄的增长，在社会生活方方面面的影响下，人们在情绪和行为方面会日益成熟起来，使自己逐渐学会控制自己，在适当的场合和适当的时候，表现出与自己年龄相符的情绪反应和行为。当人们遇到挫折后，一些人在一定程度上会失去对自己的控制，以低于自己年龄的简单、幼稚的方式应对挫折，以求得别人的同情，有时甚至是自己的同情和照顾，而这种情况常常当事人自己不能清醒地意识到。如有些学生，甚至一些学习成绩好的学生，在考试过程中，每当感觉考得不理想时就会生“病”，并告诉别人自己是带病参加考试，甚至申请不参加下面的考试；有些大学生当遇到自己认为无法摆脱的困境时就离校或离家出走等。可见，退化是一种由成熟向幼稚倒退的反常现象，不但不能有效地应对挫折，反而会使人的判断能力降低和工作效率下降，甚至使人缺乏主见、脱离现实、意志衰退。

(四)固执

固执是指一个人在受到挫折后,采取刻板的方式盲目地反复进行某种单调、机械的无效动作,尽管知道这些动作对目标的达成、需要的满足并无帮助。通常,固执是在一个人遭受挫折而又一时无法克服或回避的情况下,产生的过多、过严的惩罚和指责,或者当人处于惊惶失措状态时产生的固执行为。如有些学生考试失败后,受到家长的责备,几经努力后仍没有效果,于是就丧失信心,破罐破摔,不再进行新的努力和尝试,茫然地按照已被证明是无效的做法刻板地反复去做,无论家长再怎样责备也无济于事。固执行为的特点是呆板无弹性,具有很大的强制性,是在人们遇到挫折后感到无能为力和不知所措时产生的反应方式。所以,这种挫折反应方式并不是不可改变的,当人们获得了更适当的反应方式后,就会取代固执行为。

(五)逃避

逃避是指一个人在遇到挫折或感到可能面临挫折时,不能面对现实,正视挫折,而是以消极的态度躲开挫折现实的一种挫折反应方式。如有些学生谈恋爱失败后就不敢再谈恋爱;有些学生当众演讲失败受别人嘲笑后再也不参加集体活动等。逃避虽然可以使人们降低因挫折产生的紧张感,或者避免再次受到挫折的伤害,但当事人面对的现实问题并没有解决,而有些问题又是不能回避的,所以,逃避常常使人害怕困难,不求进取,长期下去将大大降低人们的适应能力和自信力,甚至可能会导致适应不良。人们逃避挫折的方式各种各样,幻想也可以看作是一种典型的特殊的逃避方式。

逃避有三个表现:一是逃到另一种现实中,如学习不好就玩游戏,沉溺其中。二是逃向幻想世界。三是逃向疾病。

(六)冷漠

冷漠指当一个人遇到挫折时,表现出的一种无动于衷和漠不关心的态度。这是一种复杂的挫折反应。从表面上看,冷漠似乎是逆来顺受,毫无情绪反应,而事实上冷漠并不意味当事人没有反应,而是对挫折更加痛苦的内心体验,只是被压抑或以间接的形式表现出来了。一般情况下,对挫折的冷漠反应是由于一个人长期遭受挫折或感到没有任何希望摆脱或消除困境而产生的。如某些学生第一次出现考试不及格时,一般会感到难过、自责或抱怨,接下来会更积极努力地去学习;但当第二次、第三次,甚至十几次考试都不及格时,他们就会表现出对学习和考试漠不关心,不再努力学习,甚至不上课、不做作业、不参加考试,对老师、家长的劝说、批评、鼓励也无动于衷。有些大学生的社会活动能力较差,多次失败后,他们渐渐地对大学生活、同学关系、社会活动持冷漠的态度,表现出死气沉沉、缺乏集体感。有的人一生坎坷,多灾多难,接二连三地遭遇来自各方面的打击,“天下之大,却没有自己的容身之地”,从而对周围的人和物都失去兴趣,即所谓“看破红尘”。

(七)幻想

幻想是指一个人在遇到挫折时企图以自己想象的虚幻情境来应对挫折。任何人都有幻想,大学生又处在多幻想的年龄段,所以大学生的幻想特别多。通过幻想,人们可以暂时脱离现实,在自己想象的情境中满足一些自己的需要和欲望,使人产生一种愉快和满足的感觉。如有些学生在幻想中想象当自己在事业上获得了巨大成功,当自己处于很高的地位，当自己得到了意中人的青睐时，如何受到世人的敬仰，如何风流潇洒的情境。应该说，当人们遇到挫折时，暂时的幻想可以使人在一定程度上缓冲挫折情绪，偶尔为之，也是正常的。但如果用幻想来应对现实中的挫折，特别是长期处于幻想状态，或养成了从幻想中实现现实生活中实现不了的目标的习惯，就会使人降低对现实生活的适应能力和严重脱离现实生活，甚至可能导致精神疾病。

（八）自杀

自杀是一个人遭受挫折后的一种极端反应方式，也可以看作受挫后针对自身的一种典型的特殊的攻击行为。当一个人受到突然而沉重的挫折打击，或者长期受到挫折的困扰和折磨，使受挫者感到万念俱灰不能自拔时，受挫者就可能产生自暴自弃、轻生厌世的想法，此时若得不到外力的帮助，受挫者就可能采取上吊、跳楼、投河、服毒等方式自杀。通常，自杀行为是在挫折的打击大大超出受挫折者对挫折的承受能力的情况下发生的，特别是当受挫折者将受挫的原因归结为自己，并对自己丧失信心，将自己作为迁怒的对象时更易于导致自杀行为。大学生的成长过程一般都比较顺利，很少遇到大的挫折，他们对挫折的承受能力普遍较低，同时大学生一般都自视较高、自尊心强，所以，当受到挫折的打击时，有时即使是很小的挫折，都很容易产生自杀行为。如某高校的一名学习成绩十分优秀的女生，得知自己有一门课考试不及格时就跳楼自杀；还有些学生失恋后因不能自拔而自杀，等等。

二、挫折的自我防卫反应

自我防卫反应是人们为了减轻挫折造成的心理压力、维持心理平衡所采取的自我保护方法。主要包括文饰、否认、压抑、反向、推诿、投射、认同、幽默、补偿、升华。

1.**文饰**　当个体遇到挫折之后，往往表面上不动声色，把心理上的烦恼、焦虑、苦闷统统埋藏在内心深处，显示自己的长处，提高别人对自己的评价，从而减轻心理压力，以弥补失败所带来的自尊心的受挫。这种行为反应往往起着自我欺骗和自我麻痹的作用。

2.**否认**　一种不承认存在或已经发生的令人痛苦或难堪的事实的潜意识的心理防卫方式，它的情形就像沙漠里的鸵鸟，在受到追击又无法逃脱时就把头埋进沙土之中，以为看不见危险就不存在了。

3.**压抑**　生活中常见到一些人在非常生气时，会努力控制怒气不要爆发出来，这种行为称为压抑。而压抑是指个体在不知不觉中自动地抑制情感的一种行动。压抑是否认事实存在，把不愉快的心情在不自觉中有目的地忘却，以免心情不愉快。这种防卫机制比较常见，对身心危害较大，心理学家认为，一切疾病都是由过度压抑造成的，遇到挫折最好一吐为快，想办法把内心的不满、不愉快的情感宣泄出来。

4.**反向**　行为相反于动机而行，又称“矫枉过正”现象。个体为了防止自认为不好的动机外露而采取与动机方向相反的行为，这种内在动机与外在行为不一致的现象，称为反向作用。它实际上也是对个人的冲动和欲望进行压抑的一种心理表现。自卑的同学往往表现出高傲自大，对异性充满向往，却装出不屑一顾的样子等。例如，一个女大学生对某男生有好感，但在和他见面时，反而采取冷淡的态度；凡事总爱在别人面前炫耀自己的人，恰恰反映了他内心有怕别人瞧不起的自卑感。

5.推诿 当个体遭到挫折后,不是从本身的缺点、弱点方面加以分析,而是把责任推给他人、埋怨他人,以减轻自己的焦虑与不安,这是一种文过饰非的行为。

6.投射 有时候我们会以自己的想法去推测别人的想法,将自己的思想、感受和行动推到别人身上,这在心理学上称作投射。投射通常指将自己不喜欢或不能接受的性格、态度、意志或欲望转移到别人身上,说别人有这种恶习或恶念,即所谓"以小人之心度君子之腹"。例如,一个对辅导员有成见的学生,可能会散布说辅导员对他有成见,有意整他。

7.认同 认同是指一个人以各种各样的方式去建立与另一个人、一个团体或一个目标的同一性。自觉模仿他人优良品质和获得成功的经验和方法,使自身更适应社会要求,增强信心和勇气。比如寒暑假期间,原来中学的同学相聚时,大家都会赞誉和抬高自己所在的学校,其实就是间接地赞誉和抬高自己。有的人很喜欢表白自己和某名人是同学、老乡等。认同作用就是把别人具有的使自己感到羡慕的品质加在自己的头上,或是将自己与崇拜的人视为一体,以提高自己的信心、声望、地位,从而减轻挫折感。

8.幽默 这种积极的行为反应不是所有人都能达到的,必须有积极的生活态度,表现出睿智与从容。例如,有人失恋了,自嘲地说:"只谈过一次恋爱的小子,要不要羡慕他!"

9.补偿 当个体行为受挫,或因个人某方面的缺陷而使目标无法实现时,往往以新的目标代替原有目标,以其他方面的成功来补偿因失败而丧失的自尊与自信。即一个目标不能实现即转向另一个更适合自己的目标,从而取得成功。这就是人们常说的"失之东隅,收之桑榆"。如某大学生没有当上班干部,无机会表现自己的能力,于是便努力使自己的成绩名列前茅。一个高度近视、身体单薄的学生无法在运动场上逞强,却可以刻苦攻读,品学兼优,在学业上称雄;一个长相平凡或有生理缺陷的女孩,无法与女伴争妍斗奇,但可以发奋学习,在学术研究上卓有成就,从而获得其容貌不能赢得的声望,这就是补偿。生活的天空那么辽阔,施展本领的天地如此广大,原先的目标受挫时,不妨通过别的途径达到目标,或用其他目标代替。东方不亮西方亮,旱路不通水路通,只要持之以恒,终会实现自己的理想 。

应该注意的是,补偿的行为反应并非都是积极的。由于个体要实现的目标有高尚与平庸之分,挫折后对补偿的选择也有进取与沉沦之别,因而决定了补偿有积极与消极之分。如果补偿选择的新的目标和活动符合社会规范和人的发展需要,这时的补偿反应行为是积极的、有益的。如果补偿选择的新的目标和活动不符合社会规范或有害于心身,虽然这种补偿的反应行为使自己暂时获得了心理平衡和心理满足,却也无助于心理健康发展,有时还会使自己自暴自弃,甚至堕落犯罪,危害他人与社会。

10.升华 用一种比较崇高的具有创造性和建设性的目标代替,借以弥补因受挫而丧失的自尊与自信,减轻痛苦。升华是最积极的行为反应,从古至今演绎出绵绵佳话。古之文王拘而演《周易》,仲尼厄而作《春秋》,屈原放逐赋《离骚》,左丘失明写《左传》,孙膑髌脚修《兵法》,司马迁受辱著《史记》;今朝张海迪身残志坚,等等。不仅如此,升华还是一种富有建设性的行为反应。它使人在遭受挫折后,将不为社会认可的动机和不良的情绪移到有益的活动中去,使其转化为有利于社会并为他人认可的行为。例如,一些貌不惊人的大学生最初在社交活动中受到制约,于是他们在学问、个体思想道德修养上下功夫,学习成绩出类拔萃，品德优秀，为同学所瞩目。

第三节　大学生挫折承受力及其培养

人的生活和工作不可能是一帆风顺的，人的生命历程难免风风雨雨、坎坷不平。有时候某种需求会与现实状况发生抵触，有时候某种行为又会遇到障碍或干扰。比如学习中的困难、身体上的不适、人际间的纠葛等，这些都告诉我们，人生难免会有这样或那样的艰难曲折。挫折会给大学生以打击和痛苦，也能使大学生奋进、成熟，从中受到磨炼和考验，变得坚强起来。面对挫折，大学生要学会积极应对，最大限度地减轻挫折所带来的不良情绪反应，不断提高自己的挫折承受力，保持身心健康。因此，培养大学生对挫折的承受力将有助于他们的心理健康并助其成才。

一、挫折承受力的含义

挫折承受力的定义是："抵抗挫折而没有不良反应的能力"，即个体适应挫折、抗御和对付挫折的能力。是个体在遇到挫折情境时，经受打击和压力，摆脱和排除困境而使自己避免心理与行为失常的一种耐受能力。挫折承受力是维护个体心理健康的一道防线。因此挫折承受力较低的人，几经挫折的打击之后，容易失去人格的统整性，甚至会出现人格扭曲，形成行为失常和心理疾病。

1977年世界卫生组织提出了三条精神健康的标准，其中有一条就是能够承受生活的挫折，及时地调整自己的情绪，不仅适应环境，而且能有效的改造环境。由此可见，培养挫折承受力对精神健康的意义重大。不同人的挫折承受力不同，同一人对不同的挫折情境的承受力也不同。大学校园发生的各种极端事件都与挫折承受力息息相关。如班干部改选中落选的女大学生投湖；联欢会上唱歌跑调的男生卧轨；品学兼优的女生风闻同学的流言蜚语便上吊。之所以出现众多极端行为，关键就是他们忍受和排解挫折的能力是不健全的。

挫折承受力是后天学习来的。因而，无论是家庭还是学校，都应该教育大学生学会承受日常生活中遇到的挫折，鼓励他们从挫折中获得经验教训，增强克服困难的信心，而且要通过提供适度的挫折情境，采取恰当的方法来锻炼大学生的挫折承受力。

二、挫折承受力的影响因素

1.外部原因　有些挫折是由非人为的环境因素造成的，如一个急于完成学业以便尽快减轻家庭经济负担的大学生还必须苦读几年才能毕业挣钱。另外一种外部挫折是个体在社会环境中因人为原因引起的，如两个相爱的大学生因男生是农村出生而遭到女生家长的反对等。

2.内部原因　指由于个人的生理、心理等因素所带来的阻碍和限制，成为挫折的来源。

（1）生理条件。一个身体健康、发育正常的人，一般对挫折的承受力比一个疾病缠身、有生理缺陷的人要强。

(2)过去经验。一个人在婴幼儿期所受的刺激,可使成年期的行为更富于适应性和多变性。相反,极少受到挫折,一贯顺利、总受赞扬的人,就没有足够的机会学习和积累应对挫折的经验,他们的自尊心往往过于强烈,对挫折的承受力很弱。

(3)挫折频率。一个人如果是“屋漏偏逢连夜雨,船破又遇顶头风”,如刚刚失恋不久,考试又不及格,没几天又心不在焉地把心爱的手表丢了,接连遭受挫折频率过高,挫折承受力必大大降低。

(4)认知因素。认知是指我们对周围事物的想法和观点,也就是人的认识活动。挫折刺激正是通过人的认知而作用于情绪,产生这样或那样的心理行为反应。由于认知不同,同样的挫折情境对每个人造成的打击和心理压力是不同的。一般认为,虚荣心重的人对挫折的知觉敏感性高,承受力低。因为虚荣心重的人常常将名利作为支配自己行为的内在动力,一旦受挫,目标没达到,就会因为虚荣心没有得到满足而难以忍受。

5)个性因素。个性是一个人所具有的意识倾向性和稳定的心理特征的总和。一个人的性格特征、个人兴趣、世界观都对挫折承受力有重要的作用。性格开朗、乐观、自信的人挫折承受力强;性格孤僻、懦弱、内向、心胸狭窄的人挫折承受力弱。

(6)社会支持。正如人们常说的,“一个痛苦两人分担,痛苦就减轻了一半”。当一个人感到有可以信赖的人在关心、爱护和尊重自己时,就会减轻挫折反应的强度,增强挫折的承受力。

三、挫折承受力的培养途径和方法

(一)挫折承受力的培养途径

1.正确认识挫折 要提高承受挫折的能力,首先要正确认识挫折,建立一个正确的挫折观。在现实生活中,考试不理想、人际关系困难、生活不适应等挫折几乎每个人都曾遇到过。有的人总认为生活中的挫折、困境、失败都是消极、可怕的,受挫后往往悲观抑郁,甚至丧失了生活的勇气。事实上,挫折并不都是坏事,处理得好的话,它也可以成为自强不息、奋起拼搏、争取成功的动力和精神催化剂。生活中许多优秀人物就是在挫折磨炼中成熟,在困境中崛起的。相反,过于一帆风顺的生活反而会使人耽于安逸、丧失斗志,在挑战到来时措手不及。因此可以说,挫折也是一种机会。只要能坦然面对挫折,树立战胜挫折的勇气和信心,就可以适应任何变化的环境。

2.改变不合理观念 心理学研究表明,引起强烈挫折感的与其说是挫折、冲突,不如说是受挫者对所受挫折的看法,以及所采取的态度。常见的不合理观念有以下几种:

(1)此事不该发生。有些人把生活中的不顺利,学习、交往中的挫折、失败看作是不应该发生的。他们认为,生活应该是愉快的、丰富的,人际关系应该是和谐的、互助的。一旦生活中出现诸如人际关系之间的冲突,成绩滑坡,好友负心,评不上优秀等事件,就认为它不应该发生,而变得烦躁易怒、束手无策、痛苦不堪、失去信心。

(2)以偏概全。有些人常常以片面的思维方式看待事物,简单地以个别事件来断言全部生活,一叶障目。例如,有人对自己不友好,就得出结论说自己人缘不好或缺乏交往能力；一次考试不尽如人意，就认为自己彻底失败，不是读书的材料，一次失恋就认为自己对异性没有吸引力等，从而导致自责自怨、自卑自弃的心理而焦虑、抑郁。以偏概全不仅表现在对自己的认识上，也表现在对他人、对社会的认识中。例如，因一事有错而对他人全盘否定；因社会有阴暗面，就看不到光明，而彻底丧失信心。

(3)无限夸大后果。有些人遇到的是一些小挫折，却把后果想象得非常糟糕、可怕。夸大后果的结果是使人越想越消沉，情绪越来越恶劣，最后难以自拔。例如，一门功课考试不及格，就认为自己能力不行，学不下去，毕不了业，找不到工作，人生没前途，生命没价值。这实际上是一种自己吓唬自己，给自己施加压力的做法。只有改变不良的认知方式、纠正错误的观念，才能实事求是地评价挫折带来的后果，从困难中看到希望。

3.**加强修养，勇于实践**　为了提高挫折承受力，就应该主动地、自觉地将自己置身于充满矛盾的、复杂的社会环境中去磨炼，向生活学习而不是逃避社会。同时，必须提高自身的思想修养、道德修养、知识素养，培养慎独精神，养成冷静思考的习惯，经常自我分析，自我反省，自我激励。从心理发展的角度看，积极主动的适应，勇敢顽强的拼搏，反复不懈的磨炼，会使心理更趋成熟，增强承受挫折、化解冲突的能力，促进心理朝着健康、向上的方向发展。

4.**优化自身人格品质**　挫折承受力与人格特征有关。以下几种人格类型的人常常容易引起挫折感。①性情急躁的人。他们情绪变化大，易动怒，火爆脾气一点就着，常常因为一点小事引起挫折感。②心胸狭窄的人。他们气量小、好猜疑，喜欢斤斤计较，容易体验消极的情感。③意志薄弱的人。他们做事缺乏耐力和持久，患得患失，害怕困难，只看眼前利益，经不起打击和挫折。④自我偏颇的人。他们缺乏自知之明，或者自高自大、目空一切，或者自卑自贱、畏首畏尾。

为了提高挫折承受能力，每个人都应主动地培养自己良好的人格品质，改变那些不适应发展的不良人格品质。培养自信乐观、自强不息、宽容豁达、开拓创新等品质。自信才能乐观，乐观才能自信，两者相辅相成。当遇到挫折、困境时，相信自己一定能取胜，积极去改变现实，克服困难，战胜挫折，这是自信的作用。乐观者在面临挫折困境时，不会被眼前的困难吓倒，而是能够透过表面的不利看到蕴藏在背后的希望，相信明天是美好的，从而信心十足地去战胜困难。自强不息是良好的意志品质，是一切成功者的共同特征。生命不息，奋斗不止。通向成功的道路不是平坦的，挫折、逆境常常会出现，只有坚强不屈、顽强拼搏，才能到达光辉的顶点。而那些一遇挫折就偃旗息鼓者，只能半途而废，永远不可能成功。宽容豁达和开拓创新的人胸怀宽阔，对挫折不是被动的适应，一味忍耐，而是面向未来，积极进取，勇于创造新生活。因此，提高承受挫折的能力应从培养良好的人格品质入手，从细微小事中严格要求自己，努力在实践中锻炼，使自己的心理得到充分、有效的发展，心理健康达到高水平的状态。

5.**正确认识自己**　①肯定自己，增强自信。挫折可以使人沉沦，也可以使人猛醒和奋起。关键在于受到挫折时，能否从失败中吸取经验，能否发现自己的优势和长处，从而振作精神，重整旗鼓。因为人在情绪低落的时候最容易自我贬低，所以失意时更要有意寻找自己美好的一面，增强自信。②发现自己的优点。努力去发掘自己的优点，逐点用笔记录下来。可分类记录，如个人专长；已做过什么有益或建设性的事；过去什么人称赞过自己；

受过的教育;家人、朋友对自己的关怀等。找出自己的优点越多,自信心就越强。③肯定自己的能力。每天找出三件自己做成功的事,不要把成功看成登上月球、卫星上天那么大的事。成功可以是顺利买到合身的衣服,在图书馆借到满意的书,完成一篇小小的散文,在足球场上进了一个得意的球,等等。日常生活、工作都可以有成功与挫折之分。一日至少顺利完成了三件事,又怎能责备自己一事无成呢?④培养自己某方面的兴趣。在自己的兴趣中,找一样来培养、发展,使之成为专长。专长不必太困难,可以简单到化妆、游泳、做菜、唱歌、跳舞,什么都可以,有了专长,就有机会做主角,自然神采飞扬!⑤发挥自己的外在美。穿衣不必名牌、昂贵,作为大学生应打扮得适合自己的身份,清新、自然、大方、不落伍。情绪低落时,尤要注意穿得鲜艳明丽,加上适当的发型、妆容。这样不仅使自己的坏心情因为打扮分散了注意力,表情也会生动些。不能老是哭丧着脸。⑥调节抱负水平。抱负水平是人在从事某种实际活动之前,对自己要达到的目标所规定的标准。挫折总是跟目标连在一起的,挫折就是行为受阻,目标没有实现。因此,当受到挫折后,要重新衡量一下,目标是否定得过高,是否符合主观条件。所定的目标最好是既有足够的把握,又要经过一定努力才能实现。⑦建立和谐的人际关系。遇到挫折时,朋友、亲人的帮助支持也是提高挫折承受力的重要因素。人际交往遵循互惠互利原则,你要想在困难时得到朋友精神上的支持和其他帮助,那么在别人困难时,你应主动伸出援助之手。此外,应多与亲人、朋友交流思想、沟通感情。

总之,生活中我们经常会遇到挫折,遇到挫折也并不可怕,如鲁迅所说:“真的猛士敢于直面惨淡的人生,敢于正视淋漓的鲜血。”如果我们每一个人都能笑对人生,将发生在你我他之间的所有不快就像蛛丝一样轻轻抹去;如果我们每一个人都能笑对现实,将发生在天地间的所有怅惘与失意坦荡视之;如果我们每一个人都能笑对自己,将发生在成长中的所有失败与忧伤精心珍藏;如果我们每一个人都能笑对未来,将发生在追求中的所有打击与悲痛悄然释怀……那么,我们的生活将会永远充满阳光。

(二)挫折承受力的培养方法

1.重德才轻名利法 重视德和才,加强自我品德修养,积极向伟人学习,努力搞好学业成绩和提高能力;淡泊名利,这样就会不为名利所动,心平如镜,自然会增强耐挫能力。

2.名言警句调节法 在书本扉页、床边、墙上等自己经常出入的较显眼的地方贴上有针对性的名言、警句、格言,以提醒自己,控制过激情绪,并激励自己上进。

3.转移法 受到挫折、思想负担过重时,要想办法转移精神上的压力,缓解情绪。如大声唱歌,到户外散散步,找好朋友倾诉,画画等。这样,就会逐渐遗忘掉挫折,开阔胸襟,缓解精神压力,以便寻找更好的解决受挫的办法。

4.宽容法 要正确认识自己,若一味苛求自己,往往会给自己加重精神压力,以致削弱耐挫能力,造成自责、自罚的内疚心理。要使他们明白,世上没有常胜将军,不面对富有挑战性的任务就不会有进步,并且能真正认识受挫的价值,受挫有助于从正反两方面掌握知识,只有从正反两方面汲取知识才是健全的、准确的、清晰的。应把受挫看作一种推动力,增强忍耐力,不怕受挫,在哪跌倒,就从哪爬起,遇到挫折要学会适当宽容自己。襟怀坦白,合理的宽容是良好的自我修养,是正确进行心理调适的艺术。

5.**调整目标法**　当一种动机和行为由于自身条件或社会因素的限制,经过再三尝试仍不能达到目标时,就要调整目标或降低要求并改变行为方向,退一步海阔天空,以减缓心理上的冲突,增强前进的勇气和信心,也能扬长避短,积极进取。积极引导学生进行自我分析、自我反思、自我剖析、全面认识、评价矫正,在实现目标的实践中找出自己以前目标中“理想的自我”与“现实的自我”的矛盾,确立符合自己现实的目标,达成新的成功体验,树立新的符合自己实际的较高的目标,以此调节控制自己的耐挫心理。

6.**群体活动法**　通过群体活动,采用“一帮一”等形式,把不同情况的学生结成互帮对子,共同克服困难,增强耐挫能力,通过课外活动等增强其集体荣誉感,使其在集体活动中受到教育,体会到自己也是集体中不可缺少的一员,增强其信心,提高耐挫能力。

7.**比较法**　教育学生要与周围同学进行横向比较,提高竞争意识,也要善于纵向比较自己的过去和现在,只要有进步,哪怕慢,也不要自卑和气馁,永远不要自暴自弃,要不断鼓励自己,正确认识自己的短处,并能和自己的短处和平共处,心理压力自然会减轻,也就自会增强耐挫能力。

第十一章 理性竞争

竞争是社会的一种客观存在，是人类社会的发展规律之一。从古到今，从自然界到人类社会，无处不存在竞争，“物竞天择，适者生存”，这是自然界的规律，对人类社会也有一定的意义。当今社会是一个提倡公平、文明，高层次竞争的社会，是一个以竞争为荣的社会。竞争不仅能给文明进步带来速度，还有加速度。它给我们以直接现实的追求目标，赋予我们压力和动力，能最大限度地激发我们的潜能，提高学习和工作的效率；使我们在竞争、比较中，客观地评价自己，发现自己的局限性，提高自己的水平；能让我们的集体更富有生气，丰富我们的生活，增添学习和生活的乐趣。作为当代大学生，面对竞争时，我们要取长补短，良性竞争，减少并力争消除盲目竞争、恶性竞争，从而理性竞争，实现自己的梦想。

第一节 大学生竞争的心理准备

未来的社会将是一个竞争更为激烈的社会，如何应对挑战是摆在当代大学生面前的重要课题。大学阶段的生活充满着竞争，大学生应该作好心理准备，正确看待和面对竞争。本节重点从竞争的特征、竞争是生存的必需和必然、人际竞争的三大定律等方面进行阐述。

一、竞争概述

竞争是为了胜负或优劣而进行的争斗。通常是一种激发自我提高的动机的活动形式。在这种活动中，个人为了取得好成绩与他人展开较量。道德和法律是我们在竞争中必须遵守的基本准则。参与竞争的目的是超越自我，开发潜能，激发学习热情，提高工作效率，取长补短，共同进步。竞争有以下五个特征：

(1)强制性。从宏观上来讲，社会生活的竞争是普遍存在的。不管你承认与否，喜欢与否，竞争总以其特有的强制性在人们的身上发生作用。

(2)排他性。排他性是竞争过程的必然表现，它是竞争中一方排斥另一方的行为，“利己”与“排他”是竞争的主要方面。

(3)风险性。既然有竞争，就要承担一定的风险，有时还要承担因失败所致的责任。风险是由多种因素决定的，如实力大小、机遇好坏、对手强弱、目标高低等。

(4)严酷性。竞争的严酷性表现为优胜劣汰，失败者要承受巨大的精神压力，有时还要付出一定的物质代价。

(5)平衡性。竞争双方不仅仅是一决高下,竞争与合作也是相辅相成的。这种相辅相成的结果就使得事物在竞争与合作中求得发展。

玛格丽特·撒切尔是一个享誉世界的政治家,她有一位非常严厉的父亲。父亲总是告诫自己的女儿,无论什么时候,都不要让自己落在别人的后面。撒切尔牢牢记住父亲的话,每次考试的时候她的成绩总是第一,在各种社团活动中也永远做得最好,甚至在坐车的时候,她也尽量坐在最前排。后来,撒切尔成为了英国历史上唯一的女首相,众所周知的"铁娘子"。要想成就一番大的事业,就要具备"永远争做第一"的竞争意识。

二、竞争是生存的必须和必然

竞争,从原始社会的弱肉强食开始,一直到如今各行各业乃至各个国家间实力的较量,贯穿了历史的发展,遍布了世界的各个角落。

蜿蜒而过的河流,将陆地分成两部分,也将本是同一种群的兔子分成两部分,千百年过去了,当人们再一次踏上这片土地,却惊奇地发现,一边的兔子孱弱而慵懒,另一边的兔子矫健而敏捷。人们发现,孱弱的一边没有天敌,食物充足,矫健的一边却有着凶猛的野兽。这便是自然的选择,想生存就必须不断提升自己,磨炼自己,而这种提升就是在生存的竞争中得以实现的,没有了竞争便没有了进步的动力,自然界和人类便无从发展。

清朝后期,清政府闭关锁国,沉浸在天朝大国的美梦中,资本主义国家却争先恐后地完成工业革命,提高国际竞争力,当炮火惊醒了美梦,却为时已晚,妄想挣脱竞争,却差点国破家亡。改革开放,中国积极加入国际竞争,在竞争中求发展,终于开创了改革开放的光辉篇章。参与到竞争中,才能看到自己的不足之处,才能更好地发展。因此,竞争不是让人淘汰,而是为了让人更加进步。

世界如果没有了竞争,会是什么样子?当动物们饱食终日,心宽体胖时,一场小的自然灾害便会灭绝一个种群;当人们一团和气,不知上进时,社会便停止了发展。没有了竞争便没有了生命的延续,也没有了地球的欣欣向荣。

竞争,是世界必不可少的一部分。没有竞争,就没有人类从刀耕火种到机器生产,成为世界的主宰;没有国家实力间的竞争,西班牙、葡萄牙便不会竞相探索新大陆,创造财富;没有竞争,就没有奥运会场上运动员的奋力拼搏屡创奇迹。竞争,给了世界活力。竞争,给了人们提升自己的机会。

三、竞争的现象及规律

(一)竞争激烈但并不可怕

随着社会的快速发展,人与人之间为了生存和发展的竞争越演越烈,大学生也不例外。学习成绩、学生干部、三好学生、优秀团员、党员、奖学金以及参加各种社会实践活动等,都可以成为竞争的主题。

特别是当前大学生的就业形势严峻,在学校的各种表现都是他们参与就业竞争和继续学习深造的资本。为了使自己在竞争中处于有利地位,很多大学生从入学伊始就暗自展开各种较量。为了获得更多的利益,也有一些大学生不择手段地恶性竞争。此外,受到社会上一些不公平的和不正当的竞争影响,更有少数大学生在明争暗斗的过程中,为达目的不择手段,如通过造假或拉拢、离间、诋毁他人甚至动用家长关系等途径,千方百计来打败竞争对手。如此方式的竞争必然会影响人际关系。而另一方面,由于长期积淀的人情关系,表面上冲淡了竞争意识,给竞争蒙上了温柔的面纱,让竞争演变成人情、关系与利益的交易。竞争所导致的优胜劣汰,也会使人情冷淡,甚至针锋相对、诋毁攻击。

(二)人际竞争的三大定律

生活中的我们一直通过有形、无形的方式依靠他人,迈向自己的目标。没有其他人的帮助,我们无法成功。成功的人际关系是人与人之间通过良好沟通而建立起来的联系,也是用现代方式表达出圣经中“欲人施于己者,必先施于人”的金科玉律。

每个人都生存在各种各样的人际关系网中,生活中家庭成员之间,亲朋好友之间;校园中老师与校领导之间,老师与学生之间,学生与学生之间;工作中上司与下属之间,同事与同事之间。总之,有人群的地方就有人际关系。人际关系伴随着人的一生,同时也影响着人的一生。处理得当,能让一个人无论在家庭、生活、工作中都受到欢迎与喜爱,得到别人的帮助、支持、赏识与栽培,更能过上幸福美满、平步青云、一帆风顺的生活! 反之则让一个人不受欢迎、处处碰壁,无论到哪里,别人都对其敬而远之,使其过着孤独寂寞的生活!

实际上,人际竞争并不可怕,它亦有规律,只要认识掌握了规律,就可以去正视它、接受它,并赢得竞争。我们生活在人群中,能否有效地与别人沟通、合作,能否建立和谐的人际关系,将决定着我们学习和事业是否成功、生活是否幸福以及身心是否健康。建立良好的人际关系是一门很深的学问,它亦有规律可循,“得法者事半功倍,不得法者事倍功半 ”。

1.**不可免定律** 所谓不可免,指竞争这种社会现象从古到今便存在于人类社会,人与人之间的竞争是必然的,是不可避免的。

中国社会向来提倡忍让、和谐,但这并不能消灭竞争,而是使竞争以其他形式反映出来,使竞争转向不公开的、不公正的、低层次的、有害的方面。如中国人的攀比心理,此外像吹牛撒谎、弄虚作假、尔虞我诈、落井下石等,都是一些不正当的负面竞争。现代社会中的竞争体现为激烈紧张,有时甚至是残酷无情,但又极具有价值和意义。这种公正性的竞争使得整个社会充满了生机和活力,使社会发展和进化。所以竞争是必然的,是不可避免的。竞争是社会前进的发动机,是社会发展的防腐剂。

每个成功者的身后都留下一串串竞争的脚印,他们付出了超乎常人的努力,才取得了成功。投入竞争的时间越晚就越被动,层次越低竞争也就越激烈。

这个世界是一个强者的世界,既然人人都无法逃避竞争,不如挽起袖子,放开手脚,大大方方,认认真真地去投入竞争,这才是正确的人生道路。

2.**金字塔定律** 通常情况下,最直接最剧烈的竞争是发生在同一层次同一行业的人之间。正像周瑜感叹“既生瑜,何生亮”一样,因为两个人层次、能力、地位大致相当,所以两人的竞争就更加激烈。

当竞争拉开了差距,竞争形成了层次,社会人才结构就像一座正立的金字塔,居于较高层次者处于较为有利的地位，有着更多更好的出路和更大、更优、更宽的选择。同等条件下，怎样才能判断人能力的大小高低、强弱优劣？那就要看谁能比别人做更多、更难、更好的事情。就像跳高一样，只有你一个人跳过2.60米的横杆时，冠军自然非你莫属。要成为事业中竞争场上的佼佼者，你应该具有"高人一筹""技压群芳"的才能。

3.**金钥匙定律** 人们都向往成功，企图改变自己的命运。事实上，人是能够改变自己命运和处境的，因为人的命运不是既定的，而是待定的，打开成功大门，改变自己命运的金钥匙就在自己的手里，就在自己的脚下。我们无法决定别人，不能随心所欲地改变外界的一切，但我们有权管理自己、提高自己、丰富自己、发展自己，主动寻求和充分利用各种机会，通过改变自己而改变外界。大学生要想获得幸福和成功，就不能怜惜自己的双手和脑袋，就要付出艰辛的体力和脑力劳动，积极参与竞争。"涉浅水者得鱼虾，涉深水者得蛟龙"，奋斗可以改变一切。

第二节 影响大学生竞争力的主要因素

构成大学生竞争力的主要因素包括知识结构、能力结构、心理素质等。其中，知识结构是基础。只有不断优化知识结构，人才会显得"有内涵"。心理素质是否过硬，已越来越成为"双向选择"成与败的关键。大学生的竞争力不仅受到社会条件的制约，也受到自身心理素质的影响和制约。只有知己知彼、作好准备，才能做到合理选择，使自身素质与社会要求相吻合。既满足社会需要，又充分发挥个人才能，从而最大限度地实现自己的社会价值和人生价值。影响大学生竞争力的因素主要有以下几个方面。

一、外部环境

1.**家庭方面** 家庭的影响主要包括家庭的情绪氛围、父母的教养态度及家庭结构、家庭经济状况四个方面。家庭是人生的奠基石，父母是孩子的第一任老师，对学生成长与成才的影响是长久而深远的。家庭的情绪氛围是良好心理素质形成的前提，家庭成员间的语言及人际氛围，直接影响着家庭中每个成员的心理，对个性逐渐成熟的大学生影响更具有特别的意义。父母的教养态度和教育方法直接影响孩子的行为和心理，民主、平等而非命令、居高临下的，开明而非专制的，潜移默化而非一味娇宠的教养态度与教育方法有利于学生心理的健康发展；家庭结构的变化如单亲家庭、重新组合家庭等因素必然会对正在读书的大学生心理产生一定影响；家庭经济状况特别是困难甚至贫困家庭的学生易产生心理不适感。由于家庭环境带来的学生心理问题其影响也是深远而长久的。

2.**学校方面** 目前，许多高校的教学工作与社会的需求还存在着较大的差距。调查显示，有50.8%的学生表示教育模式陈旧，学生的综合能力得不到有效提高，不适应社会需求。他们希望学校根据社会对人才的实际需要调整专业结构和课程设置，把专业课程设置的纵向深入与横向拓宽统筹起来，并适度、适量地在大学生中开设实践型课程，在教学计划中大力强化社会实践环节，把社会实践和教育实践纳入到人才培养方案中，不断提高学校和大学生适应市场需要的能力。

3.**社会方面** 伴随着改革开放的深入发展，由于基础条件的不一样，导致城乡之间的差距逐渐拉大，农村的发展明显滞后，尤其在教育投入方面，农村和城市相比差距更大，这让农村的学生从一开始起点就跟城市里的孩子不一样。经济困难学生不仅要面对所有大学生必须面对的学习和生活问题，还要克服更多的物质和精神上的困难。

随着人才培养和就业制度改革中引入了竞争机制，对人才的需求则提出了更为严格的要求，再加上我国人口众多，社会劳动力市场日趋饱和，学历的竞争上更是越来越激烈，同时技能的竞争、人事关系的竞争，甚至相貌的竞争都在求职的过程中发挥作用。特别是在就业形势严峻的今天，大学生感受到了巨大的竞争压力。

二、自身素质

1.**基本素质** 素质是指人在先天禀赋的基础上，通过环境和教育的影响而形成和发展起来的相对稳定的内在的基本品质。大学生自身的知识结构、心理素质、动手能力、表达能力、反应能力、气质修养、道德修养、集体荣誉感、团体合作意识等是影响大学生竞争力的主要基本素质。基本素质是提高竞争力的基础和前提。

2.**善抓机遇** 机遇，青睐有准备的人。它不相信眼泪，它与怯懦、懈惰无缘；机遇稍纵即逝，目光敏锐、勇敢果决者常常能获得它；机遇对任何人都是平等的，能不能抓住它，主动权在每个人手里。

善于抓住机会的人，才能更好地发挥应有的才能，实现人生价值和社会价值。但是机会总是留给那些有准备的人，因此，只有时刻充实自己，武装自己，不断提高自己的竞争力，才能在机遇来临时抓住机遇，乘势而上，取得竞争的胜利。

三、提高大学生竞争能力需要注意的问题

1.**学好自己的课程，为提升自己的综合素质打下基础** 大学生要明白“今天的学习是为了明天的发展”的道理，增强学习动力，自觉把学习作为一种生活方式；要建立合理的知识结构，培养广泛的兴趣爱好，发展自己的一技之长，重视学习方法的掌握和人文精神的培养。

2.**丰富课余生活，发展兴趣特长** 课余生活要丰富，兴趣特长要发展，学习、生活要有张有弛。功课优秀之余，要发展特长，培养兴趣，也可打打球，跑跑步，强健身体，为今后参与竞争作好准备。

3.**积极参加校内外各种活动** 学校的一些校内组织可以有选择地参加一个，参加学生会、宣传部、文艺部等学生组织，都会让你在社交能力上有所提高。学习他人的经验，对于一个即将步入社会的大学生而言，确实有必要。要有意识地参加学校组织的各种校内外活动，开眼界，长见识，提高竞争力。

4.**积极参加社会实践活动** 假期参加社会实践、打工等是个好主意，但要有保障，有责任心。一些同学在放假期间做些家政、打杂等活动，都可以。而有机会到一些公司做些事情，会得到比书本更多的知识。但是表现给大众的也应该是受过高等教育的、有素质的大学生形象。大学生假期参加社会实践活动要有所为有所不为，这里坚持的原则是坚持与专业相关，与专业相关就参加，与专业无关就尽量不参加，积累实践经验，有利于提高就业竞争力。

第三节　大学生竞争心理问题及调试

竞争是使人们满怀希望、朝气蓬勃、克服惰性、促进社会进步和发展的催化剂。竞争也容易使人在长期的紧张生活中产生焦虑，出现心理失衡等问题。尤其对暂时失败者，由于主观愿望与客观结果之间出现差距，加之有的人心理素质存在不稳定因素，则可能会引起消沉、精神变态等。本节重点从失败心理问题及调适、成功心理问题及调适、竞争的心态和策略等方面进行阐述。

一、失败心理问题及调试

“雄鹰翱翔天空，难免折伤飞翼；骏马奔驰大地，难免失蹄折骨。”人的一生不可能一帆风顺，事事如意，同学们在学习生活中也难免会遇到挫折失败。有的人遇到失败后，就消沉、灰心、萎靡不振，丧失信心，放弃了努力，甚至自怨自艾，自暴自弃，长久的压抑甚至导致精神疾病的产生，同学们遇到失败后，不妨冷静而理智地分析导致失败的原因和过程，从中找到较好的解决办法。失败心理问题常用的调适方法有以下几种：

1.**自我补偿**　最初的动机受挫折时，可通过其他途径达到目标，或用其他目标代替原来的目标，以其他目标的成功来补偿。如一次考试成绩不好，就努力学习，等下一次考出好成绩来补偿，学业成绩不好，就在技能技术方面发展。

2.**合理宣泄**　当遭受失败产生不良情绪时，不要将痛苦埋在心中，要积极地向家长、老师或朋友倾诉，求得理解或帮助。还可以把心中的不满或委屈写在日记中，或到没人的地方大喊几声，这样心情便会逐渐平静下来。

3.**转移、升华**　遇到挫折后，将不良的情绪和精力转移到有益的活动中去，从另一个新的角度来看待这件事，使情绪稳定下来，并努力把自己没有实现的愿望导向更高的方向，将挫折变成动力，做生活的强者。

4.**正视、期望**　要培养坦率地正视现实、面对现实的态度，把挫折当作人生不可避免的一部分。自古英雄多磨难，挫折和失败往往是成才者的摇篮。培根说过：“奇迹多是在厄运中出现的。”诚然，挫折和逆境更能考验人生。

当我们在竞争中失败的时候，要及时调整好心态，不要因为心态问题而导致走向岔路。比如说，学生参加高考，失败了，落榜了，那时候我们的心情肯定很糟糕。根据人的性格，会有三种心理反应。性格坚强的学生也会很失落，但仅仅是失落，他们对自己说“这点失败算什么”，很快，他们又可以投入到新的生活中去；性格软弱的学生往往想不开，他们仰天长叹“完了完了，什么都没了，十几年的寒窗到头来竹篮打水一场空”，于是纵身下跳，走向了生命的尽头；性格特别倔强的学生会不甘失败，从而心生怨恨，怨老师、恨学校乃至违法犯罪，走向一条不归路。在失败的时候，我们要及时调整心态，把自己的心态摆正：有竞争，就注定有失败。自己的实力不如别人，那就要接受失败这个现实。要是每个人输了都不服气，都来反抗搞破坏，那岂不是天下大乱？

在竞争中遭受挫折和失败时，应自觉进行情绪调控，摆脱负面情绪，要认识到一次失利并不等于永远失利。一个人各方面的能力如同十个手指一样长短粗细不同，不可能什么事情都能做好，不可能事事都比别人强。我们要正确认识自己、对待自己，对自己的能力有一个客观的、恰如其分的评估。以健康的心态去面对竞争，你会发现原来生活中还有比竞争更为重要的东西：同事的关系，朋友的友谊，爱人的关心，亲人的牵挂……

二、成功心理问题及调试

成功总是件令人羡慕的事情。爱拼才会赢，多少汗水多少辛苦换来如今的成功。鲜花和掌声接踵而来，于是有的大学生就产生了骄傲自满情绪。认为功成名就，大功告成，就欣喜若狂，目中无人，不思进取，若如此，离失败也就不远了。成功心理问题调适常用的方法如下：

1.摆正心态 守江山难是因为没有很好地面对来之不易的成功，以平常心态对待成功，坦然面对，做到心如止水。要明白成功也是一时的，没有常胜将军，不要有一点成就就沾沾自喜，目中无人，这种人注定不会有大的作为。

2.要有再接再厉的决心 只有下定决心，再接再厉，成功才不会离你远去。要以更坚定的毅力，以更多的汗水面对来之不易的成功。记住孙中山先生的一句话："革命尚未成功，同志仍需努力。"你那成功只是革命战役中的一个小的成功，最后的革命胜利还需要你的拼搏、努力！

三、竞争的心态和策略

（一）保持健康的竞争心态

"物竞天择，适者生存"是达尔文在深入研究物种的进化过程后得出的经典结论。人类和动植物一样，从古到今，总是生活在各种各样的竞争之中，竞争促进了社会生产力的发展，竞争也促成了阶级社会的不断演化、天下的不断合分。就我们每个人来说，生活、工作、学习中也时时处处存在竞争，能否有一个健康的竞争心态，对我们有非常重要的影响。那么，健康的竞争心态是什么？我们如何保持它呢？

1.竞争之中容不得妒忌 在竞争中，妒忌表现为使绊摔倒比自己实力强的人，不让对手超过自己，这种犯规动作既妨害了强者取胜，对自己也绝无好处。妒忌在竞争中是无能和卑鄙的代词（不公平的竞争除外）。所以竞争的第一忌就是妒忌。当然有时我们会遇到一些较为复杂的情况，比如明明某人条件比自己差，却先于自己受重用，升迁得比自己快，这究竟是怎么回事呢？不必烦恼。可能某人在一定阶段先于自己升迁，说明他在某些方面优于自己，必须正视这种客观事实。至于对他所采取手段的优劣作何评价、你是否采纳他的做法，又涉及人生观、价值观等做人准则问题，或称清官与赃官的区别问题。不管怎样，他的官升了，管着你了，你只生气也不起作用。不如这样：黑道上争不过，可以在明道上竞争。

怎样评价一个陌生的竞争对手？应该客观公正地去评价，要对这人进行全面的了解之后再评价，不能把社会生活中的一切利害关系夹带进去，带上个人感情色彩。只有这样才能得出正确的结论。

2.**竞争中应保持心理稳定，避免情绪大起大落**　有竞争就有强弱之分，弱者必须承受得住失败的打击。你在这次竞争中失败了，并不说明你在将来的竞争中也注定要失败；你在这方面的竞争中失败了，并不说明你事事不如人。要克服自卑心理，选好努力的方向，下决心追赶上去才对，自暴自弃的思想要不得。另外一类失败者由于败北而产生忌恨和报复心理，充分暴露了其极端自私的本质，若不悬崖勒马，必将把自己推向绝境。

3.**人人皆有成功的机会**　人类社会毕竟不同于动物世界，人类间的竞争是公平的竞争，兼顾到社会公正。人的一生中充满了各种竞赛和竞争，成功有先后，胜利有迟早，社会总是前进的，所以每个人都应以乐观向上的态度投入竞争，在竞争之中保持良好的合作，强盛之后不忘提携幼弱的同胞。切不可因小失大，图一时利益而背弃了远大目标，争一日之长而有损于自己素质与品质。

让我们借鉴美国总统布什的经验之谈：事业上的竞争与做人是不矛盾的，良好的品格修养只会在竞争中有利于自己。

（二）大学生竞争策略

竞争既具有斗争性，又具有联系性和依赖性。在目标竞争中，根据目标市场的容量、层次和条件，竞争的类型大致可分为四类：①排挤型，即在目标竞争中，一方的进展必使另一方衰退，优胜劣汰。②分占型，即在竞争中，竞争双方可以各占一定的市场份额。③独占型，即一方以其独特的技艺独占另一方所难以渗透的某一目标市场。如我国的“六神丸”药品，在非洲市场上独占鳌头，就是一例。④联合型，即双方为增强竞争实力，联合起来，以各自的长处协作共同进入目标市场，这种竞争，有的是以强手为龙头，联结弱家而增强优势。例如，上海自行车公司与许多自行车厂联合，形成生产永久和凤凰两个名牌产品的企业集团，就属这一类。

竞争战略的基本形式有两种：一是正位竞争；二是错位竞争。所谓正位竞争，就是在知己知彼的条件下，同自己实力地位相当的对手进行正面竞争。所谓错位竞争，就是错开对手的锋芒，以己之长攻彼之短而确立相对优势竞争地位的一种战略。注重竞争策略应该做到以下几点：

1.**要热爱生活**　热爱生活会使我们始终保持着一份开朗乐观的心情。不要苛求永远成功的辉煌，也不要计较一时的得失。我们要感谢生活，理解生活，让自己拥有一个好心境。能够活出一份轻松，一份从容，一份洒脱，人生就能更精彩。

2.**要有竞争意识**　在与同事交往中应树立拼搏精神和竞争意识，在学习科学文化知识中要不甘落后，敢于脱颖而出；在人生道路上，要敢于冒尖，争当“出头鸟”。不难想象，一个缺乏竞争意识，学习成绩平平，工作不积极的人是很难赢得同学的尊重和好感的。

3.**竞争不排斥合作**　良性的竞争是合作中的竞争，而不是相互拆台，我们应该倡导良性竞争，避免恶性竞争。要树立竞争是正当的和不可回避的意识，防止以阴暗和畏怯的心理看待竞争，要端正参与竞争的态度。

4.**理性竞争**　将发挥自身优势和潜力、出奇制胜与恪守竞争规则结合起来，把竞争定位在比水平、比心理素质、比思想境界、比实际贡献、比创新精神上，不搞小动作，不出损招，避免恶性竞争。处理好当仁不让与惺惺相惜的关系，既全力进行竞争，又注意保持良好的工作关系和感情关系，不把相互竞争搞成相互拆台和水火不容的争斗。

5.正确对待竞争结果 既要有自知之明，又要客观地评价竞争对手，正确对待竞争结果。只要竞争规则是公正的，竞争过程是透明的，对于竞争结果就要坦然接受，做到胜不骄、败不馁。

（三）提高大学生竞争能力需要强化的十个方面

（1）学历。所谓学历，包括学校、科系、学位。不管哪一行，能拥有学历都是好的。

（2）证照。除了法律、会计、医疗等行业要有证照才能执业外，目前包括金融业、信息业、房地产业、美容业、餐饮业、健身业以及制造业的环卫部门等，也都逐渐走向“证照化”。如果你的学历条件较差，专业证照可弥补学历的不足。

（3）专业技能。在最初的“学徒期”，薪水待遇是其次，学习机会才最重要，要把工作当成学校的延伸，把主管和资深同事当成良师，虚心学习。

（4）听说读写算。听说读写算，是每个人从小就要培养的基础能力，从生活到工作都离不开这五种能力，但新生代在这方面却有“退化”的现象。很多主管抱怨新进员工写的字词不达意、不知所云；虽然创意十足，但连基本文案都写不出。总之，文字表达能力、沟通表达能力、外语能力、数字能力、逻辑思考力、办公室文书软件运用能力，是你不可小看的职场基础能力。

（5）性格特质。“性格决定命运”，这句话用在新人求职上再贴切不过了。在新人的筛选上，现代企业更加重视性格特质，并且采取“3QVeryMuch”的准则，也就是说 IQ（智商与专业技能）、EQ（情绪商数）、AQ（抗压性）三者并重。如果你不能吃苦耐劳、抗压性与挫折忍受度低、缺乏小组合作精神、忠诚度与责任感低、追求卓越的成就动机不足，那就自己走人吧！

（6）历练。跨国公司栽培高级人才，最重要的方法就是“轮调”，让你在不同部门与国家之间培养阅历。历练的多寡，决定你究竟可成大器，还是做一颗小螺丝钉。对社会新人来说，不要怕多做，就怕不给你做。

（7）人脉。人脉往往会在你意想不到的时候，提供你意想不到的一臂之力。但是“贵人”不会无端从天上掉下来，要平时就勤于耕耘，一定是先有付出才有回报。

（8）形象管理。除了研发工程师每天面对机器外，诸如业务销售、行政、法务、公关、教育训练等，绝大部分的职务都是属于“人对人”的工作，因此个人形象管理格外重要。外表有时比内在还重要，西方学者雅伯特·马伯蓝比教授研究出的“7/38/55”定律，证明了这个看法：在整体表现上，旁人对你的观感，只有 7%取决于你真正谈话的内容；而有 38%在于辅助表达这些话的方法，也就是口气、手势等；却有高达 55%的比重决定于你看起来够不够分量、够不够有说服力，一言以蔽之，也就是你的外表。

（9）情报信息力。进入知识快速“折旧”的年代，在校期间所学的东西，如果不随时更新，很快就会跟不上时代。如今都把“情报收集”列为“绝对必要的工作技能”。

（10）跨领域专业。跨领域人才当红，科系的选择若能搭配得当，比如“商管+信息”，“设计+光机电”，“会计+财税”，都有 1+1>2 的作用。

第十二章 敢于创新

创新是现代人才素质的核心，是一个民族进步的灵魂，是一个国家兴旺发达的不竭动力，也是现代人成功的重要基石。大学生是国家的未来和希望，是社会主义事业的接班人，他们的创新精神如何，创新潜能开发的程度，对21世纪中国社会的发展起着重要的作用。如何培养创新型人才，开发大学生的潜能和创新能力，就成为学校心理健康教育关注和研究的重要课题。本章主要探讨创新的含义、大学生创新的心理特点及怎样培养大学生的创新能力等几个方面的问题。

第一节 创新概述

21世纪是知识经济时代，国际竞争归根结底是人才的竞争，特别是创新人才的竞争。时代呼唤创新人才，高等教育的任务是培养具有创新精神和实践能力的专门人才。要想顺利完成这一任务，大学生必须了解有关创新的理论。

一、创新的含义

创新，词典里的解释是："抛开旧的，创造新的。"简单地说，创新其实就是不满足于原来的状态而提出更高的要求，进行更多的探索，产生更多、更高效、更有价值的产品活动。也就是首创前所未有的事物的活动。这里的产品是指以某种形式存在的物质或思维成果。它既可以是一种新概念、新设想、新理论，也可以是一种新技术、新工艺、新产品。创新有两个主要特点：一个是首创性。没有首创性，人云亦云，产品复制，当然不能称其为创新。另一个是有社会价值。如果不能提供有社会价值的产品（如精神病人的胡言乱语，何其独特），也不能称之为创新。

在现实生活中，创新能力如何，关键是看有没有创新意识，也就是有没有创新的激情，革新的渴望，探索新领域的思想和勇气。有这样一则故事：曾经有两位天文学家，一位是出身于丹麦贵族之家的弟谷·布拉赫，一位是弟谷·布拉赫的助手——德国天文学家开普勒。弟谷·布拉赫一生观察了三十多年的星空，进行了大量的天体方位测量，精确度很高，而且还发现了许多新的现象。但是，由于他缺乏创新意识，最终也没有从中发现行星运动的规律。相反，却提出了一个极其荒谬的宇宙体系，就是行星绕着太阳转，太阳带着行星一起绕着地球转。由于受旧势力的束缚，重新回到了"地心说"的窠臼。

然而，开普勒却摒弃了弟谷·布拉赫的错误理念，坚持以哥白尼的"日心说"为核心，以弟谷·布拉赫毕生收集的原始资料为依据,经过长期的探索与实践,开普勒终于发现了行星绕太阳沿椭圆形轨道运行的轨迹,提出了著名的行星运动三大规律,为人类的天文事业作出了卓越的贡献。

两个同时代的天文学家,都为探索宇宙的奥秘耗费了大量的精力,而结果却相差甚远。这其中一个最重要的因素就是有无创新意识,弟谷·布拉赫之所以只能成为一名观察家和计算家,却无法取得开创性的成果,就是因为他一生的宏愿只是想完成1000颗星星的准确星表,而没想到在自己取得材料的基础上去创新、去突破。开普勒在研究时能大胆创新,发现新现象,提出新理论,从而取得了巨大的成功。作为一名新时代的大学生,要抓住机遇,树立创新意识,提高创新能力,创造出更多新产品,让自己的人生更有价值和意义。

二、创新思维及其特征

施正荣,1988年留学澳大利亚南威尔斯大学,1991年以优秀的多晶硅薄膜太阳能电池技术获博士学位,曾主持第二代多晶硅太阳薄膜电池的开发研究,在国际杂志和专业会议上发表文章150余篇,持有10多项太阳能电池技术发明专利,是国际太阳能电池领域的一流科学家。2001年回国后,他以世界一流的速度创建了尚德太阳能电力有限公司,四年里产量扩大了30倍,通过持续的技术创新,尚德公司于2004年被评为全球前10位太阳能电池制造商,并于2006年度进入前四强。施正荣给太阳能电池的研究带来了灵气,取得了一系列研究成果和发明专利。创新使施正荣多次受到政府表彰,并受到国家领导人的亲切接见。

施正荣为什么会取得成功,最主要的就是他能以独特、开放的视角去看问题的思维方式。思维是行动的先导,要想有创新行动,就必须有创新思维。

(一)创新思维的含义

创新思维就是有创见的思维。它使人能突破思维定势思考问题,从新的思路去寻找解决问题的方法,是相对于常规思维而言的。

所谓常规思维是指对现存的理论或实物形态的成果只知利用而不思改进或再创造的思维活动。而创新思维是指不受常规思维束缚,常常超越常规思维,摆脱成见,寻求新的解决问题方法,以产生新颖独特的思维成果的一种思维活动。通过创新思维不仅能够揭示事物的本质,提供新的具有社会价值的思维论断,还能在已有知识、经验的基础上,利用新的事实,寻找新的关系,找到新的方法,得到新的答案。所以创新思维是创新能力的前提和关键,是创造产品的动力和源泉。

(二)创新思维的特征

1.思维的广阔性 思维的广阔性是指创新思维极少受原有框框的束缚,能够全面、系统、周密地思考问题,把思路引向比较广阔的领域,在时空中大幅度地搜索"答案"或"目标"。这种思考问题的方式能突破原有经验束缚,可以从众多的领域中吸取有价值的信息和借鉴之处,或从同一来源中产生各式各样的设想。

2.思维的求异性 思维方式的求异性是指对司空见惯的现象和已有的权威性理论持

一种怀疑的、分析的、批判的态度，不盲从和轻信，并用新的方式来对待和思考所遇到的一切问题。主要表现为选题的标新立异，方法的独辟蹊径，对象的敏感性和思维的独立性。

3.**思维的流畅性** 思维的流畅性是指心智活动畅通无阻、灵敏迅速，能在短时间内表达较多的概念，或产生较多的联想。这是发散思维的量的指标，只要不离开问题，发散的量越多越好。例如，用汉字组词，要求最后一个字作为开头组成下一个词；如从“国家”这个词开始，家庭、庭院、院落、落雨、雨水、水果、果树等，想的越多，流畅性越好。

4.**思维的灵活性** 思维的灵活性是指思维结构的灵活多变，也就是思维不受方向上的限制，能够灵活变换思路，善于将思维的角度回转、跳跃，不断地把思路从一个方向移到另一个方向，主要表现为：①思维的立体性，能够多方位、多角度、多侧面去思考问题，寻求问题答案；②思路的变通性，即当某一思路行不通时，能及时放弃旧的思路，转换新的思路；③方法的多样性。

5.**思维的突发性** 思维的突发性是指在某一时间上突然产生某个创意，表现出非逻辑性的品质。从表面看，它是违反常理、不可思议的，有时使本人都感到吃惊。但创新思维的突发性，绝不是空穴来风，它们或是长期构思酝酿后的自然爆发，或由某一偶然因素启发后的一触即发，它在时间上往往是极短的。但实际上，它是长期量变基础上的质的飞跃。

6.**思维的综合性** 思维的综合性是指在创新思维中，既要大量综合人类智慧，大量地吸取前人与今人智慧宝库中的精华，又要善于思维统摄，把大量概念、事实和材料综合在一起，加以概括和整理，形成科学的概念和系统。更要善于辩论分析，把握特点，从这些特点中概括出事物的规律。还要善于形象组合，把不同的形象有效地综合在一起。

7.**思维的主动性** 思维的主动性是指创新思维是主体的一种能动的过程。它需要创新主体积极调动自身的情感、意志以及全部积极的生理和心理功能，即把一切积极的生理和心理品质都调动到最佳状态。

8.**思维的深刻性** 思维的深刻性是指深入思考，善于抓住事物本质特征及内在联系。创新不是空想、乱想，只有通过科学的思维活动才能揭示事物的发展进程。

创新思维的各个特征相互联系、相互影响。思维流畅后才会灵活，而思维灵活又往往视之为流畅，只有同时具备灵活而流畅的特征才可能产生不寻常的独特观念。在创新活动中也离不开思维的深刻性，持久深入的思考能把人带到新知的彼岸。

(三)创新思维的形式

创新思维能突破思维定势，从新的角度寻求解决问题的方法，所以它不是靠某一种单一的思维形式，而是多种思维形式共存条件下的一种高度优化和综合。这里主要介绍五种形式：

1.**发散思维** 发散思维又叫“扩散思维”“求异思维”“辐射思维”。它是指从已知信息中产生大量变化的、独特新信息的一种沿不同方向，在不同范围思考的思维方式，也是一种从多方面、多角度寻求多样性答案的一种展开性思考方式。例如，面对一支铅笔有多少用途的问题，有人作出这样的回答：

1)必要时能用来做尺子画线。

2）能作为礼品送人表示友爱。

3）能当商品出售获得利润。

4）铅笔的芯磨成粉后可作润滑粉。

5）演出时可临时用于化妆。

6）削下的木屑可以做成装饰画。

7）一支铅笔按相等的比例锯成若干份，可以做成一副象棋，可以当作玩具的轮子。

8）在野外有险情时，铅笔抽掉笔芯后还能被当作吸管吸食石缝中的水。

9）在遇到坏人时，削尖的铅笔还能作为自卫的武器……

这就是发散思维。它具有三个重要的特征：一是流畅性。指发散的量，即在短时间内表达出的观念和设想的量。二是变通性。指发散的灵活性，即多角度、多方向思考问题的灵活的程度。三是独特性。思维新奇，想别人所未想，言别人所未言。在这三个特性中，流畅性强调的是数量，只要切题，反映越多越好；变通性强调的是类别，看问题的角度越多，越能转换不同的类别越好；独特性强调的是稀有。发散思维的这三个特性的作用是不同的。流畅是基础，唯有流畅才能变通、独特；变通是关键，不能变通，看问题只有一个角度，一条思路，那只能是流而不畅，独而不特；独特是本质，是创新思维的灵魂。

2.集中思维 集中思维是寻求唯一正确答案的思维形式，它指向单一的唯一正确的答案，为了寻求这个答案，思考时应从不同的方向和不同的角度，将思维指向这个中心点以供选择，达到解决问题的目的，也就是从众多信息中确认一个自认为最佳或较好的方案。

集中思维由问题引起的选择是根据各种方向，以尽量大的范围所提供的信息进行思考，而且由已知或传统的经验获得结果，是一种具有“向心力”作用的思维。例如，20 世纪 60 年代末至 70 年代初期，日本电器制造厂商将收音机、录音机、放音机进行集中组合，形成一种新的产品“三用机”，迅速占领市场，取得了巨大的成功。这就是集中思维，它有三个特征：概括性、及时性、正确性。集中思维能力的高低，取决于一个人的分析、综合、抽象、概括和判断、推理能力的强弱。

发散思维和集中思维是创新思维的重要组成部分，两者相互联系，密不可分。任何一个创新过程，都必然从发散思维到集中思维，再从集中思维到发散思维，多次循环往复，直到解决问题。“多谋善断”这个成语就说明了这个道理。“多谋”即发散思维，“善断”即集中思维，前者体现了“由此及彼”“由表及里”的发散运动过程；后者体现了“去粗取精”“去伪存真”的聚合过程。

3.逆向思维 逆向思维是与传统的逻辑或习惯的思维方向相反的一种思维。它要求思维活动从两个相反的方向去观察和思考，避免单一正向思维和单向度地认识过程的机械性，克服线性因果率的简单化，而从相反视角（如上—下、左—右、前—后、正—反）来看待和认识客体。并且逆向思维的结果往往别开生面，独具一格。我国北宋史学家司马光儿时“砸缸救人”的举动就是逆向思维的例子。

4.联想思维 联想思维是人们通过一件事情的触发而迁移到另一些事情上的思维。由于这种思维能够克服两个概念在意义上的差异，并在另一种意义上把它们联结起来，由此产生新颖的思维，因此它是创新思维的一种重要的表现形式，一般来说，在时间上或空间上递进的事物，容易产生接近联想，如由飞船想到太空，由春节想到元宵。具有相似特征的事物之间容易产生相似联想，如由李白想到杜甫，由青松想到坚强。具有相反特征的事物或相互对立的事物之间易形成对比联想，如由幸福想到痛苦，由光明想到黑暗。另外还有关系联想，如由冰雪想到寒冷（因果），由文具想到钢笔（种属）等。总之，善于联想就是善于抓住两种事物之间的基本现象和本质的相似之处，从已知推知未知，获得新的认识，产生新的设想。其实，现实生活中，一个人如果不会联想，学一点知道一点，他的知识不仅是零碎的、孤立的，而且是有限的。如果他善于联想，他就能够举一反三，触类旁通，产生认识的飞跃，发现创新思维的成果。

5.**侧向思维** 侧向思维又称旁通思维。这是从一类现象转到另一类内容相距甚远的现象进行思考的一种思维方式。因此这种思维被人们称为“从其他离得很远的领域取得启示的思维方法”。它不受消极的心理定势的束缚，从其他领域的事物中汲取灵感，从而产生新的设想。例如，1903 年莱特兄弟由飞鸟得到启示，把飞机送上天。舞蹈宗师邓肯从海浪起伏波动、棕榈树枝的摇曳、鸟儿的飞翔汲取灵感，创造设计出新的舞蹈动作，这都是侧向思维的作用。

三、创新能力的影响因素

影响大学生创新能力发展的因素很多，概括起来主要包括两个方面：客观因素和主观因素。

（一）客观因素

影响创新能力的客观因素主要是环境因素，包括社会环境、自然环境、家庭环境、大学教育环境等。这些因素通过促进和抑制两方面的作用，制约着个体创新能力的发展。

1.**家庭环境因素** 家庭环境是一个人孕育创新能力的最早环境。个体在家庭中形成的最初的独特思维方式和行为方式可能影响个体一生的继续发展。有人曾对在工程技术方面取得创造性成就的原因进行调查，发现主要原因之一是父母与小学教师鼓励其对问题进行探索的试验，找出它的究竟。由此可见，年幼时的家庭教育因素是培养学生创新能力的基础。

2.**社会环境和文化因素** 社会环境、文化氛围决定着个体创新发展的方向和水平。社会鼓励创新、支持创新，以创新为荣，那么创新就会百花齐放。如果社会环境对创新活动加以禁止和束缚，个体的创新就会受到很大的影响。例如，欧洲中世纪受宗教的统治，创新被视为异端邪说加以禁止和扼杀，提出太阳中心说的哥白尼受到教皇的迫害；宣传太阳中心说的布鲁诺被活活烧死，这样创新之路就非常艰难。因此，要想培养创新型人才，就要从认识和营造先进的文化氛围入手，重视个人的先进文化修养和校园先进文化氛围的营建，千方百计地在社会上形成开放包容、倡导创新的大气候。

3.**自然环境因素** 关于自然环境对创造性发展的影响作用的研究是从实验开始的。有学者以一些平时有创造性表现的大学生为被试者，对他们进行“感觉剥夺”的实验。结果发现，在经过 24 小时以上的感觉剥夺之后的一段时间内，他们会表现出思想混乱、想象贫乏，情绪冲动、烦躁，不能很好地解决某些需要创造能力的问题。有人观察到，大学生被试者在回答创造性测试的问题时，喜欢扫视四周。当要求被试者回答一个物体的特殊用途时(对被试者所做的是发散思维测验),成绩好的被试者更多的是喜欢巡视房间,企图找到某种线索。结论是,线索丰富的环境会为被试者解决问题提供一种认知刺激。在学习和生活活动中,自然美可以引发创造性。就一般而言,与学生的学习和生活有着较为密切关系的校园、教室、图书馆、实验室、操场、宿舍、食堂以及其他公共活动场所等,都是学生的创造实践所依赖的自然物质环境。研究表明,优美的自然环境对高尚道德情操的陶冶以及其创造性个性品质的发展能起到潜移默化的作用。

4.教育的因素 学校教育以培养人才为己任。因此,学校在培养学生创新能力的过程中,要根据教育的客观规律和学生身心发展的特点,采用科学的内容、方法和组织形式,引导遗传因素向最优化方向发展,有效地实现学生创新发展的目标。另外,学校教育在学生的发展中起主导作用,最主要的就是它能根据创新型人才培养的要求,有效地组织和利用校外环境中各种有利于创新发展的因素,调节和控制校外环境中不利于创新发展的因素,甚至可以使校外的社会环境因素的影响与学校教育的影响相互协调,使教育的作用不断得到强化,更有力地促进学生创新能力的发展。

(二)主观因素

影响创新能力的主观因素指个体的主体心理因素,它可以概括为两方面,即起积极促进作用的心理品质和起消极阻碍作用的心理品质。

1.积极进取的心理品质 美国明尼苏达大学教育心理学系的专家们通过对大、中学生创新心理特征的研究,认为创新能力强的学生所具有的一般心理品质有:①对新颖、反常的现象有强烈的好奇和探究精神。②不满足已有的知识和经验,喜欢别出心裁、标新立异。③谈话或文字表达时常用类比、联想的方法。④独立的个性,不愿人云亦云,不迷信教师和权威,愿意探索自己独特的研究途径。⑤敢于冒险,不怕失败和承担责任,对危险和困难考虑较少。⑥全神贯注地读书或书写,能长时间地思考问题。⑦有旺盛的求知欲,知识面较广,专业精通。⑧强烈的自尊心和自信心,喜欢参加激烈的辩论,但并不固执己见。⑨情绪饱满、热情,富有想象力,不刻板守旧,伸缩性强,有幽默感,很少有心不在焉的时候。⑩有自己独特的兴趣爱好与作息习惯。⑪能精细地观察事物,常能从乍看起来不相干的事物中找出相互的联系。⑫珍惜时间,不爱在生活琐事、装束与社交上花过多的精力。⑬除了常规的解决方法外,喜欢寻找所有的可能性。这些积极的心理品质有利于人们创新力的充分发挥。

2.消极的心理品质 消极的心理品质会不由自主地阻碍人们创新力的形成和发挥,具体有如下表现:

(1)胆怯。胆怯会熄灭人的创新动机,使人丧失创新的热情,阻碍人的创新思维和创新想象的发挥。德国物理学家普朗克虽然首先提出了“能量子假说”,但由于胆怯,他非但没有进一步发展能量子力学理论,反而对自己的发现持怀疑态度。结果使自己的研究只停留在提出量子理论的水平,没能进一步深化量子理论。

(2)倦怠。倦怠使人意志消沉、不思进取,阻碍人的智力因素的发挥。倦怠能降低人的观察的敏感性,降低记忆的速度,使思维狭窄而肤浅,想象力贫乏。在科技人才的成长道路上,倦怠是人的心理障碍物,有些人小的时候很聪明,才华横溢,被称为“神童”,长大后却平庸无奇,倦怠是一个重要的心理原因。王安石曾写过一篇《伤仲永》的短文,说的是方仲永5岁能作诗,但后来由于没能受到良好的教育,自己又不努力,到他20岁的时候,已经完全变成平庸的人了。

(3)嫉妒心。嫉妒心是对别人取得的成绩特别是超过自己的成绩感到不舒服、不服气、不满意甚至产生攻击心理的一种情绪状态,是一种不良的社会心理现象,在很多人当中存在。我国学者对北京地区中央单位、部队单位、北京市属单位的130名科技人员进行调查发现,他们对本单位科技人员的嫉妒心情况回答是:没有嫉妒心占3%,稍有占35%,一般占46%,较重占16%,很重占2%。这个调查表明,嫉妒心在科技工作者中不同程度地存在。嫉妒心阻碍科技创新,其不良影响有以下几方面:①嫉妒心易使人心情不快、闷闷不乐或愤怒。这种负性情绪会降低创新的敏感性,阻碍创造性想象的发展,熄灭创造的火花,不利于科技创新。②嫉妒心损害身体健康。嫉妒心持续过长或过于严重,可使人的神经系统功能失调,情绪不安定,行为不协调,心理功能下降,损害身心健康,降低科技创新的效率。③嫉妒心使人注意力分散,不利于创新。它使人的注意力集中在对超过自己的对象不满意、不服气上,甚至挖空心思编造谣言,攻击别人。

(4)从众性。从众性是受他人的心理影响而使自己独立思考能力降低,在行动上自我控制的能力减弱。从众性也表现为盲目服从群体或群体中多数人的意见,人云亦云,随波逐流。从众性强的人在智力方面表现为思维广度狭窄、肤浅,思维不灵活,缺乏独立思考能力,创新意识淡漠,创造动机弱,创造力低。在非智力因素方面表现为,缺乏创造的自信心,自卑感、焦虑感重。在人际关系方面表现为依赖性重,盲目服从别人。

(5)习惯性思维。人们都有自己的习惯性思维。在思考问题的过程中,结论沿着同一思路进行。习惯性思维容易使思路闭塞与思想僵化。在解决问题的过程中总倾向于采用同样的思路,往往考虑次数越多,重新采用新思路的可能性越小。

(6)创新意识弱。创新意识弱会使思想僵化、思路不活,阻碍求知欲、好奇心的发展,创新意识弱也会影响独立思考。创新意识弱难以激发创造性思维与创造性想象,因为它阻碍创造力的发挥。

(7)兴趣狭窄。兴趣狭窄可能造成孤陋寡闻,知识面窄,阻碍创造思维与创造性想象的发挥,阻碍创造性活动中灵感的捕捉。

(8)性格狭隘。性格狭隘者心胸狭窄,常为一些细小的事务和得失所烦恼,耿耿于怀,不能自拔。因此,不愉快的情绪经常成为这种人的主导心境,使人心理上常有消沉的情绪色彩。这种心理状态使人缺乏上进心与进取心,阻碍创造性能力的发展。性格狭隘往往不易处理好与他人的关系。具有这种性格特征的人,常为人际关系紧张而苦恼,影响工作的顺利进行。

(9)固执与偏见。固执使人的目光狭隘、思想僵化,往往不易接受新事物、新观点,造成止步不前。固执使人抱着错误的观点不放,误入迷途而不能自拔。偏见比无知危害更大。偏见不仅使人不能正确认识事物,而且常常歪曲客观事物。具有固执与偏见特征的人,往往自以为是,好为人师,看问题片面、偏激,很难与人相处。

(10)骄傲自满。骄傲自满降低人的智力活动效应。骄傲可使人的观察力敏感性与思想紧张度降低,缺乏创新需要、创新动机与创新性思想,抑制创新性思维与创新性想象的发挥,影响创新力的发挥。

(11)错误的心理动机。包括追求名誉地位、追求虚荣、追求物质享受。错误的心理动机可能使人为了个人的庸俗目标不择手段,或弄虚作假,窃取别人的劳动成果,或打击别人提高自己。

(12)认识上的片面性。①认为创新是少数天才人物的事,自身没有创新能力。一提到创新能力,多数人认为这是科学家、发明家的事,我们普通人不具有这种能力。其实,创新能力本身是人的大脑长期进化的产物,是人类大脑的自然属性。它随着大脑的进化而进化,是每一个正常人都具有的潜能。大学生由于不能正确认识创新能力,不相信自身蕴藏的创新资源,从而导致这种资源的闲置。②认为创新能力是由人的智商决定的,后天不能开发。创新能力与人的智商有关,但它只是一个基本条件,美国明尼苏达大学教育心理系的专家们于1964年曾做了一个实验研究来分析创新能力与智力的关系,发现二者的相关系数很低,约为0.10。这说明创新力最好的个体,不一定是智力最好的个体,智商与创新成绩之间并不是线性关系,智商是创新成绩的必要条件,但不是充分条件,创新性成绩的取得与个体的其他心理品质(非智力因素)有关。

(13)与创新有关的知识缺乏。知识是创新的基础,学越博则思越远,知识越广泛,新思想、新观念才越可能产生,知识面太窄不利于综合能力的发展,即使有了好的创意也难以圆满地完成创新任务,而不少大学生学习时不善于扩大知识面,满足于现成的书本知识,视野狭小,不能举一反三。还有的大学生只重视专业知识的学习,只关心考试成绩,若参加创新性的实践活动,就显得力不从心。

(14)思维方式上封闭和墨守成规。创新能力离不开思维,而且创新需要多种思维形式的综合。但现在不少大学生受思维习惯的束缚,不会多角度、多方位地思考问题。在学习上只是沿着老师的思维方法思考问题,教条式地搬用以往的经验来解决问题,思维方式往往是单一的、直线式的、垂直式的,一旦遇到新问题就束手无策。

第二节　大学生创新能力的特点

大学生处于人生中接受新知识最快,最富有创新力的黄金时期,让他们了解自身创造力的特点和意义,对大学生创新意识的培养起着重要的作用。

一、大学时期是提高创新能力的最佳时期

(一)身心发展为大学生创新力的发展奠定了基础

心理学研究表明,19~22岁是创造性思维发展的“培养期”,是开发创新性思维的“关键期”。大学生正处于这一年龄段,个体在身体、心理各个方面得到了迅速发展,具体表现为:①个性基本形成。青年的自我意识已基本成熟,自我评价、自我教育、自我控制能力达到了较高的水平。他们的世界观初步形成,对自然与社会,对生活、学习和工作都已形成了比较稳定、比较系统的观念。②智力发展接近顶峰。从出生到青年初期,人的智力一直

在发展，到25岁左右达到顶峰，然后开始缓慢下降。而且在这一时期，他们的记忆力、想象力、观察力都得到了迅速发展，抽象逻辑思维逐渐占主导地位，思维更富有逻辑性、独立性、批判性和创造性。③情感日益丰富，具有社会性、政治性、事业性的情感越来越多。④意志力逐渐增强。在活动中意志的目的性和坚持性获得了重要发展，使活动带有很高的自觉性和主动性。能够为了自己的理想，排除困难和干扰。这些身心的发展为他们创新力的发展提供了强有力的基础。

（二）学习和实践活动使大学生的创新力变为现实

大学阶段是人生中接受新知识最快、最富创新精神、渴望独立的时代，大学生常常提出一些新的设想和新的见解，并在这些活动中表现出很高的创新水平。综观世界科技发展史，许多科学家的重要发现和发明都是产生于风华正茂，思维最敏捷的青年时期。例如，在自然科学领域，爱迪生发明留声机时是29岁，发明电灯时是31岁；贝尔发明电话时是29岁；爱因斯坦提出狭义相对论时是26岁，提出广义相对论时是37岁。在社会科学领域，《共产党宣言》发表时，马克思30岁，恩格斯28岁；周恩来21岁领导天津学生运动。在文学艺术领域，闻一多24岁时出版了第一本诗集《红烛》；郭沫若27岁时写出《女神》；曹禺23岁时写出名剧《雷雨》。

据心理学家对701名化学家的调查发现，61%的人在25岁以前就有了第一个发明，40岁以后才开始有发明的仅占3.6%，这些发明家首次做出发明的平均年龄是25岁。有人对世界1249名杰出科学家获得的1928项重大科学成果进行分析后得出结论，科学发展的最佳年龄区在25~45岁，峰值年龄在37岁左右。这些都表明了青年期不但思维敏捷，精力旺盛，而且对知识和经验的积累掌握也最为快捷，包袱又少，敢想敢干，最有可能产生新的发现，新的创造。

二、大学生创新心理的特点

（一）想象丰富，但有时脱离实际

大学生正处于创新心理的大觉醒时期，创新动机强烈，受传统习惯势力的束缚很小，敢说敢做，有“初生牛犊不怕虎”的精神。而且大学生的创新想象十分丰富，能够借助想象来追溯历史，憧憬未来，但他们有时不顾现实生活实际，想入非非，试图不经过艰苦努力就在短时间内创造出成果。这是创新成功的障碍之一。

（二）思维敏捷，但有时不善于掌握方式

大学生思维敏捷，接受新事物非常快，常常是新事物、新观念尚在萌芽状态，他们就已觉察到并付诸行动了。但他们在进行创新思维时不善于有意识地去掌握创新思维的方式，而是采用一种单一的、直达的或垂直的思维方式。当具体到某一问题时，他们的思维虽很敏捷，但思维的面很窄，往往局限于这一领域或问题的范围之内，不能灵活、全面、辩证地思维，显得有些固执己见，变通性较差。

（三）独立性强，但有时盲目自信乐观

大学生的生活环境、学习环境为大学生们培养自己的独立生活能力和独立学习能力提供了极其广阔的自由空间，而且他们敢于“质疑”，自信心十足，这是他们创新成功的基

本条件。但有些大学生常常自信过了头,往往表现出“我什么都不相信,只信我自己”的偏见,自以为什么都行,什么都知道,表现为盲目自信、夸夸其谈、目空一切,最终将很难取得成功。

(四)想创新,但有时不善于利用条件

大学生周围往往存在许多有利于激发他们创新的条件,如设备精良的实验环境,激励创新的教育环境,有效利用已有知识的实践环境等。但有些大学生不会利用这些条件,只知自己苦思冥想,不善于请教老师们,只重视书本知识,而忽视实验,等等。

(五)情绪化现象严重,自我调节能力差

稳定的情绪是创新心理的基本素质之一。心理学研究表明,一个心态良好、情绪稳定的人更容易取得所有事业的成功,包括创新成功;而情绪不稳定的人则难以取得成绩。大学生的情绪丰富,起伏比较大,带有明显的波动性,易受外界的影响,缺乏较强的自我调节能力,这会阻碍大学生的创新成功。

三、培养大学生创新能力的意义

(一)创新能力是决定一个民族经济繁荣的主要力量

在今天,创新能力实际上就是一个国家、一个民族发展能力的代名词,是一个国家综合国力的同义词。如果一个国家、一个民族认识不到创新在社会发展中的重要性,就会在世界范围的竞争中错失良机。

发达国家的发展经验已经证明:一个国家的经济繁荣和社会发展必须要靠创新。美国是一个后期的工业化国家,一百多年来,美国能够保持世界霸主的地位,成为世界上唯一的超级大国,主要受益于其国民的创新能力强。美国不仅科学技术在不断创新,而且社会制度、组织形式等方面都在不断创新,正是这些创新使美国成为了世界第一经济大国。可见,创新对一个国家和民族是多么重要。

大学生毕业后,无疑是某一方面的人才,但应当知道,人才有两类:一是继承型人才,二是创新型人才。前者偏重于继承总结,后者偏重于创新发现。我们中华民族要想在科技等方面赶超世界先进国家,走在世界的前列,创新型人才的数量和质量则具有决定性意义。创新型人才不仅可以在科学技术等方面取得突破性成果,从而在某一领域里取得领先地位,而且还会积极地影响科技等人才队伍的素质和发展。振兴中华的希望尤其寄托在创新型人才的身上。国家兴亡,匹夫有责。作为新时代的大学生,理应胸怀祖国,心系民族,因为只有国家和民族强大了,大学生才能更好地实现自己的全面发展。大学生应当树立做创新型人才的雄心壮志。

(二)创新能力促进人才素质结构的变化

创新能力作为社会对新型人才的呼唤和需求,实质上是确定了一种新的人才标准。这种人才需要具备这样一些特质:好奇心、独立性、自信心、良好的意志品质、进取精神、怀疑精神、科学批判精神、探索创新精神和创新信念等。这些标准是衡量一个人是不是具有人才素质,能不能成为人才的重要尺度和根据。

这种对人才的复合型要求就决定当代的大学生必须不断树立创新意识、创新理念,培养自己的创新能力,否则就会被社会拒绝。从大学生自我发展的角度来看,具备创新能力也是一种基本的竞争力。创新势在必行!

(三)创新能力有助于个体实现自我

创新能力是人类自我实现的最高表现形式,是人类素质力量的验证,它能增进人的智能,最大限度地唤醒、激活人类的潜能,对人综合素质的全面开发具有重大的意义。而且创新能力的有效开发,可以使凡人变成不同凡响的社会成功人士或精英人物,如比尔·盖茨,从一个"毛头小子"成为世界首富,靠的是什么?靠的就是创新的冲动和尝试。

我们常常找不到自己的人生价值所在,其实,人生的意义在于自我潜力的不断发掘。创新的喜悦足以让你自信百倍,让你感觉到自我的价值和意义,因为这是一个不断发掘自身潜力,完善自我品质的过程。创新可以带给人无限的快乐。

第三节　大学生创新能力的培养

创新能力并不是很神秘的东西,每一个身心健康的人都有这种潜能。创新能力更是每一个大学生都有的一种潜在的自然属性。人的创新能力并不是天生的,是可以通过后天的努力来培养和提高的。

一、实施创新教育,激发创新潜力

培养和造就创新型人才的关键在于教育。一个学校的培养目标、学风、学术氛围及管理体制等都对学生创新精神的形成及创新能力的提高具有重要作用。而创新教育就是培养学生创新能力的教育,它注重学生个性的发展,创造有利于个性发展的空间。注重学生创新能力的培养,注重学生个性潜能的挖掘,强调每一个人都有独特的价值,从而使每位学生在其天赋允许的范围内都能得到比较充分的发展。所以要培养创新型人才,必须通过实施创新教育来完成,具体可通过以下几点来激发学生的创新潜能。

(一)营造培养大学生创新精神的环境和氛围

创造心理学研究表明,一个开放的、民主的,充分尊重个性的环境和心理氛围,可以使人的创造性思维达到最佳状态,可以充分发挥人的创新潜能。由此可以看出,培养大学生创新精神的成效与全社会营造出有利创新、鼓励创新的社会风气和文化支持系统密切相关。只有在浓厚的社会创新氛围和有利于创新的文化背景下,才能培养出创新型人才。所以,大学校园应该营造一个良好的创新环境,如参加电子作品大赛、大学生"挑战杯"科技作品竞赛,加入"创造与发明"协会等,使学生的创新活动在一种良好的氛围下进行。另外,只有创新型的教师才能培养出创新型的学生。作为学校而言,在努力营造学生创新能力培养的物质环境的同时,还要建立有助于教师创新能力发挥的管理机制,允许、鼓励和帮助教师创造性地进行教学,并建立安全、自由、平等的集体创新气氛,展示与激发学生创新能力的环境,激发学生的创新思维,使学生在创新性学习中体验自我价值。总之,学校要尽力为学生营造出自由、开放、科学、温馨的校园环境,以有利于学生创新能力的培养。

(二)实施课堂改革,加强社会实践,培养学生创新能力

课堂是全面实施以培养创新精神和实践能力为核心的素质教育主阵地,充分发挥第一课堂主渠道作用,把创新教育的有关内容渗透到专业课堂的教学过程中去。通过启发式、问题式、讨论式的教学方法,激发学生独立思考和创新的意识,切实提高教学质量。同时,在教学中还要充分发挥学生的主体作用,强调学生对知识的主动探索精神,教师应将探索性、动态性、综合性、合理性、个性化教学原则贯彻在整个课堂教学中,通过具体的案例教学,理论联系实际,提高学生的创新意识和创新能力。

(三)尊重学生个性,注重创新情感,发挥学生创新潜能

有个性才能有创造,要培养大学生的创新能力,就必须关注学生优良个性的发展,发挥他们的特长。传统的教育过分强调整齐划一,学生就像一堆等待加工的零件,经过一道道程序被铸成千人一面的"标准",忽视个体的差异性,抑制了学生的主动性和创造性。因此,在对学生进行创新能力培养过程中,必须转变这种传统教育观念,充分重视学生的个性差异,因材施教。另外,在创新教育中,要尊重与众不同的观念,鼓励培养学生的好奇心、探索欲,要为学生禀赋和潜力的充分开发创造一种宽松的环境,激发学生的创新激情。

(四)注重培养大学生的丰富想象力和良好的意志品质

想象是人心理活动中的创造性因素,是一种具有极大自由度的思维形式。在生活中,人们借助于想象使思维进程具有极大的自由,这种任意驰骋的思想,往往会使人们突破个人知识和经验的框架,从有限世界进入到无限世界,继而把握事物的普遍性,发现和发展真理。首先,应鼓励学生大胆运用假设。对一个问题提出的合理假设越多,发现新关系的可能性就越大。其次,鼓励学生敢于发问,敢于发表不同意见。"发明千千万,起点是一问。"发问是学生动脑的结果,是学生求知欲、好奇心的流露,这种心理倾向将推动学生不断地去思考、研究。还要鼓励学生不唯书,不唯上,敢于标新立异,敢于与众不同,敢于走前人未走的路。要鼓励学生"异想天开"和"无中生有",让学生思维摆脱固定模式和条条框框的约束,从想象这一发明创造的源泉中不断汲取创新的动力,只有这样才能真正让学生在学习时展开想象的翅膀,任意驰骋。创新是一种顽强、细致并富于灵感的劳动,要求创造者有坚强的意志。因此,高校应加强意志培养教育,一方面通过加强世界观、人生观、价值观教育,使大学生树立远大的理想和坚定的信念。另一方面,创设意志培养的情景锤炼意志。

二、克服创新障碍,营造创新环境

大学生的创新能力已达到较高的水平,但由于经验和社会生活实践的欠缺,他们在具体的创新力方面也存在着一定的心理问题。

(一)怕担风险

怕犯错误、怕失败或者说怕风险,这是影响创新力最基本、最常见的情感障碍。在现实生活中,一个人虽有丰富的想象力和一定的创新思维能力,但如果没有冲破世俗观念的勇气,那么他的创新潜能就难以形成现实的创造力。缺乏胆识的根源就是缺乏自信心。缺乏自信心就会怀疑自己的能力,不相信自己的眼睛和判断,也不可能有创新的想法。克

服怕担风险心理的方法是:①正确估计创新行为的后果。②正确的评价自己,既不要狂妄自大,也不要妄自菲薄,要知道自己的优点、长处、优势,要注意扬己之长,避己之短。克服自卑,树立自信。

(二)缺乏创造热情并有急躁情绪

一方面,创新热情是人进行创造新生活的动力。一个人若对大千世界冷若冰霜,面对科学进步无动于衷,面对创造任务敷衍应对,那他则是不会有任何创新成果的。创新热情不是一般的情绪体验。他与一个人的高级社会情感有密切的联系。所谓高级社会情感是指道德感、理智感、美感,它的中心任务是责任感,即对祖国、对人民、对集体、对社会的一种责任意识。道德感和责任感是创新冲动的源泉。有了这种情感,社会需要就会转化为个人的需要并引导我们不辞辛苦地投身于创新实践。爱迪生为什么呕心沥血地研制白炽灯?为了用户安全,他的创造动机即来源于满足社会的需要。为了使我们的创新力得到进一步发展,还必须培养自己的理智感和美感。理智感使我们在艰苦的创新活动中体验到快乐,美感使我们在遭到讽刺打击时坚定不移。

兴趣与人的创新热情也密切相关,它是创新的内部推动力之一。浓厚的兴趣可以使人不知疲倦,不觉痛苦,孜孜不倦,坚持不懈而全身心地投入到创新活动之中,甚至达到“迷恋”状态。例如,牛顿因专注于研究而误将手表当鸡蛋煮;陈景润因专注于数学问题的思考,碰到树上而误以为别人碰到了他。

另一方面,有些大学生在创新活动中急于求成,一两次失败就认为自己不是搞发明创造的料。气馁、放弃,缺乏耐心,这都不利于创新能力的培养。创新活动是一种顽强、细致、艰苦并富于灵感的劳动,苏东坡有句名言:“古之成大业者,不唯有超世之才,亦必有坚忍不拔之志。”北京师范大学心理系 2003 级吴莹莹同学在十年的时间里锐意创新,取得了 100 项发明!其中,“OPEN 书系快速检索装帧技术”“速查字典及其检索方法”以及“动态技术印章”已获得国家专利,同时很多作品还在不断完善,以及申请国家或国际专利。吴莹莹之所以能够取得这样的成绩不在于她有多聪明,而在于她不向困难低头、锐意进取、不断突破,正因为有这样的创新精神,她才能够“百尺竿头更进一步”,才能取得累累硕果。

(三)创新动机过弱或过强

创新动机是创新者对其达到的创新目标所产生的社会意义和个人价值的期望。他是推动一个人进行创新活动的内部力量。有些大学生,能够保持适度的创新动机,充分发挥自身的创新积极性,充分利用高等院校优越的学习条件圆满完成学业。但是,也有很多大学生在创新活动中存在着两种不可忽视的倾向:创新动机过弱或创新动机过强。

(1)创新动机弱可使思想僵化、思路不活,阻碍求知欲、好奇心的发展,影响人的独立思考,难以激发创新性思维的创新性想象的火花,难以有创新力的发挥。这是许多具有创造潜力的人却毫无成就的一个重要原因。创新是需要动力的,没有创新动力的人无法在创新过程中抓住稍纵即逝的机会,而且动机太弱又会使人的注意力过于分散,容易被无关刺激所吸引和干扰。增强动机的方法是行动,即积极地进行创造实践。

具体可从两方面来做:①实行创新性学习。英国著名哲学家培根曾经说过,学习可能存在三种方式:第一是“蜘蛛式”,只知用自身的物质织网,不知汲取外界的材料;第二种是

"蚂蚁式",只知不加选择地收集材料,储存起来,不做丝毫的加工。这两种方式都不可取。可取的是第三种方式——"蜜蜂式"。一方面不断地从自然界采集原料,另一方面又不断地进行加工改造,将采集的材料变成新产品。这是将学习和创新结合起来的学习方式,也就是创新性学习。大学几年,当然要注意积累,不能学"蜘蛛"的样子,也不能学"蚂蚁"的样子,只顾积累而不从事创造。大学生思维敏捷,精力充沛,既是学知识的最好时期,也是开始创造的最佳时期。应当既要学习知识,又要从事创新活动,培养自己的创新能力。②参加正规的科学研究。教师应把科研活动引入教学过程,学校应该为学生的科研活动提供物质和精神的支持。阅览室、实验室应向学生自由开放。教师承担的科研课题应选有科研能力的学生参与,学生也应积极争当老师的助手。

(2)创造动机过强。在一定限度内,动机强度与解决问题的效率成正比。但是当动机强度超过一定水平后,解决问题的效率反而又会逐渐降低。动机过强会使个体的情绪变得过于紧张,导致注意力过于狭窄地专注于目标,容易忽略问题情境中有利于问题解决的其他线索,从而影响人创新能力的发挥。遇到这种情景,我们调整的办法是要冷静分析自己的原因,平复自己激动的情绪,不仅要注意眼前的东西,也要善于发现身边各种有利于解决问题的条件。

(四)思维定势

思维定势是由心理操作形成的模式所引起的心理活动的准备状态,是人们在过去经验的影响下,解决问题时的倾向性,也就是习惯性的思维倾向。思维定势的好处在于,我们用来处理日常事务和一般性问题的时候,能够驾轻就熟、得心应手、少走弯路。但面对新情况、新问题需要开拓创新的时候,它就会变成思维的枷锁,阻碍人向更高、更深、更宽广的未知领域开拓,束缚人的梦想。我们的大学生,在接受十多年的教育过程中,既学到了很多知识,也形成了许多思维定势,渐渐成为按部就班的"专家"。我们要想有创造,就必须走出思维定势。正如法国生物学家贝尔纳所说:"妨碍人们创造的最大障碍,并不是未知的东西,而是已知的东西。"那么如何才能走出思维定势呢?暂时搁置,放松自己。当觉得思维迟钝、思路不活、反应迟钝时,要善于把精力从思考的对象转移到其他事物中去,抛开"剪不断,理还乱"的思路,俗称"换换脑筋",待过数日之后,过去的思路、联想可能消失,新的思路可能会顿生脑际,原来的问题也就迎刃而解,展示出"柳暗花明又一村"的新景观。鲁迅写文章,喜欢数日后再看一遍,容易发现需要修改的地方。另外,"出去走走",多听取和分析不同的意见,也有助于打破思维定势的束缚。

(五)从众心理

从众心理是指个人因受群体的影响和压力,使其在知觉、判断及行为上倾向于与群体中多数人一致的现象。例如,你骑着自行车到一个十字路口,看见红灯亮着,尽管你清楚地知道闯红灯违反交通规则,但是你发现周围的骑车人都直着往前闯,于是你犹豫了一下,也跟着大家一起闯红灯。现代社会,从众心理已经扩大到盲目地服从权威、顺从众意、人云亦云等。根据心理学的研究,从众者在智力方面低于独立质疑者。因此克服从众的唯一方法便是保持质疑的态度,鼓励"独创己见,坚持己见"的自信心和勇气,不要"随大流",要有敢于坚持真理、勇往直前的大无畏精神。

（六）想象力贫乏

想象在各种创造活动中起着重要的作用，任何创新活动都离不开想象，没有想象，就没有创造。在科学发现中，创新想象主要表现在科学假设的产生上，没有创新想象，科学家就不可能跳出事实的圈子而提出新的假设，也不可能发现自然和社会中的各种规律。爱因斯坦创立狭义相对论不是数学或逻辑推导的结果，而是直接来自于想象。据说，那是一个夏天的下午，爱因斯坦躺在长满青草的山坡上，眯起双眼，看着天空，阳光像一束金线穿过空气射入他的眼睛。此时他脑内正在进行着海阔天空的想象，“假如我沿着这条光束前进的话，结果将会怎样？”，最后，在一闪念中得到了问题的答案，创立了崭新的相对论时空观。

心理学家曾作过这样一个调查：不同年龄的人面对符号“0”会想到些什么内容。结果成年人谨慎地问调查者是不是一个圆圈；大学生认为是数字“0”和英文字母“O”；中学生普遍认为是数字“0”、英文字母“O”和圆圈；幼儿园的小朋友做出的答案有：圆圈、汽车轱辘、气球、数字“0”、脸盆、阿姨的眼睛等。这个调查结果说明了一个悲哀的事实：随着年龄的增长，头脑中的禁锢越来越多，逐渐地扼杀了人们的想象力。想象力贫乏的人主要是缺乏视觉思维或视觉想象。视觉想象可以通过有意识的练习得以提高，如练习想象周围的事物，并尽可能清晰，尽可能用图形表示思想等。

三、学习创新技法，提高创新能力

创新技法是人们通过长期研究与总结得出的创造发明活动的规律，经过提炼而成的程序化的创新技巧和科学方法。最常用的有以下几种方法：

（一）头脑风暴法

头脑风暴法又叫智力激励法，是指在一定时间内，通过大脑的迅速联想，产生尽可能多的想法和建议。它是一种从心理上激励群体创新活动的最通用的方法。该技法采用开会讨论形式对特定问题进行探讨，借彼此间情感交流，互相启发，引发想象，产生较多、较好的设想和方案。当一个与会者提出一种设想时，就会激发其他成员的想象，随后又会激起更多、更佳的想象，这就形成鲜明、强劲的头脑风暴，激发创新性想象，开发创造性潜力。它的具体实施步骤是：①准备阶段。包括产生问题，组建头脑风暴小组，培养主持人和组员及通知会议的内容、时间和地点。②热身活动。为了使头脑风暴会议能形成热烈和轻松的氛围，使与会者的思维活跃起来，可以先做一些智力游戏，或猜谜语，或讲幽默小故事，或者出一些简单的练习题，等等。③明确问题。由主持人向大家介绍所要解决的问题。问题要提得简单明了，要把一般性的问题分成几个具体的问题。④自由畅谈。由与会者自由地提出设想。主持人要坚持原则，尤其要坚持严谨评判的原则。⑤会后收集设想。在会议的第二天再向组员收集设想，这时得到的设想是最富有创见的。

头脑风暴法是一种运用发散思维的方法，适用于解决性质较单一的问题。它的主要原则有：自由畅想原则、严谨评判原则、谋求数量原则和借题发挥原则。

（二）检核表法

检核表法是在实际解决问题的过程中，根据需要创造的对象或需要解决的问题，先列出有关的问题，然后逐项地加以讨论、研究，从而获得解决问题的方法和创造发明的设想。检核表法实际上是一种多路思维的方法，人们根据检核项目，可以一个方面一个方面地想问题，使思路更具条理性，也有利于较深入地发掘问题和有针对性地提出更多的可行性设想。因此，检核表法几乎适用于各种类型和场合的创新活动，人们把它称为“创造技法之母”。

(三)特性列举法

特性列举法是指通过对研究对象的特性进行详尽分析，迫使人们逐项认真思考并深入研究，进而诱发创造性设想的方法。具体步骤如下：①选择一个目标比较明确的发明或革新课题。课题宜小不宜大。若课题较大，则应逐步分解为若干子课题。②逐项列举出发明或革新对象的特性。一般将特性分为名词特性、形容词特性、动词特性三个部分。名词特性主要指结构、材料、制造方法等方面的性质。形容词特性主要指形态、体积、重量、颜色等方面的特征。动词特性主要指原理、功能等方面的特性。③针对所列出的各种特性，逐一进行推敲，再提出各种设想，然后挑选出最好的设想。与特性列举法相关的还有缺点列举法和希望点列举法。缺点列举法是首先列举产品所存在的缺点，而且列举的缺点越多越好，然后研究采取哪些措施来克服这些缺点。希望点列举法是根据提出来的种种希望，经过归纳，沿着所指出的希望去进行创新的方法。

(四)联想法

联想法是通过心理联想在不同事物或概念之间建立联系，从而诱发创新性设想的方法，它可以训练思维的灵活性和独创性。联想主要有以下类型：

(1)接近联想。对空间和时间上接近的事物产生的联想，如由冬天联想到大雪纷飞，由电闪雷鸣联想到下雨滴答声。

(2)相似联想。对性质相近或相似事物产生的联想，如由语文书联想到数学书，由钢笔联想到铅笔。

(3)对比联想。对在性质、特点等方面有对立关系的事物形成的联想，如由冰天雪地想到烈日酷暑，由白想到黑。

(4)关系联想。关系联想是由事物间的各种关系所形成的联想，如由铅笔想到铅，由橡皮想到擦除。

综上所述，目前已总结出来的创造技法已有300余种，形成了一个庞大的创造工程学体系。因篇幅所限，这里不能一一介绍。大学生可以借鉴前人总结出来的这些创造技法，但要真正学到手，非在实践中灵活运用不可。同时，大学生在知识经验的基础上，结合自己的特点，也可以创造出很多的创造技法。

第十三章 善于合作

在知识经济初露端倪、科学技术飞速发展的今天，社会分工越来越细，那种孤军奋战，单枪匹马闯天下的时代已经随着时间的推移渐渐远去，人类的生存和发展已离不开相互合作。在社会发展呼唤人们相互合作的今天，大学生学会合作显得尤为重要。为增强大学生的合作意识，培养其合作能力，本章主要从大学生合作心理概述、大学生合作能力的培养、大学生常见合作心理问题及调适等方面进行分析探讨。

第一节 大学生合作心理概述

合作是个人和社会发展的时代要求，大学生要充分认识到合作对自己事业发展的重要性，认真学习合作之道，深刻理解诚信在合作中的基础作用，牢记利益共享是合作的基本要求，为提高自己的合作能力作好心理准备。

一、大学生合作的心理准备

什么是合作？合作是为了共同的目的一起工作或共同完成某项任务。合作不是大家做共同的事情，而是为了一个共同的目标，分工做不同的事情。

合作能力是大学生从事各种职业必备的核心能力。大学生要想参与社会竞争并取得事业的成功，就必须增强合作的信念，充分作好合作的心理准备。

(一)增强合作的信念

随着社会的进步和发展，合作显得越来越重要。学会合作也成为当代大学生直面的一个重要问题。

大雁南迁时一般是以 V 字形或一字形飞行，而且以 V 字形飞行时，一边的雁在数量上会比另一边多些。这些雁在飞行时会定期变换领头雁，因为领头雁在前头开路，所受的阻力较大，容易疲劳。它能帮助后面及左右两边的雁在飞行时造成局部的真空，减少阻力。科学实验证明，一群雁以 V 字形群体飞行比一只雁单独飞行能多飞 12%的距离。人类也是如此，只要是真心合作而不是彼此之间勾心斗角，团体内的每一个人都能够“飞”得更高、更远、更快。

合作会产生足够大的制胜力量。当一群人齐心协力时，每一位成员都能够从潜意识中汲取其他成员的经验和能力，增强群体的力量。一个群体在专注地讨论共同目标时，各个成员会从群体的无限智慧中汲取巨大的力量。他们的心就像一颗磁石，吸引着新的观念和思想，吸引着更大的创造力，更快更好地找到解决问题的途径。

人就像一颗电池，能量损耗后会变得无精打采，畏缩不前，要进一步发展就必须先“充电”。因此，与知识渊博、经验丰富的人合作并善于向他们学习，及时“充电”，能丰富我们的智慧，使我们变得积极和机智，爆发出更多的活力和激情，成功就多了一份希望。

(二)同心结最完美

现代世界瞬息万变，每天都有无数的新技术、新知识、新事物出现，只凭一个人的头脑和智力无法成大事。我们现在生活的社会就像一张无边无际、大得难以想象的网，每一个人只是这张网上的一个结点，有时甚至连结点都算不上。大学生要想参与社会竞争并取得事业成功，必须遵循成功的规律，增强合作的信念，借助他人的力量。这力量表现形式也许是现有的成果，也许是共同的思考，也许是“微不足道”的服务。

一根筷子很容易被折断，而十双筷子抱成团则很难被折断。一个集团或单位，如果能把每个人的机智、耐力、毅力、知识都集结在一起，相互配合，优势互补，就会发挥出更大的力量来。一个集体所发出的那种向上、无畏的精神是任何力量也不能抵挡的。

现代社会的大趋势就是合作，只有合作才会在竞争中取得胜利。一个大学生不懂得合作的重要性，不会合作就会被时代所淘汰。其次，从社会发展和科技进步的角度讲，我们每个人懂得的东西显得越来越少，知识面也显得越来越窄，迫切需要与人交流与合作，才能更有效地发挥各自的作用。反过来，人若处在合作的群体中，群体的进步很大程度上反作用于个人的进步，促使个人的能力和综合素质不断提高。可以说，没有集体的总体进步而只是个人的发展是不持久的，甚至是容易被忽视的。现在的竞争已不只是个人之间素质的竞争，更多的是国与国、地区与地区、集团与集团之间的竞争，在这些竞争中，只有紧密而有效的合作才能使我们在激烈的竞争中立于不败之地。

(三)合作是成功的起点

1.合作能弥补个人能力的缺陷 单凭个人之力很难取得成功。从很多成功者的经验和失败者的教训中，人们总结出一个结论：在这个世界上，只有合作才能取得成功。

一群人为了达到某一特定的目标而联合在一起是合作的基础。

草地上，一群水牛正在吃草。忽然，一群野狼向牛群扑来，几只幼小的牛掉头想跑。这时，一头老牛叫住了他们，问道：“你们几个跑步的速度比野狼快吗?”小牛说：“我们这么少，野狼那么多，打起来我们不是它们的对手。”老牛说：“不要害怕，咱们的犄角是最好的武器。只要大家团结起来，齐心协力，真诚合作，一定能够战胜狼群。”老牛把所有的牛叫到一起，叫它们角尖朝外站成一个圆圈，说：“好了，我们的阵势摆好了，现在可以战斗了。不过，我希望大家充满信心，不要以为我们少就不是狼群的对手。勇敢些，不要害怕！无论狼群从哪个方向进攻，我们都用犄角对付它们。”狼群上来了，它们凶猛地扑向水牛，可是万万没有想到，一开始就碰到了牛角上，不得不往后退。狡猾的狼群从两面进攻，同样被齐心的牛群击退。最后，无可奈何的狼群分成几伙从四面八方同时进攻牛群，结果仍然是一个个都碰到了牛角上，最后只好带着伤痕逃跑了。为数不多但沉着勇敢的水牛，依靠成功的合作，终于战胜了凶恶的狼群。

这是一则寓言故事，它说明了一个简单的道理：团结就是力量，合作能弥补个人能力的不足。

2.**合作会产生力量** 合作,是一群人为了达到某一共同目标而联合在一起。合作是所有组合式努力的开始,具备不同能力的人联合起来,建立和谐的合作体之后,联盟中的每一个人将因此倍增他们取得成就的能力。大学生要想有所作为,就应该努力合作,而不是单独行动。

几乎在所有的商业范围内,都至少需要以下三种人才,那就是采购员、销售员以及熟悉财务的人员。当这三种人互相配合、真诚合作时,会使他们获得个人所无法拥有的力量。许多经商者之所以失败,主要是这些经商者拥有的是清一色的销售人才、财务人才或是采购人才。就天性来说,能力最强的销售人员都是乐观、热情的;而最有能力的财务人员则理智、深思熟虑而且保守。这两种人是任何企业不可缺少的。只有他们做到互相合作、配合,优势互补,才会使企业和个人都提高竞争力。

因为缺乏合作精神而失败的企业,比因为其他原因而失败的更多。很多企业因为缺乏合作而宣告失败。一加一大于二是个富有哲理的不等式。它表明集体的力量并不是个人力量的累加之和,也表明两个人真诚合作后的力量也不仅仅是两人力量的简单相加,良好的合作会使人力量倍增,如虎添翼。

二、诚信是合作的基础

(一)人无信不立

处世为人之道,没有比诚实守信、取信于人更重要的了。当代大学生,时刻不能忘记诚信这个根本,与人合作时,只要有这个根本存在,只要别人还信任你,其他方面的不足或许还有补救的机会,若失去了诚信,别人不相信你了,也就不会再和你合作共事了,你也就失去了发展和成功的机会。

有一个叫杜马斯的生意人,有一年向朋友借了40万元却没写借条,只有一句话:“相信我,年底无论如何都还你。”到了年底,他的资金周转非常困难,外赊款要不回来,好不容易才筹了20万元,余下的20万元怎么也筹不到。妻子劝他向朋友求情,宽限两个月,杜马斯摇摇头。

公司里的“高参”出主意说:“反正你朋友也不急着用钱,不如先还朋友20万现金,其余开一张空头支票,等账户上有钱再支付。”杜马斯勃然大怒,呵斥这位“高参”是没有信用的人,随后就辞退了这位搭档。最后他决定用自己的房子去抵押贷款,但银行评估他的房子价值24万元,只能抵押18万元,他与妻子商量后,横下一条心把房子以20万元的低价卖了,终于还清了欠朋友的40万元。一家人在市郊租了一间小房暂住。

朋友如期收回借款,周末准备在杜马斯家聚会,却被杜马斯委婉地拒绝了。朋友不明白平时豪爽的杜马斯为何变得如此无情,便一人前去看个明白。朋友费尽周折,才在一间农舍里找到杜马斯,他被感动了,紧紧地抱住杜马斯,一个劲地点头。临别时,他郑重地留下一句话:“你是守信用的人,以后有困难尽管找我。”

第二年,杜马斯的公司陆续收回赊款,生意做得红红火火,他又买了房,购了车。然而天有不测风云,正当他大展拳脚时,由于市场变化和个人经营等原因,他被一家跨国公司挤垮了。他破产了,而且负债累累。杜马斯想重整旗鼓,却巧妇难为无米之炊,筹不来款,想贷款却没有担保人和抵押物。在走投无路时,又想起了那位曾借款给他的朋友。他抱着试试的心理找到朋友,朋友不仅没有嫌弃他,且不顾家人的反对,毅然再借给他 40 万元。杜马斯有些颤抖地咬咬牙,坚定地说:“最多两年,我一定还你。”

总结经验教训后的杜马斯再到商海搏击,更加用心经营。他成功了,两年后还清了债务,公司得到发展。每当有人问杜马斯是怎样起死回生的时,他都郑重地告诉对方:“是信用。”诚信是合作的基础,诚信也是成功者的必备素质,诚信更是大学生的学习、工作、生活和立业之本。

随着我国市场经济的健康发展,企业间的关系也变得日益密切。那种只做“一锤子”买卖、“老死不相往来”的时代一去不复返了。诚信必然是企业间长期合作、相互依存、有序竞争的坚实基础。尤其是中国加入 WTO 后的今天,面对日益增多的国家间贸易纠纷和歧视,我们更应该认真总结彼此合作的经验和教训,使我们在应对发达国家的挑战、在全球竞争的大环境中占据有利地位。

(二)失信将付出大代价

失信于人,说话不算数,许诺不兑现,意味着你丢失了为人的起码品质,意味着你在别人眼中失掉了为人的信誉。正如电脑缺了硬件和软件无法正常工作一样,一个人失去了诚实和信誉,是难以取得成功并会付出巨大代价的。

如果你不诚实,不讲信用,他人自然不会对你产生信任,反而会多几分戒心。试想,有哪一个单位的领导愿意自己的部属不诚实守信呢?不受领导信任的员工又怎能取得事业上的成功呢?

一名赴德留学生在毕业时成绩优秀,他决定留在德国找工作。找了几个大公司,都被友好地拒之门外。留学生最后只得去一家小公司求职,但照样被礼貌地拒绝了。这下,这位留学生沉不住气了,他大声说:“你们这是种族歧视,我要控告你们……”对方还未等他把话说完,便打断他说:“请您小声点,我们去别的房间谈谈好吗?”两人一同走进隔壁一间屋,小公司人事经理从留学生档案里拿出一张纸,这是一份记录,上面记录该留学生乘坐公共汽车时曾经 3 次逃票。留学生看后十分惊讶,也十分愤怒,心里不禁嘀咕,“就为了这点小事而不肯聘用我,德国人也太小题大作了。”

现代社会是信誉社会。对于个人来说,信誉代表着形象,代表着人格。要想在形象和人格上获得信任和尊重,就需要在各种合作中树立个人的威信,从这一点上说,就不难发现为什么德国人会将逃票这样的小事看得如此重要。因为他们相信,一个人在几毛钱的蝇头小利上都靠不住,怎么还能指望他在别的重要的事情上值得信赖呢?

人之所以失败绝不是因为他的运气不好,很多时候都是失去诚信的原因。轻视诚信不会产生信誉,没有信誉就无法生存。在合作中,如果损失了一些钱,你并没有损失什么;如果失去了一些合作伙伴,你失去的可就大了;如果失去了诚信,那一切都完了。

(三)诚信是个人的人生品牌

诚信,是人生价值与形象的体现,是人品的极致。当一个人被别人认为是靠得住、信得过的时候,这个人常常会获得意想不到的回报。世上最走运的人,就是那些讲信用的人。

刘丽是一所职业技术学院护理专业的大三学生，在一家大医院实习。实习期间，刘丽各方面表现都不错，如果能让医院满意，实习结束她就可以与医院签约而成为该院的正式护士。一天，医院来了一个生命垂危的病人。刘丽被安排做外科手术专家——该院院长的助手。手术从清晨进行到黄昏，眼看病人的伤口即将缝合，这时，刘丽突然严肃地盯着院长说："院长，我们用的是13块纱布，可是你只取出了12块。"院长没有理睬她，命令道："听我的，准备缝合！"这位实习护士却毫不示弱、理直气壮地说："你是医生，你不能这样做！"这时，院长冷漠的脸上浮起欣慰的笑容，他举起左手心里握着的第13块纱布，向在场的人郑重宣布："刘丽是我最好的助手。"不久，刘丽便成了该院的正式护士。

有位哲人说："真诚和虚假只在那一瞬间表现，就如同圣主耶稣和魔鬼撒旦在你的灵魂中主宰一样。"实习生刘丽发现少了一块纱布，而最有权威的院长又加以否认，这时她如果讲真话，就可能失去诱人的工作；如果违心地讲了假话，就会伤害病人。就在这关键的一瞬间，她毅然地选择了诚实守信，战胜了虚假，打败了"魔鬼撒旦"，成就了自己的诚信品牌。

诚信是人们在社会生活中所构建的一种相互依存、相互支持、互不分离的情感。这种情感具有很强的吸引力，谁具有这种情感，谁就能把大家吸引到自己的身边。很多企业都是靠诚信创立品牌，树立形象的。随着社会的不断发展和市场经济体制的不断完善，诚信在一个人或一个企业发展中的作用也会越来越大。

诚信是一个人立足社会的根本。它好比花草树木的根，如果没有这些根，花草树木就无法生存，做人更是如此。人若无诚信，就失去了这个根，纵有满腹学问、高超的技术，也是难以成就事业的。那些凭借欺诈手段，瞒天过海的人，也许可以获得一时的利益，但是他们不可能会长久。虽然他们可能会发财，但他们却不能获得真正的享受。即使他们发了大财，也不会获得人们的尊敬，他们的心灵也不能得到安宁。有些"小人"，靠不守信或欺诈手段赚了钱，在哲人眼里，这些钱也应该算在损失里，因为他们损失了人格，丧失了诚信，败坏了自己的品牌，砸了自己的招牌。

一个人要想真心打造自己的人生品牌，就必须从诚实做起，从一言一行开始，老老实实做出一些业绩来，以诚实取信他人。大事上讲诚信，小事上也要讲诚信。你答应别人的事，就一定要说到做到；做不到的事，无论大小，千万不要因碍于情面而信口允诺，允诺了的事你却做不到，就犹如镜子的一条裂痕，难以复原。

你做到了诚信，久而久之就有了自己的品牌。一旦有了诚信的品牌，就等于获得了人生事业成功的通行证，这比拥有万贯家财更有意义，因为诚信而使大家更乐于与你合作，更会赢得大家的支持，更能把大家吸引到你的身边。这时候，成功对于你来说就是顺理成章的事了。

三、利益共享是合作的基本要求

（一）分享成果

合作需要双方当事人的无私奉献和利益共享。有些人的私心太大，什么利益都想自己独吞或占大头,凡涉及名利的事都想自己优先,而将他人排斥在外,自己一点小亏都不肯吃;有些人的功利主义色彩太强,对合作者采取实用主义态度,用到他人时,什么都好商量,不用他人时,就将他人一脚踢开。

广州有一家400年老字号的著名药店"陈李济",是陈姓和李姓两个人创办的,陈李两人原本素昧平生。明万历年间,陈体全是一个小商人,李昇佐则是广州城里一家小药店的老板。

一次,陈体全在乡下收得一批货款银两,乘船回家路过广州。他连续几天马不停蹄地忙碌,非常疲惫,又喝了点酒,船到岸之后,他急于换乘其他船只回家,匆忙中竟将银两忘在船上。李昇佐正好也在这船上,他下船时发现陈体全忘带走的银两,于是就不走了,守在银两旁,想等到失主回来认领。等了好半天,船家说:"都这么久了,你还是别傻等了,干脆我们把钱分了算了。"李昇佐却说:"如果是我自己赚的钱,再多我也敢要。可这是别人的钱,我一分都不能动。"又过了很长时间,天都快黑了,陈体全才焦急万分地跑回来找钱。当他看到坐在船头抱着钱等候的李昇佐,真是又惊喜又感激,从此,两人成为至交。

不久,陈体全因为欣赏李昇佐的品德和经商才能,主动提出帮助李昇佐扩大营业规模。李昇佐却说:"给钱不好,这是我做人的原则。生意上的事就按生意上的事说,你若合作,利益自然也要共享。而且为了后辈不在金钱利益上闹起纠纷,咱们必须立下字据。"一张经典的合同就从此流传下来:"赚钱各半,利益均沾,同心济世,长发其祥。"享誉天下的"陈李济"药店从此诞生了。之所以取名"陈李济",是陈李各取一个字,又含"同舟共济"与"同心济世"之愿。后来它与北京的同仁堂、杭州的胡庆余堂和武汉的叶开泰并称为中国四大名药店。直到如今,"陈李济"药店的药被誉为"广东圣味",远销海内外。

合作是一个"善的循环"。与人合作只想到自己的人,绝不会有好的结果。一切以损害别人的利益来充实自己的人都是卑鄙的,都会受到社会的谴责和公众的鄙视。现代社会奉行人人诚实守信,大家互帮互助,利益共享,成果分享,而不是人人尔虞我诈,互侵互害。

(二)合作需要双赢

善于合作才能双赢。个人的力量是有限的,与人合作可以壮大自己的力量,明智的人都懂得联合起来改变自己的命运。历史上的六国联合抗秦都得互保,而联合一旦破裂,就都被强秦所灭。香港大富豪李嘉诚和包玉刚的联合可谓是成功的经典,包玉刚帮助李嘉诚控股和记黄浦,李嘉诚帮助包玉刚登陆九龙仓,良好合作的结果是1+1>2。这个道理一旦被掌握和运用,就会产生巨大的推动力。

张建伟是一位演员,刚刚在电视上崭露头角,他英俊潇洒,很有天赋,演技也很好,开始扮演小配角,他需要有人为他宣传以扩大影响力,因此他需要有一个公共关系公司为他在各种报纸杂志上宣传以扩大他的知名度,但要建立这样的公司,张建伟拿不出这么多钱。王文娟曾经在一家公共关系公司工作了很多年,业务熟练,人缘很好。不久前,她自己办了一家公关公司,并希望尽快打入公共娱乐领域,但一些比较出名的演员歌手都不愿同她合作。一个偶然的机会,张建伟遇上了王文娟,两人一拍即合,就联合干了起来。张建伟成了王文娟的代理人,而王文娟则为张建伟提供了出头露面所需要的经费。他们的合作达到了最佳境界，张建伟是个英俊的演员，并正在热播的电视剧中出现，王文娟便让一些有影响的报纸和杂志把眼睛盯在他身上。这样一来，王文娟自己也变得出名了，并很快为一些名人提供了社交娱乐服务，利润可观，而张建伟不仅不必为自己的知名度花钱，而且随着名气的增大，自己越来越处于有利地位。他们通过两人的互相合作，弥补了个人能力的缺陷，均使各自的事业取得很大成就，实现了双赢。

（三）与成功者合作

大学生选择合作伙伴时，一定要克服怯懦心理，积极推销自己，大胆与成功者合作，只有如此，才能使自己早日步入成功者的行列。“下棋找高手，弄斧到班门”就是这个道理。

为什么要与成功者合作？

（1）成功的人，他们处在社会生活的光环之中，被人羡慕，有说话权，会受到人们的广泛尊重。他们不仅肯努力，智商和情商也比较高，而且有头脑，有主见，对事物有自己的看法和极强的判断力。知道什么对自己有利，什么对自己无利，应该维护什么，抵制什么，对自己的根本利益，他们会坚决捍卫。只要对他们无害，他们也会主动地让些利益给别人。

（2）由于成功者有资本，有见识，合作时他们不太计较小事，能帮的忙他们也乐于帮。由于他们的能力相对大，所以他们即使出一点力，也能给你派上大用场，如果他们觉得你比较重要，对他们确有用处，他们更会热心投入，送你一路春风。在对双方有益时，他们的心理也比较明快，让你感到上等人的睿智。

（3）由于成功人士的能力较强，社交圈子大，背景深厚，所以他们的人际关系是一种难得的资源，折腾几下就是黄金。因此，通过与他们的合作，利用他们的人际资源，也是一笔巨大的财富，这不仅仅是财富就能涵盖的。与成功人士合作，可以从他们身上学到很多我们所需要的东西，从而使我们在人生的道路上少走弯路，早日取得骄人的成绩。

第二节　大学生合作能力的培养

随着社会的进步和发展，合作能力对一个大学生来说显得越来越重要，合作能力也成为大学生需要具备的核心能力之一。提高合作能力是大学生个人发展的时代要求，增强合作意识、学习合作技能、培养团队合作精神已成为当代大学生的当务之急。

一、增强合作意识

（一）当代社会已成为密切合作的时代

我们生活的这个世界，已从几千年前的刀耕火种发展到现在的高科技信息时代。当今社会关系复杂，竞争激烈，社会只能像一台巨型机器一样协调起来才能发展，而个人充其量是这台机器上的一个小螺丝钉。面对竞争日趋激烈的社会现实，大学生要想成就一番事业，单凭个人的力量是很难取胜的。如果我们不能实行有效的合作或得到别人的帮助与支持，简直是什么事都很难办成，更不用说单枪匹马闯天下了。互相帮助，优势互补，共同发展共同的事业，已经成为时代的要求。

成功学大师拿破仑·希尔以他的亲身经历向人们讲述了善于合作对个人成长的重要意义。他获得的一次最有利的晋升是由一件小事促成的。

那是在一个星期六的下午,同楼办公的一位律师走进门来问希尔,到哪儿能找到一个速记员来帮忙,因为他有些工作必须当天完成。希尔对律师说:"公司的所有速记员都去看球赛了,你如果晚来5分钟,我也走了。"希尔看律师这么着急,态度又诚恳,就主动放弃观看球赛替他做完了这些工作。事后,他问希尔应该要多少线,希尔说:"哦,既然是你的工作,大约要1000美元吧!"律师脸上露出微笑,向希尔道谢。希尔这样回答,纯粹只是开玩笑,但出乎意料的是,6个月后律师又来找希尔,问他当时的薪水是多少。当希尔把自己的薪水数目告诉他之后,他对希尔说,他除了将上次希尔替他工作后开玩笑说出的1000美元付给他外,还请希尔到他的办公室工作,薪水比希尔当时的薪水高出1000美元。

这是一个需要密切合作的时代。一个不懂得与同事、上司或下属配合作业的职场人员,是很难在职场长久生存的,更谈不上被单位领导信任和重用,成就事业更是难上加难。故合作是大学生个人发展的时代要求,合作能力已成为当代大学生需要具备的核心能力之一。

(二)干事创业需要真诚的合作

随着世界市场化的逐步发展和深化,社会分工变得越来越细,每个人、每个企业要想发展,必须借助他人或其他企业的力量。不少人或不少企业成功的例子说明:在危机时,通过合作可以起死回生,复苏振兴。合作是巧借他力,这是目前在竞争日趋白热化的市场中站稳脚跟、发展壮大的良策,合作已成为当今企业摆脱困境走出低谷的最佳途径。通过合作,还可以进一步了解对方,为今后更大范围的合作打下基础。所以,合作是当今企业扩大市场份额实现规模发展的重要途径。

(三)合作需要良好的人际关系

对当代大学生来讲,合作是一门精深的人际关系学。合作归根到底是要与人打交道,这就要求在人际关系的处理上要妥善得当,没有良好的人际关系就很难使合作成功。

无论是机关、学校还是企业,都是许多人为了某种目的而集合在一起进行一定活动。因此,怎样处理人际关系,就具有十分重要的意义。人际关系处理不好,得不到大家的配合与支持,工作肯定干不出成绩。如果大家都抵制、排斥一个人,那么这个人办起事来也会感到绊手绊脚,像套着锁链跳舞。若如此,一个人即使能力很强,也无法成就事业。

有家出版社发行部新来了一位发行员,自从在图书订货会上受到客户们的特别关注后,他的一举一动在出版社里都受到主任及同事的特别瞩目,而他的工作表现也的确很好,棘手的事情交他办理后,就变得很容易解决。但他慢慢变得骄傲起来,待人不如先前那么虚心了,工作也不如先前那么热忱敬业了。同事们对他提高自我身价的做法感到不满,渐渐地和他过不去,原先颇得人助的他,现在办起事来总感到不顺。

大学生在校特别是走上工作岗位后,一定要虚心学习,与人为善,争取人们的支持,搞好人际关系。下面是搞好人际关系的经验之谈:

1)亲切有礼,笑脸常开。不要板着面孔,表现得不耐烦。

2)不忘原谅,宽待别人。遇到矛盾要多把自己和别人心理换位,设身处地为别人着想。

3)原则性与灵活性兼顾。与人相处难免有矛盾,只有对立,没有调和,很容易把问题搞糟。在发生对立时,必须学会内刚外柔,这样问题就好解决多了。

4)以信义为重。与人相处必须讲信义,我能以信义待人,别人也会以信义待我。

5)做人处事堂堂正正。切忌背后耍手段,否则,最终的下场难免可悲。

6)与人为善,多道人之长。假如这是出自内心,就会增进别人的好感,放心地共事。

7)不要过分显示自己。过分显示自己就意味着贬低别人,难免令人生厌,致使自己孤立。

8)切忌傲慢。受教于他人,要虚心听取;批评别人,不要居高临下;对不如自己的人不要冷淡。

二、提高合作技能

(一)学习合作之道

大学生要想提高合作能力,就要善于在各种合作的过程中找到自己可能成功的条件和因素。与人合作或相处时,要知道如何影响别人的思想和行动。学会这一本领并能使用得当,是大学生终生享用不尽的财富。遗憾的是,知道自己可能拥有这样的能力的大学生并不多。其实,拥有这样的能力并不很难。我们希望别人怎样对待自己,就要怎样对待别人,这样才可能对人施以影响。我们彼此都很像,同样的感觉,同样的情感,同样的希望,人人痛痒相关、差别不大,你对他微笑,他才会对你有好感,合作伙伴之间才会充满微笑和善意。

无数经验证明,在合作的过程中,仅仅依靠自己的力量是不能获得成功的,成功者都是善于借助他人的力量的。如果没有他人的帮助,你就不会达到自己的目标。明白这一点,非常重要。

(二)选择合作伙伴

所谓合作伙伴,就是与你既要能“合”,又要能“做”的人,也就是说,既要能与你精诚合作,不起异心,又要有实际能力能干事、干成事的人,而不是只说不“做”,“合”和“做”两者缺一不可。合作是个人事业成功的起点和基础,良好的合作能使人事业成功。拥有好的合作伙伴是人一生的幸运,不好的合作伙伴则使人两败俱伤、事业无成。

1.要选择重承诺、守信用的人做合作伙伴　在市场经济条件下,信用、信誉是做人价值连城的无形资产,在选择合作伙伴时,诚实守信应该是首选的条件。孔子曾说过:“人无信,不知其可也。”意思是说,一个人不守信,不讲信用,是根本不可以的。

在合作的事业中,“重承诺,守信用”这六个字是对合作各方的基本道德要求。如果合作的事业中混入了连这个基本道德也不具备的人,那么合作事业的前途实际上已经毁了一半。这是因为:

首先,合作者了解合作事业的内部情况,包括基本情况、技术秘密、人事档案、营销网络等,再加上他所处的地位及拥有的权力,一旦合作者居心不良,心生变故,后果将不堪设想。

其次是解除合作带来的危机。在合作的过程中,不具备这个基本道德的人无论怎么掩饰,他的坏品质总会暴露无遗,也就是常说的“狐狸的尾巴总要露出来”,这时你一定不愿意继续合作下去了,只有用散伙的方式彻底解决问题,开始合作时的理想或目标也就成了泡影。

2.要选择志同道合的人做合作伙伴 首先,合作伙伴在一起合作最直接的认同就是“志”相同。“志”指的是目标和动机。从广义上讲包含了合作者的理想、动机、目标等内容,可以是求职、扬名、赚钱、实现理想、事业成功等。其次,就是“道”相合。“道”是实现“志”的方法或手段。要想使合作事业成功,选择合作伙伴时,志同道合非常重要。

其次,合作就像一部机器,需要不同的零部件配合。一个优秀的合作体,不仅能给合作伙伴的能力发挥创造良好的条件,还会产生彼此都不拥有的一种新力量,使个人的能力得到放大、强化以至延伸。

最成功的合作事业是由才能和背景不相同而又能相互配合的人合作创造出来的。如果你来自城市,而合作者来自农村;你受的是良好的教育,而他是刻苦自修;你的性格比较外向、奔放,他的性格比较内向、谦和,你们的合作必能互相砥砺。

3.要选择有德亦有才的人做合作伙伴 三国时期的军事家曹操曾说过一句颇有争议的话:唯才是举。意思是说只要你有才能,不管你的品德如何,我都会重用你,提拔你。而“唯才是举”在现今的任何一个行业、一个单位恐怕都不推崇。同时代的刘备在临终时也说过:勿以恶小而为之,勿以善小而不为,唯贤唯德能服于人。这句话只强调了“德”,而没有强调“才”,现在看来也是有问题的。

德和才的内涵是什么?这是一个比较复杂的问题,很多学者表述的内容并不完全一致,但有一点大家是认可的,家庭主妇的才德和合作人的才德标准是不同的。合作人的才应包括有用的相关知识、信息、技术和能力等,德则包括品德高尚、诚实守信、团结合作、谦恭礼让、重义轻利等与合作事业发展相联系的内容。

选择合作伙伴时,必须选择德才兼备的人,必须全面衡量,万不可只顾其一不顾其二。“有德无才是庸人,有才无德是小人。”重德轻才,往往导致与庸人合作;重才轻德,极有可能与小人共事。无论是庸人还是小人,与之合作注定是要失败的。

总之,理想的合作伙伴不仅是一个能为你提供技术、资金、安全感或其他支持的人,更重要的是,他应该是一个能让你信任、尊重并与之同甘共苦的人;一个与你具有共同的发展目标和价值观念的人;一个能与你的才能、性格等方面形成互补的人。

(三)优势互补,实现双赢

我们生存的是“适者生存”的世界。这里的“适者”就是有力量的人,而力量就是合作努力的结果。为了实现人生的价值,我们应该努力合作而不是单独行动。一个人只有能够和其他人友好合作,优势互补、扬长避短,才更容易成就事业。

合作,不仅仅是一种工作的需要,事实上也是一切单位或团体繁盛的根本。而要达成合作,唯有积极有效地参与才能达到。

一个人的力量是有限的,很难突破时间、环境设下的障碍。在工作团队中,你必须经常主动与他人合作,才能在遇到困难时获得他人的帮助和支持。如果组织中的每个人都只注意到个人的存在,只注意到自己的表现,发挥的力量也只是一个人的力量,也只能满足自己的表现欲而已。如果每一个人还要费尽心思地与他人斤斤计较,那就连个人发挥出的力量都会大打折扣,这种做法永远无法使自己的事业兴旺发达。

在现实生活中我们会发现,和有些人相处很容易,但和有些人相处却很难。产生冲突的原因就在于我们有时候过于强调人与人之间的差异。冲突的结果是两人的距离越来越远,冲突也会越来越多。如果我们把眼光放在自己和他人的共同点上,那么我们在与他人相处的时候就容易多了。当然,一个人和自己的朋友或一般人都有可能发生冲突,但差别就在于和朋友的冲突会因为共同的立场和观点很快得以缓解,和一般人的冲突则很难缓和。这就要求我们要注意学习沟通技能,和自己所关心的人建立互相信任、团结合作的关系。掌握沟通技巧后,那些曾经使你头痛的人物也会和你由冲突转向合作。

不仅要学会和喜欢的人合作,还要尝试和不喜欢的人加强沟通与合作。在建立了一些关系之后,你就会改变同这个人互动的方式和方向,获得更多的成功机会和人生价值。事实上,合作的真谛就是优势互补,共同提高,实现双赢。

三、培育团队精神

(一)团队精神概述

团队精神是指团队的成员为了实现团队的利益和目标而相互协作,尽心尽力的意愿和作风。团队精神是高绩效团队的灵魂,是成功团队的特质。很少有人能清楚地描述团队精神,但每一个团队成员都能感受到团队精神的存在和好坏。

在有些团队中,人们会感到心情舒畅,干劲也很足,团队成员间的协作性很强,能够创造出一些骄人的业绩;在另外一些团队中,人们感觉处处是勾心斗角,心情变得压抑,团队在内忧外患中凝聚力下降,业绩惨淡。在一个有协作精神的团队环境中,团队成员的个人智商可能是100,但加在一起的团队智商可能会达到150,甚至更高;反之,一个缺乏协作精神的团队,即使个人智商达到120,但团队组合成一起的智商也可能只有60到70,导致这种结果出现的原因就是团队中的文化成分,即团队精神。

团队精神包含三个层面的内容:团队的凝聚力、团队的合作意识、团队士气。

1.团队的凝聚力 团队的凝聚力是针对团队和成员间的关系而言的,团队凝聚力表现为团队强烈的归属感和一体性,每个团队成员都强烈感受到自己是团队当中的一份子,把个人目标和团队目标联系在一起,对团队忠诚,对团队的业绩具有荣誉感,对团队的成功感到自豪,对团队的困境感到忧虑。

当个人目标与团队目标一致的时候,团队的凝聚力才能更好地体现出来。

2.团队的合作意识 团队的合作意识是指团队和团队成员表现为协作与共为一体的特点。团队成员间相互依存、同舟共济、互敬互重、礼貌谦让、彼此宽容和尊重个性的差异,彼此间形成一种信任的关系,待人真诚,遵守承诺,互相帮助和共同提高,共享利益和成就,共担责任和风险。

良好的合作氛围是高绩效团队的基础,没有合作就无法取得优秀的业绩。

3.团队士气 团队士气是否高昂要看团队成员对团队事务的态度,高昂的士气表现为团队成员对团队事务尽心尽力，全方位地投入。

(二)团队目标

团队成员都具有与实现目标相关的知识技能及与他人合作的愿望时，团队合作才能达到预期的目标。

优秀团队的合作随处可见，这里关键是要营造一种归属感，这是团队成就事业的重要因素。这个道理无论是一支足球队、一个企业、一个研发团队，还是一个部队都是一样的。

每个人都希望有一个可以归属、可以依靠的港湾。毕竟个人的力量太渺小，这是人性的弱点。在社会上，每个人都希望被一个组织所接纳，成为这个组织中的一员，只有这样，在遇到无论是自然还是社会的各种困难和危险时，一个人在大家的相互协助下才能战而胜之，否则必然是孤立无援，如同失落荒野，心绪难宁，无依无靠。这就是人生存和寻求"安全"的需要。一个企业或一个单位，如果能充分利用好广大职工的这种寻求"安全"感的心理，让职工们感觉在单位之中就像身处港湾一样，这样企业就有了凝聚力和向心力，职工的工作也就有了内在的动力。这种组织给予职工的归属感，可以成为一种巨大的激励因素，使职工为一个共同的目标全力奋进。

要建立高绩效的团队，使团队成为单位员工心目中可以依靠的港湾，首要任务就是确立团队的目标。目标是团队存在的理由，也是团队运作的核心动力。

团队目标是团队决策的前提。没有目标的团队只能走一步看一步，处于投机侥幸的不确定状态中，风险系数大，就像汪洋中一条船，不仅会迷失方向，也难免触礁。团队目标是发展团队的一面旗帜。团队目标的实现关系到全体成员的利益，也是鼓舞大家斗志，协调大家行动的关键因素。团队目标来源于团队的远景规划。人因梦想而伟大，团队亦然。远景规划是勾勒团队未来的一幅蓝图，是明明白白的梦想与机会，它告诉团队"将来会怎么样"。具有挑战性的远景规划可能很难实现，但它会激励团队成员勇往直前的斗志。再重要的任务也只能维系团队数日，而远景规划则能维护很久。好的远景规划能振奋人心，启发智慧，如果没有目标配合完成，远景规划只能是一堆空话。目标是根据远景规划而制定的行动纲领，也是实现远景规划的手段。

(三)团队精神的培养

在处于知识经济时代的今天，竞争已不再是个体之间的单独争斗，而大多表现为团队与团队之间的竞争、组织与组织之间的竞争，任何困难的克服和问题的解决，都不能仅凭一个人的勇气和力量，而是必须依靠整个团队。

有一个实验很能说明问题。一位英国科学家把一盘点燃的蚊香放进了蚁巢里。开始，巢中的蚂蚁惊恐万状，过了十几分钟后，便有蚂蚁向火冲去，对着点燃的蚊香喷射自己的蚁酸。由于一只蚂蚁能射出的蚁酸量十分有限，所以很多蚂蚁葬身火海。但是，这些蚂蚁的牺牲并没有吓退蚁群，相反，又有更多的蚂蚁投入"战斗"，它们前仆后继，几分钟便将火扑灭了。活下来的蚂蚁将战友们的尸体移送到一个它们认为比较合适的地方盖上土安葬了。

过了一段时间，这位科学家又将一支点燃的蜡烛放到那个蚁巢里。虽然这一次的"火灾"更大，但蚂蚁有了上一次的经验，它们很快便协同在一起有条不紊地进行战斗，不到一分钟，蜡火便被扑灭了，而蚂蚁却无一死亡。从蚂蚁扑火的实验中可以看出，个体的力量是很有限的，而团队的力量则可以实现个人难以达到的目标。

人也是一样。每一个企事业单位都类似于一个大家庭，其中的每一位成员都仅仅是其中的一分子，每个人单独可以做好的事情很少，而且效率和质量都很低。但如果大家组成一个团队，就可以实现协同合作，从而使整个组织的战斗力得以提高。因此，团队精神相当重要，只有具备了团队精神才能创造更多的价值、更大的效益，每个人的价值也会因为团队合作而变得更大，更加引人注目。可以毫不夸张地说，只有对团队认真负责的人，才会对自己的人生和事业负责。

那么，真正的团队精神是什么呢？有些人认为，团队精神就是与别人一起去做某件事，这种认识太过表面和狭隘了，正是因为对团队精神的肤浅理解，使得很多自认为善于与人合作的人并未取得真正的成功。事实上，团队精神的核心是无私奉献精神，是主动负责的意识，是与人和谐相处、充分沟通、交流意见的智慧。它不是简单地与人说话、与人共同做事，而是不计个人得失，只重团队整体利益的奉献精神。

最能体现团队精神真正内涵的是登山运动。在登山的过程中，登山运动员之间都以绳索相连，假如其中一个人失足掉下去了，其他队员就会全力相救，否则，整个团队就无法前进。但当所有队员全力以赴，用了所有能用的办法仍不能使失足的队员脱险时，只有割断绳索，让那个队员坠入深谷。只有这样，才能保住其他队员的生命。而此时，割断绳索的常常正是那名失足的队员。这就是团队精神。

因此，要想真正具备团队精神，首先就是检视自己的灵魂。只有高尚的、无私的、乐于奉献的、富有团队责任感的灵魂，才能具备这种精神。

个体的力量是有限的，而团队的力量则可以实现个人难以达到的目标，要想事业成功，就必须学会与人合作，而不是单独行动。只有把自己融入到团队中才能取得更大的成功，只有真正具备了团队精神才能使事业兴旺发达。

第三节　大学生常见合作心理问题及调适

大学生在与人合作的过程中，不可避免地会出现心理问题和心理障碍，其中最常见的合作心理问题是自卑心理、猜疑心理和嫉妒心理。了解合作心理问题的危害，学习和掌握常见心理问题的调适方法，对提高大学生的合作能力显得尤其必要。

一、自卑心理及其调适

合作中的自卑心理，可以理解为合作过程中的一种消极的自我评价或自我意识，也就是个体认为自己在某些方面不如他人而产生的一种消极情感。

自卑的人心情低沉，郁郁寡欢，常因为害怕别人瞧不起自己而不愿意与别人来往和合作，只想和人疏远，缺少朋友，甚至内疚、自责；自卑的人缺乏信心，优柔寡断，毫无竞争意识，享受不到成功和欢乐，因而感到疲劳、心灰意冷。

在合作的过程中,自卑感强的大学生总是感到自己各方面不如别人,缺乏必要的自信心,不敢大胆与人合作,更不敢主动与人合作。假如一个大学生被自卑控制,那么他就会错失很多合作发展的机会,个人事业的发展将会受到很大的限制。

(一)自卑心理的表现

一般来说,大学生自卑感的产生与主客观因素及自我评价因素有着密切的联系,其表现有三个方面:

1.**自卑封闭** 一些大学生由于深感自己不如别人,担心在与人合作、交往或从事某项工作中失败,于是就把自己封闭起来,不干有风险的事。而越是封闭自己,就越对自己没有信心,从而造成恶性循环。

2.**自傲逼人** 即人们常说的过分的自卑以过分的自尊表现出来,尤其是当屈从的方式不能减轻其自卑之苦时,就采用好斗方式。自卑感强的人,比任何人更注意到不让自己被别人发现其内心的真实想法。因此当他认为别人可能会发现时,便采用这种好斗的方式阻止别人的了解。其实,这种矫枉过正的做法反而暴露出自己真实的内心世界。

3.**跟风从众** 自卑感强的人,常对自己的决定缺乏自信,便随大流以求与他人保持一致。他们害怕表明自己的观点,努力寻求他人的认可。这种类型的自卑者有这样一个"规律":他们在做某事之前会想,别人是不是这样的看法?我这样做会惹人笑吗?会不会被人们认为是出风头?在做了事之后又想:不知会不会得罪人?如果刚才不那么做就会更好,等等。总而言之是求同心理极强。

(二)自卑心理的调试

1.**实事求是地评价自己** 要以一种平和的心态对待自己,承认自己客观存在的长处和短处。事实上,任何人都无法做到没有一点缺陷。在具体到某项工作的合作过程中,可能你这方面不如别人,但别人或许在另一方面不如你。因为合作需要取长补短,所以,对自己也不必要求过高。当过高的要求无法实现时,失败感就会自然产生,自卑心理也就不可避免。

2.**用行动找回自信** 先选择自己比较有合作优势的事情做,逐步增强自己的自信心。一个人产生自卑的主要原因,是怕别人不与自己合作或害怕合作失败遭受挫折。所以,从容易合作成功的事情做起,通过逐步获得成就找回自信。自信心增强了,自卑感自然就减弱了。

3.**注意力转移法** 客观分析自己的长处和不足后,就不必要把注意力始终停留在自己的短处上。你在短处上停留时间越长,黑色的阴影就越重。人生的价值主要体现在把自己的长处做长,充分发挥长处的优势,更能让你肯定自我,从而克服自卑。

4.**补偿法** 这是一种最常见的有效方法,主要是通过自己的刻苦努力,以某一方面成就来补偿生理上的缺陷或心理上的自卑感。如贝多芬在听觉完全丧失的情况下,仍然克服困难创作了著名的《第九交响曲》。

5.**心理治疗法** 自卑感太强就成为一种心理疾病。一般的心理调适方法可能作用不大,需要通过心理医生进行治疗。具体的步骤是先通过对往事的回忆,找出个人产生自卑的主客观原因,其目的是让自卑者突然意识到自卑的原因并不是情况很糟,而是由于潜意识中出现的心理障碍产生的症结。

二、猜疑心理及调适

猜疑是合作的绊脚石。有了猜疑之心，对待合作伙伴、看待事物就不会从客观实际出发作出合乎逻辑的推理判断，而是凭借一些表面现象，主观臆断、随意夸大，进而扭曲事物、歪曲事实，得出不合实际的错误结论；或者先入为主，先设框框，然后察言观色，甚至无中生有，把一些毫无关系的现象也当作事实材料，生拉硬拽来当证据。

在合作过程中，有猜疑心理问题的大学生整天疑心重重，无中生有，认为人人都不可信，人人都不可交，人人都不能合作。见到几个同学背着他讲话，就怀疑是讲他的坏话；老师有时对他态度冷淡一些，就猜测老师对自己有了看法等，整天提心吊胆，内心总有解不开的疑惑，总有摆脱不了的矛盾，活得很累。这些学生心有疑虑，也少交心，整天闷闷不乐。

（一）形成猜疑心理的原因及表现

1.认知方式偏差　有猜疑心理的大学生总是戴上“有色眼镜”去观察人。总是从某一假想目标开始，最后又回到假想目标，就像一个圆圈一样，越画越粗。最具典型的例子就是“疑人偷斧”的故事了。现实生活中的猜疑心理的产生和发展几乎都同这种封闭性的思路主宰了正常的思维密切相关。

2.对他人、对自己缺乏信任　古人说：“长相知，不相疑。”反之，不相知，必定长相疑。不过，“他信”的缺乏，往往又与“自信”的不足相联系。疑神疑鬼的人，看似疑别人，实际上也是对自己有怀疑，至少是信心不足。有些大学生在某些方面自认为不如别人，在合作过程中总认为别人在议论自己，看不起自己，算计自己。一个人自信心越足，越容易信任别人，越不容易产生猜疑心理。

3.创伤体验过深　有些学生以前由于轻信别人，在合作或交往中受过骗，蒙受过巨大的精神损失和情感挫折，结果是万念俱灰，不再相信任何人。

4.长期自我封闭　不爱与同学合作或交往，他们不相信别人，往往以自我为中心，总认为自己是对的，而且也看不到别人的优点和长处，由于没有参照物，当然也就看不到自己的缺点和不足。

5.听信流言，不作调查分析，产生疑虑　在合作的过程中，难免会受到他人的议论，有一些似是而非的流言也不足为怪。这种类型的人，对他人要么是偏听偏信，“说风就是雨”；要么是全盘否定，一听流言，就暴跳如雷，迫不及待地找上门去讲理争辩。由于缺乏调查研究，往往找错了说理对象，反倒使自己十分尴尬被动，使合作事业受到不应有的损失。

（二）调适猜疑心理的方法

1.进行积极的自我暗示　当自己正想猜疑或已陷于猜疑时，可暗示自己，他这样做其实是为了我好，他们的行为是善意的，并无恶意，是我多虑了，我应该向他们表示感谢。

2.摆脱错误思维方法的束缚　猜疑总是从某一假想的目标出发，最后又回到假想目标。只有摆脱错误思维的束缚，走出先入为主的死胡同，才能使猜疑之心在得不到自我证实和不能自圆其说的情况下自行消失。当自己胡思乱想瞎猜疑时,可转移思维去想其他美好的事物,这样对人肯定会好些。

3.坚持“严于律己,宽以待人”的原则 猜疑心重的人,大多对自己要求不高,对别人倒会有些苛求。如果对别人的要求不那么高,就不会把别人的言行变化看得那么严重,许多无端的猜疑也就从根本上失去了基础。同时,如果对自己要求很严格,就不会无端猜疑别人是否做了不利于自己的事,讲了不利于自己的话,绝不会在心里疑神疑鬼,自寻烦恼。

4.无视“长舌人”传播的流言 猜疑之火往往是在“长舌人”的煽动下,才越烧越旺,致使人失去理智,酿成恶果。因此,在听到流言时,千万要冷静,谨防受骗上当。

当发现自己生疑时,不要朝着有利于生疑的方向思考,而要问问自己:我为什么要这样想?道理何在?还有哪几种情况可能发生?在作出决定前要多问几个为什么。

5.敞开心扉,及时沟通 猜疑往往是心灵闭锁者人为设置的心理屏障。猜疑者生疑后,冷静地思考是很必要的,但冷静思索后猜疑仍然存在,那就要通过适当方式及时沟通,同被疑者进行推心置腹的交心。若是误会,可及时消除;若是看法不同,通过谈心,各自的想法为对方所了解,也有好处。

三、嫉妒心理及其调适

有嫉妒心的人,他们在实际工作和正常竞争活动中不努力拼搏,总是处心积虑打击那些凭自己实力做出成绩的人。他们想当然地认为应归于自己的东西却归别人所有,心里总感到无法平衡。这些人心怀不满,对别人得到的东西,他们也想要。除非你能消除他这种情绪,否则他们将竭尽全力打击报复你。

嫉妒心强的人普遍的心态是:“他根本就没有什么了不起,我不明白大家为什么如此吹捧他,如果我也有他那样的机会,我会比他做得更好。按理这个机会应该是我的,我怀疑他暗地里做了手脚,我要揭穿他的老底,让他再也得意不成。”

嫉妒心强的人一旦行动起来,即使你是无辜的,恐怕也得或多或少地受到伤害。这样你很可能再也不敢轻易表现自己的才能,甚至无法在原来的合作圈子里待下去。在嫉妒面前,不少人放弃了自己的追求,使自己停留于一般和平庸,甚至是落后。有些人在嫉妒的压力下,不得不缩回刚刚施展开的手脚,压抑报复和理想,从而在这种嫉妒的压力下垮下来。

当代大学生是不应该被嫉妒打垮的,在承认嫉妒对人严重打击的同时,还应尽量耐受他人的嫉妒,并且把别人的嫉妒当成自己的一种荣幸和骄傲。有句话说得好:“不遭人妒是庸才。”你应切记,他们的嫉妒,以及由这种嫉妒所造成的种种指责和攻击,都是以变相的方式在表达无能。这种嫉妒实际上是以一种比较极端的方式,通过贬低他人的成就和长处,来掩盖和弥补自己的缺陷及不足。可以说,嫉妒是对你的成绩的一种反面形式的肯定,而不是一种真正的、客观的批评,也正是因为这样,你完全不必介意和在乎这些嫉妒,反而应该非常坦然和自豪地与嫉妒者相处。

(一)嫉妒心理常见的特征

1.明显的对抗性 嫉妒心理的对抗特征具有明显的攻击性,其攻击目的在于颠倒被攻击者的形象。甚至本来关系密切,由于嫉妒却使关系扭曲。有嫉妒心理时往往看不到合作者的优点和长处,总是挑剔别人的毛病,甚至不惜颠倒黑白,弄虚作假。

2.明确的指向性　嫉妒心理最容易在同一时代、同一部门、同一水平的人有了成绩时产生,这主要是因为有嫉妒心理者是一种以极端自私为核心的绝对平均主义者。因为曾经"平起平坐"过,或是曾经"不如自己"过,如今成了"能干"者,使嫉妒者产生抵触和对抗情绪。

3.不易察觉的伪装性　由于社会道德的威力,嫉妒心理一般不为大多数人所接纳。使有嫉妒心理者一般都不愿直接地表露出来,转而千方百计地伪装,使人不易觉察。如本来是嫉妒某人的某一方面,却不敢直言,故意拐弯抹角地从另一方面进行指责和攻击。

4.不断发展的发泄性　一般说来,除了轻微的嫉妒仅表现为内心的怨恨而不付诸行为外,绝大多数的嫉妒心理都伴随着发泄性行为。其发泄性行为主要有三种方式:一是语言上的冷嘲热讽;二是行为上的冷淡、疏远被嫉妒者;三是攻击性强的具体行为。

(二)调试嫉妒心理的方法

1.加强修养　嫉妒是偏离了正确方向的自尊心,是畸形的自尊心,把自尊理解为高高地凌驾于别人之上,自己只能超过别人,绝不容忍别人超过自己。嫉妒心强的人只有逐步树立起崇高的生活目的和理想,树立正确的世界观,那种唯我独尊、显示自己、沽名钓誉的嫉妒心理才能从根本上得到消除,才能与别人和平共处,搞好合作。

2.正确地认识自己和他人　每个人都有自己的长处和不足,要客观、公正地认识、评价自己和他人,摆正自己和他人的位置,当发现自己有嫉妒心理时,可进行心理"互换",这是克服嫉妒心理的有效方法。

3.培养乐观的人生态度　每个人都有自己适合的角色,人人都是"自得其所",各有归宿;要有勇气承认对方有比自己更高明更优越的地方,从而重新认识、发现和创造自己。这样就能从嫉妒的泥潭中自拔出来。

4.用好习惯代替坏习惯　用善良的字眼代替恶毒的字眼。例如,当看到合作伙伴取得胜利或重大进步时,试着将嫉妒转化成赞美或替他高兴。

5.少一分虚荣心　虚荣心是一种扭曲了的自尊心。有嫉妒心理时,自己的面子被看得特别重要,不愿意别人超过自己,常常以贬低别人来抬高自己,这是虚荣心、空虚心理的需要。虚荣心与嫉妒心理二者紧密相连,相依为命,所以克服一份虚荣心就少一份嫉妒心。

6.自我宣泄　嫉妒心理也是一种痛苦的心理,当还没有发展到严重程度时,自我宣泄是相当必要的。例如,找一个知心的同学或朋友,痛痛快快地说个够,暂求心理的平衡,然后由同学或朋友适时地进行一番开导。虽不能从根本上克服嫉妒心理,却能使嫉妒心理得到不同程度的缓解。如果自己有一定的爱好,则可借助各种爱好(唱歌、跳舞、书画、棋类等)来宣泄。经验证明,自我宣泄是治疗嫉妒心理的特效药。

第十四章 求职择业

求职择业是大学生人生道路上的一次重大选择，也是人生职业道路上必经的一个关口。渴望有一个好职业，能够充分发挥自己的聪明才智，成就一番事业，这是每个大学毕业生梦寐以求的事情。受当前全球金融危机的影响，社会需求紧缩，大学生就业形势日益严峻。所以大学生想在未来就业中掌握更大的主动权，必须具有良好的思想品德素质、科学文化素质、身体素质，尤其是良好的心理素质。大学毕业生还应根据实际情况和用人单位的要求，掌握求职技巧，充分做好信息收集、资料准备工作，并始终保持平稳心态，面对现实，迎接挑战，积极地实现自己的求职愿望。求职择业的经历，对于每一个人来说都是一笔宝贵的人生财富，我们应该让它更精彩一些，丰富一些，完美一些。

第一节 求职择业的心理概述

求职择业，是大学生毕业之际必须要面对的一个现实问题，而大学生求职择业心理的优劣与择业是否顺利、恰当密切相关。大学生保持良好的求职择业心理既有利于自身的心理健康，又有利于成功就业。

一、职业概述

1.职业的含义 职业是参与社会分工，利用专门的知识和技能，为社会创造物质财富和精神财富，获取合理报酬作为物质生活来源，并满足精神需求的工作。

职业的内涵有两层内容：第一，职业是人们从事的某种工作；第二，并不是人们所从事的所有的工作都是职业，只有具备了收入合法、比较稳定两个条件的工作，我们才能称之为职业。收入合法、比较稳定是两个必要条件，两者缺一不可。例如，造假、走私、贩毒等，从事这些违法职业的人，会获取暴利，但他们获取的收入违反了国家的法律、法规，给国家、社会和人们的生活造成损害，他们的活动就不能称之为职业。比较稳定则是指工作有一定的连续性。例如，一位教师偶尔发表作品，获取了收入，我们不能说这位教师同时又从事了写作的职业，因为这位教师的写作收入不是比较稳定的。如果他经常一贯地靠发表作品获取经费，这就可以说这是他的一个职业。要认识到，当前职业仍是每个人谋生的手段，我们只有通过从业维持个人的衣、食、住、行，积累个人财富。同时，我们只有通过从事某种劳动才能为社会创造财富。人是社会的人，每个人的劳动都只是社会总劳动的一部分，人只有通过交换各自的劳动成果，才能满足人的生存需求，这个过程又体现出为他人服务，为社会、为国家作出贡献。因此，职业对于每个人，都有着十分重要的作用。

2.**职业的特性**　职业具有专业性、多样性、技术性、时代性四个特性。

职业的专业性是一种职业区分于另一种职业的根本属性，不同的职业反映出不同从业者所从事的不同劳动。所谓不同的劳动即是指劳动的内容、方式、手段等方面的不同。

职业的多样性是因为职业存在于社会生活的各个领域及各个领域中的不同岗位中。多样性反映出社会的发展水平，经济越发展，人们的生活水平越提高，精神文化生活越丰富，职业越呈现出多样性。

职业的技术性源于职业的专业性。由于每一种职业的劳动内容、方式、手段都不同，因此需要劳动者具有特殊的专业知识经验和技能技巧。从科技发展的尖端行业到一般简单的重复性劳动无不如此。职业的技术性是职业的一般特性。在现代社会里职业的技术性表现得尤为明显，不具备专业知识就不可能从事科技水平含量高的职业。人们也往往认同这些职业的技术特性，但对于一些简单劳动就认识不清，比如，肩挑背扛等简单的体力劳动，好像就不需要劳动者具备专业的技术知识，其实不然，挑担子时，如何保持身体的协调，怎样才能走得又稳又快是一种知识，扛不同的东西如何起、走、停、放也有专门的技巧。这些知识较为简单，劳动者在劳动实践中可以获得，有的知识也不需要经过长期的、专门的训练，但不能说其没有技术性。

职业的时代性表现为职业随着时代的变化而变化，不同历史时期都有该时代人们所向往的职业。时代性表现在，由于生产力的发展总会有新的职业产生，不同的职业会随着时代的发展经历兴衰过程。时代性还表现在，人们受所处时代的政治、文化、道德等其他因素的影响而希望从事某些职业。

3.**职业分类**　社会分工是职业分类的依据。在分工体系的每一个环节上，劳动对象、劳动工具以及劳动的支出形式都各有其特殊性，这种特殊性决定了各种职业之间的区别。

世界各国国情不同，其划分职业的标准也有所区别。根据西方国家的一些学者提出的理论，在国外一般将职业分为三种类型。

(1)按脑力劳动和体力劳动的性质、层次进行分类。这种分类方法把工作人员划分为白领工作人员和蓝领工作人员两大类。白领工作人员包括：专业性和技术性的工作，农场以外的经理和行政管理人员、销售人员、办公室人员。蓝领工作人员包括：手工艺及类似的工人、非运输性的技工、运输装置机工人、农场以外的工人、服务性行业工人。这种分类方法明显地表现出职业的等级性。

(2)按心理的个别差异进行分类。这种分类方法是根据美国著名的职业指导专家霍兰创立的“人格——职业”类型匹配理论，把人格类型划分为六种，即现实型、研究型、艺术型、社会型、企业型和常规型。与其相对应的是六种职业类型。

(3)依据各个职业的主要职责或“从事的工作”进行分类。这种分类方法较为普遍，以两种代表示例。其一是国际标准职业分类。国际标准职业分类把职业由粗至细分为四个层次：8 个大类、83 个小类、284 个细类、1506 个职业项目，总共列出职业 1881 个。其中 8 个大类是：①专家、技术人员及有关工作者；②政府官员和企业经理；③事务工作者和有关工作者；④销售工作者；⑤服务工作者；⑥农业、牧业、林业工作者及渔民、猎人；⑦生产和有关工作者、运输设备操作者和劳动者；⑧不能按职业分类的劳动者。这种分类方法便于提高国际间职业统计资料的可比性和国际交流。其二是加拿大《职业岗位分类词典》的分类。它把分属于国民经济中主要行业的职业划分为23个主类,主类下分81个子类,489个细类,7200多个职业。此种分类对每种职业都有定义,逐一说明了各种职业的内容及从业人员在普通教育程度、职业培训、能力倾向、兴趣、性格以及体质等方面的要求,有较大的参考价值。

我国职业分类,根据我国不同部门公布的标准分类,主要有两种类型:

(1)第一种类型:根据国家统计局、国家标准总局、国务院人口普查办公室1982年3月公布,供第三次全国人口普查使用的《职业分类标准》。该《标准》依据在业人口所从事的工作性质的同一性进行分类,将全国范围内的职业划分为大类、中类、小类三层:8大类、64中类、301小类。其8个大类的排列顺序是:①各类专业、技术人员;②国家机关、党群组织、企事业单位的负责人;③办事人员和有关人员;④商业工作人员;⑤服务性工作人员;⑥农林牧渔劳动者;⑦生产工作、运输工作和部分体力劳动者;⑧不便分类的其他劳动者。在八个大类中,第一、二大类主要是脑力劳动者,第三大类包括部分脑力劳动者和部分体力劳动者,第四、五、六、七大类主要是体力劳动者,第八类是不便分类的其他劳动者。

(2)第二种类型:国家发展计划委员会、国家经济委员会、国家统计局、国家标准局批准,于1984年发布,并于1985年实施的《国民经济行业分类和代码》。这项标准主要按企业、事业单位、机关团体和个体从业人员所从事的生产或其他社会经济活动的性质的同一性分类,即按其所属行业分类,将国民经济行业划分为门类、大类、中类、小类四级。门类共13个:①农、林、牧、渔、水利业;②工业;③地质普查和勘探业;④建筑业;⑤交通运输业、邮电通信业;⑥商业、公共饮食业、物资供应和仓储业;⑦房地产管理、公用事业、居民服务和咨询服务业;⑧卫生、体育和社会福利事业;⑨教育、文化艺术和广播电视业;⑩科学研究和综合技术服务业;⑪金融、保险业;⑫国家机关、党政机关和社会团体;⑬其他行业。这两种分类方法符合我国国情,简明扼要,具有实用性,也符合我国的职业现状。

职业根据不同标准,可有不同的分类方法。例如,从行业上划分,可分为一、二、三产业;从工作特点上划分,可分为务实(使用机器、工具和设备的工种)、社会服务、文教、科研、艺术及创造、计算及数学(钱财管理、资料统计)、自然界职业、管理、一般服务性职业等10多种类型的职业。每一种分类方法,对其职业的特定性都有明确的解释,这对我们更好地掌握某一职业的特点,去选择适合自身职业有指导作用。

二、影响大学生求职择业的心理因素

择业心理是大学生在求职择业过程中思维、情感、性格、气质、兴趣等的综合反映。如果在职业的选择过程中,能考虑到自己的思维、情感、性格、气质、兴趣类型而选择与其相适应的职业,就更能发挥优势与特长,取得更大的成就。

1.气质 气质是指心理活动在强度、速度、灵活性及指向性上的典型而稳定的个性心理特征。气质具有明显的天赋性,是个性结构中最稳定的成分,形象、气质是现代企业择业标准的重要条件,因此气质特征影响一个人的择业活动,也影响一个人职业活动中的职业成就。当然,在一般的职业活动中,由于个人气质特征的互补性,是允许不同气质特征的人同时存在的,而且实践也证明具有不同气质特征的人从事同一职业活动也能取得出色的成绩。然而对于气质类型不同的从业者来讲,其职业的适应性与职业成就却大不相同。心理学家将气质划分为多血质、胆汁质、黏液质、抑郁质四种类型,但无所谓好坏之分,气质并不影响你对现实生活的态度。在职业选择中,可以充分考虑你的气质特点,充分发挥你的个性优势,同时针对自己的气质特点,努力培养现代人所具备的良好的气质形象。

2.性格　性格是个性心理特征的核心,它是个人在长期生活实践和环境因素作用下,形成的比较稳定的心理特征。人的性格与职业的适应性有着密切的联系,各种职业都需要有相应性格的人来工作,而某种性格的人又比较适宜从事某些职业。与职业相关的性格是职业性格,根据研究成果,职业性格可分为变化型、重复型等九种类型。当今社会的职业种类繁多,但大部分职业分别与九种职业类型特点相似,而每个人往往同时具有几种职业性格的特征。因此,我们在教育的过程中,可以依靠职业素质的要求来培养、发展、完善自我性格特征。

3.兴趣　兴趣是组成个性心理倾向的一个重要方面,是人们有意识、有目的地认识与反映现实和从事某种活动中的动力。在职业选择中,如果我们对某种职业产生浓厚兴趣,就会充分集中注意力,激发深入探究职业的热情。兴趣包括五个方面的品质,即兴趣的倾向性、兴趣广度、兴趣的中心、兴趣的持久性、兴趣的效能性,它对择业有着重要的影响。

4.需要　人们的一切行为都是从需要开始的,需要是人的行为的基本动因,是推动人们不断向前奋斗的内在动力。了解需要的特性结构与健康性需要的内涵是职业心理的基本内容。

需要具有三个特性。驱动性是需要的本质特性;需要的第二特性是不满足性和递进性,人的需要满足是暂时的,一个需要满足了,又会有新的需要出现;需要的第三特性是矛盾性和优越性,人的需要是多层次、多种类的,需要和需要之间必然会发生冲突,而发生冲突时,必然有一种需要占优势,从而取得支配地位。

针对“需要”的这些特性,在职业选择中如何来正确地对特呢?首先我们要充分地理解“需要”的三个特性,正确地认识“个人需要”“社会需要”及“客观实际”的问题。其次,个人需要的满足是建立在劳动所创造的物质和精神财富的基础上,是个人通过参加社会劳动的数量和质量的基础上体现的,它同时制约着个人需要满足的水平。因此,大学生在求职择业过程中,只有脚踏实地,从实际出发,将主观愿望同客观现实结合起来,才能实现自我需要的满足。

三、大学生求职择业的心理特征

在严峻的就业形势下,对于眼下求职的大学生而言,职场求职一次面试就大功告成可以说是可遇不可求的。不管多优秀,准备得多充分,都仍然有可能遇到失败。在这样的压力下,大家的心理底线都会经受一次又一次的考验。而面对挫折、失败,有人能够东山再起,有人却一蹶不振。

1.焦虑心理　就业的市场机制使大学生求职呈现多元化的趋势,既拓宽了大学生的就业面,也给大学生就业带来了巨大的压力。加上其他的一些原因,一部分大学生到了毕业的时候也没有找到合适的工作。本来这是一种正常现象,但很多学生害怕自己也进入了这个行列而导致失败。过度的焦虑心理使有些大学生对就业前景充满恐惧,对用人单位的录用程序胆战心惊,失去信心,尤其对自己向往的待遇高、发展前景好的单位,参加竞争的人越多,录用条件越严格。另外,这种焦虑心理表现得很普遍的就是急躁。为了能很快找到工作,他们急躁地等待用人单位的笔试、面试和录用过程。一旦用人单位有了结果,不管是不是真正了解用人单位的工作性质与自己愿望的相符程度,就匆匆签下合同。

2.**盲目心理** 由于对自身和现实的认识存在一些问题,大学生在就业过程中常常表现出盲目的心理。首先,很多大学生都有盲目攀高的心理。大学生受传统就业意识的影响,还未完成从“天之骄子”到普通劳动者的思想转变。对现代社会劳动力结构的学历需求和调整缺乏充分的了解,缺乏恰当的自我职业定位。择业期望目标高于自己的实际状况,表现为眼高手低、挑三拣四,一味地求高、求大。这类大学生往往把“工作条件好、经济收入高、社会地位高”的工作作为择业目标,一心只想去大城市、大机关,去沿海经济发达地区,到挣钱多、待遇好的单位,甚至有相当一部分毕业生认为读几年大学却到基层单位就业实在不值得,宁可待业在城市做闲人也不屈就。其次,还有些大学生有盲目从众的心理。毕业生的择业期望水平会受到其他择业者的影响。虚荣心、侥幸心理会使他们改变原有的自我期望而采取不切实际的从众行为,在选择工作时自己毫无主见,常被家长和同学所左右,不根据自己的实际情况作出切合实际的选择,最终丧失了最能发挥自己特长的机会。

3.**自卑心理** 大学生在毕业时虽已意识到,要找到自己满意的工作必须把自己放入人才市场与他人进行激烈的竞争,但在面对竞争时往往又顾虑重重,焦虑和恐惧心理并存,害怕遭到拒绝。这些大学生缺乏正确的自我认识,认为自己学历不高或专业不好,也没有良好背景,于是在就业的具体过程中,一种自卑感不知不觉地产生。由于不自信,他们对自己形成了一种消极的自我暗示,老是想着自己不如他人,从而面对用人单位的招聘和激烈的竞争不能应付自如,最终导致错失良机。

4.**自负心理** 在就业过程中产生自负心理的大学毕业生通常有这几类:一类是名校的毕业生,他们具有“品牌优势”,时不时地表现出自己的骄傲和自负,往往只看到自己的优点,看不到自己的缺点,感觉良好,自命不凡。他们在择业时常常表现出很强的优越感,以自己的学历作为资本,在择业中挑剔、攀比,提出过分要求,最后导致择业不成功。还有一类是以学生干部或自身能力强、个体条件好的大学生居多。他们参加过的社会活动多,见多识广,无形之中产生了自负高傲的浮躁心理。“皇帝的女儿不愁嫁”,择业期望值过高,既渴望自身价值的实现,又对职业、薪金、发展前景、地区环境等过多挑剔,结果往往事与愿违。

5.**依赖心理** 在求职择业中,一部分大学生缺乏清醒的认识和足够的勇气,不能自主地选择就业单位,总想依赖社会关系,依赖学校、老师,依赖父母和亲属为自己找工作。产生这种现象是因为现代大学生大多依赖心理严重,尽管到了生理成熟的年龄,但往往表现出与年龄不相称的幼稚心理,反映在毕业生身上就是心理上不就业,总感觉自己仍未长大。“校漂族”“啃老族”们就是典型的依赖心理严重的群体,他们不接受自己应该就业的现实,在行为上表现不自信,遇到问题往往缺乏勇气,不敢面对竞争。

第二节 求职择业的能力培养

大学毕业生的求职竞争说到底是知识与能力的竞争。大学毕业生无疑是具有了相当的知识积累,但并不等于有了较强的实践能力。我们经常看到这样的情形:在同等学力的毕业生中,多一种外语能力或多一种计算机能力、多一种写作能力或多一种公关能力,都会引起招聘单位的特殊兴趣。因此,用人单位最感兴趣的毕业生是既拥有社会职业所需要的专业知识,又有多种较强的社会能力。一般来说,不同的学科和专业对其毕业生有着不同的能力要求,但无论什么专业的毕业生想要顺利就业,并尽快有所成就,都必须具备综合素质能力。

一、用人单位择人常用的方法

用人单位是指具有用人权利能力和用人行为能力,运用劳动力组织生产劳动,且向劳动者支付工资等劳动报酬的单位。用人单位的用人权利能力和用人行为能力,自其依法成立之时产生,自其依法撤销之时消失。目前适用《劳动法》的用人单位包括企业、个体经济组织、国家机关、事业组织、社会团体。其中,企业是指我国境内的所有企业,包括法人企业和非法人企业,国有企业和非国有企业,内资企业和外资企业;个体经济组织是指经工商登记注册、并招用雇工的个体工商户;国家机关、事业组织和社会团体是指通过劳动合同或通过劳动合同与其他工作人员建立劳动关系的单位。

大学生求职择业,绝大多数都要面对用人单位的选择。大多毕业生因为经历有限,常常不知所措,心里发怵。尤其是当前随着高校毕业生人数的急剧增加,毕业生就业形势显得更为严峻的今天,用人单位对录用大学生更为挑剔、苛刻,他们在考查时往往别出心裁,花样翻新,难倒了不少大学生。

1.用人单位面试常问的10个问题

(1)最能概括自己的三个词。

考查内容:考查求职者对自己的了解程度。

思路:介绍内容要与个人简历一致;表述上尽量口语化;切中要害,不谈无关、无用的内容;条理清晰,层次分明;事先最好以文字形式写好背熟。

(2)谈谈家庭情况。

考查内容:了解应聘者所受的教育,以及未来对工作和生活的态度。

思路:简单罗列家庭人口;强调温馨和睦的家庭氛围,父母对自己教育的重视,家庭成员的良好状况及其对自己工作的支持,以及自己对家庭的责任感。

(3)有什么业余爱好。

考查内容:业余爱好能在一定程度上反映应聘者的性格、观念、心态。

思路:最好不要说自己没有业余爱好;不要说那些庸俗、令人感觉不好的爱好;最好不要说爱好仅限于读书、听音乐、上网,否则可能令面试官怀疑应聘者性格孤僻;最好能有一些户外业余爱好来“点缀”形象。

(4)最崇拜谁。

考查内容:应聘者未来的发展方向。

思路:不宜说自己谁都不崇拜或崇拜自己,也不宜说崇拜一个虚幻或不知名的人;不宜说崇拜一个明显具有负面形象的人;所崇拜的人最好与自己所应聘的工作能搭上关系;最好说出所崇拜的人的哪些品质、思想感染、鼓舞着自己。

(5)最喜欢和最不喜欢哪些大学课程。

考查内容:应聘者的知识结构与个性偏好。

思路:一般而言应实事求是。

(6)谈缺点。

考查内容:应聘者的诚信度和自信心。

思路:不宜说自己没缺点;不宜把那些明显的优点说成缺点;不宜说出令人不放心、不舒服的缺点。

(7)为什么选择我们公司?

考查内容:应聘者的求职动机、愿望及对此项工作的态度。

思路:宜从行业、企业和岗位三个角度来回答,如“我十分看好贵公司所在的行业,我认为贵公司十分重视人才,而且这项工作很适合我,相信自己一定能做好”。

(8)如果录用你,你将怎样开展工作?

考查内容:应聘者处理事情的基本能力。

思路:如对应聘职位缺乏足够了解,最好不要直接说出自己开展工作的具体办法;可尝试采用迂回战术来回答,如“首先听领导的指示和要求,然后了解和熟悉有关情况,接下来制订一份近期工作计划并报领导批准,最后根据计划开展工作。”

(9)我们为什么要录用你?

考查内容:应聘者对个人和对单位的认识。

思路:最好站在招聘单位的角度来回答。招聘单位一般会录用这样的应聘者:基本符合条件、对这份工作感兴趣、有足够的信心。

(10)作为应届毕业生,缺乏经验,如何能胜任这项工作?

考查内容:招聘单位并不真正在乎“经验”,关键看应聘者怎样回答。

思路:回答最好要体现出应聘者的诚恳、机智、果敢及敬业。

2.注重实践经验 过去企业招聘时都比较注重对方的学历,求职者怀揣一张大学文凭就能高枕无忧。但随着社会竞争的不断加剧,那种高学历、低能力的人已渐渐遭到用人单位的冷遇。用人单位对于求职者的经验要求已是不争的事实,而对于大学生来说,这正是他们所缺少的。如何调整自己,更好地去适应社会,从而改变不利的被动局面,的确是他们最为需要解决的问题。除了积极参与学校安排的实践外,不妨利用课余时间参与一些社会工作,以兼职来锻炼自己,勤工俭学的同时能积累工作经验,一举两得。

3.学好英语,找好工作 随着中国企业不断向国际化接轨,外资企业不断来华投资,英语的用处越来越大。尤其是一些外资企业,在招聘员工的时候都会对员工的外语水平有所要求。在这点上,大学生还是很有优势的,但大多数人的外语实用能力较差又限制了他们的发展。因此，要想找到一个适合自己发展的工作，全面掌握外语必不可少。

4.**成为全方位发展型人才**　如今，翻开各类报纸都可以看到大量的培训广告，外语、电脑等都在火爆办班，培训市场的兴旺也正说明了目前社会对专业人才的需要。现在大学生手持多张专业证书也不是件新鲜事，因为市场正需要这类复合型人才。因此建议大学生们除了努力学习自己的专业课程外，还需加紧“横向发展”，使自己成为复合型人才，使自己在竞争中处于更有利的地位。在“僧多粥少”的竞争环境中，大学生应该做到知己知彼，了解社会需求，明确自己的求职地位，而不是一味地盲目闯荡“才市”。

5.**企业看重学生学习能力**　在近期结束的某大型人才交流会上，某高校市场营销专业的一位专科学生应聘陕西步长集团的一个岗位，考官在和这位同学的交流中，问了一些关于市场营销方面的专业知识，比如市场营销学中的4P（产品、价格、渠道、促销）指的是什么，这位同学表示不知道。“这怎么可能，学市场营销不知道4P，就像不知道1+1=2这样可笑。”考官很诧异。考官表示，对没有工作经验的应届毕业生，用人单位一般会从学业和专业能力这两个最基本的方面来考察。专业课学得很好，用人单位最起码能感受到这个学生是好学的，因为只有找到学习能力强的人，才能培养出好职员。“本科毕业能过英语六级，证明这个孩子很勤奋，专业成绩优秀，对于这样的学生我们会优先考虑。”学习能力也是学生综合素质的一个表现，招收没有工作经验的大学生，企业更看重他是否有发展的潜力，学习能力也是其中很重要的一项。

6.**简历“花哨”并不一定好**　招聘会上，一些大学生为了引起用人单位的注意，往往制作比较“出位”的简历。个别学生的简历制作得很花哨，给招聘企业的印象并不好。某考官说：“一份用相纸打印、色彩绚丽、制作成本很高的简历并没有给学生带来机会。现在很多学生制作的简历，都是单面打印，一般要用好几张纸，但是学生可能不知道，我在网上下载学生投递的简历，都是双面打印，这样不仅节省了成本，而且方便携带。但在参加招聘会中，还没有发现学生用双面打印简历的。”考官表示，节俭也是一种美德，降低运营成本是每一个企业都要考虑的。

7.**写份调查报告可以“加分”**　有的学生在招聘展位前，经常问一些从表面上能看出来或提一些能提前找到答案的问题。如果学生在大学期间能尽量把自己的特长和专业以及未来的职业方向紧密地结合起来，在大学期间多作一些相关的社会实践、课题研究，有目的地进行专业训练，对进入工作状态和未来个人职业生涯的发展都很有帮助。如果某家企业你心仪已久，那你想过作个深入的调查研究吗？有不少求职者在招聘会上将自己的调研成果向招聘人员展示，从而赢得了面试的机会。一份企业客户调查报告，一份竞争对手调查报告，一份企业市场分析报告，一份行业发展趋势的摘要报告，一份企业市场促销活动的建议报告，一份有关消费者评价的调查报告——这些都可以为你加分。此外，你还可以写出各种你认真思考、深入研究的与企业密切相关的各类文章、建议等，在让企业惊讶的同时，你也会有惊喜的收获。

8.**自我介绍20秒内完成**　“大学生就是大学生，人事经理一眼就能看出你有没有经验。既然公司准备招收应届毕业生，就有这样的心理准备，知道自己面对的肯定是没有太多经验的新人。招聘会现场人多，企业往往建议学生最多用20秒钟介绍自己的姓名、学校、专业。然后话锋一转，引出自己的优势或强项。一定要在最短时间内激发起招聘工作人员对你的好感，或者至少是兴趣。要做到这一点也不容易，最关键的是要及早树立职业规划，把自己的学习跟自身的职业规划、企业的要求三者对照，通过反复的学习、实践再学习、再实践以达到在毕业时能尽量贴近企业的用人要求，这是学生在毕业时最起码要做到的。如果没有及早进行职业规划，现在亡羊补牢也不晚，学生可提前对照企业的要求，扬长避短，通过应聘的简历、面谈中的语言表述、外在的形象来突出自身的优势。

9.用人单位希望被招聘的大学生具备以下素养

(1)有主见。那些在工作中有主见、勇于开拓创新的人，最容易被聘用。当然用人单位也会采取相应的策略，让毕业生了解企业的发展方针、规章制度，要权力下放，留给他们发挥创造力的空间，要按照科学的管理方法，向企业化的方向发展业务。因此，有主见的人是具有创造潜能的人，他们会给单位带来意想不到的社会效益和经济效益。

(2)有敬业精神。敬业表现为干一行爱一行钻一行。而那些“这山望着那山高”、常常“跳槽”的人，就很难讲敬业了。从一般情况看，爱“跳槽”的人，对企业对自身的相对稳定和管理工作，总是带来这样或那样的麻烦，不被聘用，自然是合乎情理的。

(3)有一技之长。就业的人有很多，但是有一技之长的人却占很小的比例。有一技之长的本身就说明他们的个人素质，尤其是职业素质超过一般人，一旦有了展示一技之长的机会和环境，他们就可成为企业的骨干，甚至是单位领导的得力助手。

二、自荐的方法和技巧

1.选择恰当的自荐方式 自荐方式多种多样，选择恰当的自荐方式在求职择业过程中是十分重要的。就每一个求职择业的大学生而言，究竟采用何种自荐方式，首先应当从自己的实际情况出发。例如，善于语言表达且有一口流利标准普通话的求职者，采用口头自荐更能打动人心；倘若能写一笔隽秀的字体和漂亮的文章，则选择书面自荐更能显示出求职者的魅力。当然，运用哪种自荐方式主要还要看用人单位的需要，对招聘播音员、节目主持人的用人单位来说，口头自荐显得更受重视。招聘文秘职员的用人单位，则可能是希望求职者先呈递书面的自荐材料。此外，自荐材料的递送方式也应注意，在竞争激烈的情况下，邮寄的自荐材料可能不易引起用人单位的注意和重视。求职者亲自到用人单位或招聘现场当面呈递自荐材料，更容易加深用人单位对自己的印象，从而增强求职者成功的可能性。

2.准备充足的自荐材料 自荐信、个人简历、证明材料、学校推荐意见等要齐全、完整，不能有遗漏。这几种材料，虽然都能单独成立，但各个侧重点不同。自荐信主要表明自己的态度，个人简历主要说明自己过去的经历，证明材料强调自己所取得的成绩，学校推荐意见则体现了学校对自己的认可。缺了任何一个方面，自荐材料都不够完整。由于用人单位对求职者的要求不尽相同，自荐材料也应根据不同的需要而有所变化。例如，前往外事、旅游等部门求职，可另外准备一篇外文自荐信；欲去少数民族地区择业，能用民族文字撰写自荐信则效果更佳。另外，自荐材料的份数亦应准备充足。即使是同一个用人单位，同时呈递几份自荐材料，使各有关人员人手一份，这无疑为他们在共同商议是否录用时提供了方便。

3.采取适当的寄送方式 寄送自荐材料一般有三种方式，一是通过邮局邮寄；二是本人亲自面呈;三是委托亲朋好友或师长转递。邮寄自荐材料这种方式因其覆盖面宽,可以扩大自荐范围,不受时空限制,而被大学生广泛采用。但其缺点是在竞争激烈的情况下,不易引起用人单位的注意。当面呈递自荐材料这种方式要求求职者必须亲临用人单位或招聘会现场,其缺点是涉及面有限,尤其对路途遥远的单位更难于实现,其好处是能精耕细作,易于加深用人单位对求职者的印象,易受重视,成功率较高。究竟采用哪种方式为好,应根据实际情况而定。

4.**掌握自我介绍的技巧**　灵活掌握自我介绍的一些基本技巧,显然有助于顺利打开求职的大门,自我介绍时,应注意以下几个方面:①积极主动。自荐是求职者的主动行为,任何消极等待都是不可取的。自荐、个人简历等自荐材料的呈交、寄送尽量及时进行。在了解到需求信息时,更不能迟疑,否则就可能错失良机。为使用人单位更全面地了解自己的情况,事先应作好各种自荐材料的准备,不等对方索要,主动呈交;不等对方提问,主动向对方介绍;不消极等待回音,主动询问。这样,往往给人一种态度积极、求职心切、胸有成竹的感觉。②重点突出。在介绍自己时,应重点突出能力和知识,本人基本情况和家庭情况简单介绍即可。对于自己的专长、经验、能力、兴趣等可以详细介绍。为了取得对方的信任,有时还要举例说明。要突出自己的优势和闪光点,因为与众不同的东西可能就是你的魅力所在。平铺直叙,过分谦虚,有碍用人单位对自己的全面了解和正确评价,而易将自己埋没在求职的大军之中。③有的放矢。针对用人单位的具体要求,强调自己的社会经验和专业所长,这样才能使招聘者相信你就是最理想的应聘者。比如用人单位招聘文秘人员,你介绍自己如何具有公关能力,不如介绍自己文史哲知识及写作才能;用人单位招聘管理人员,你的学生干部经验及组织管理才能可能会更受重视。强调针对性的同时,也不能抹杀相关知识才能的作用。专业特长加上广泛的知识面和兴趣爱好往往会更受用人单位青睐。

总之,自我介绍既要积极主动,重点突出,又要有的放矢,如实全面。只顾如实全面,就会成为流水账,缺乏吸引力;只图闪光点,难免会有哗众取宠之嫌。只有把以上各点综合运用,才能有助于实现自己的就业志愿。

5.**赢得好感的技巧**　成功的自荐就是为了赢得用人单位的好感,赢得了好感也就达到求职目标的一半。赢得用人单位的好感不是一件容易的事情,它往往受招聘者的思想、观点、性格特点及求职者的实力及自荐表现等诸多因素的影响。但只要自荐时把握好以下几点,赢得对方的好感也是不难做到的。①谦虚谨慎。向用人单位推荐自己时,切忌过高评价自己,我字当头,自视甚高,处处炫耀自己,对用人单位评头论足,那样也会导致招聘者反感。一个善于尊重别人的人才会受到别人的尊重。一个对别人有好感的人才会得到别人的好感。即使自己有过人之处,也应以谦恭的态度向对方展示。即使自己有好的建议,也应以委婉的言辞提出。前来招聘的人不是单位领导就是专业骨干或人事干部,他们多年从事本职工作,一般说对有关专业都比较了解,初出茅庐的求职者倘若在他们面前妄自尊大,班门弄斧,显然不会得到对方的好感。②自信大方。极端的羞涩、懦弱,过于自卑的做法亦不足取,谦虚不等于虚伪。试想一个用人单位会录用一个自己都感到信心不足的求职者吗?具体来说,自荐时洪亮的声音、洒脱的字体、从容的举止,都能表现出自己的自信。③文明礼貌。礼多人不怪,礼仪是道德的一种外在表现形式,它在人际关系的调节中具有不可忽视的作用，以礼待人是赢得好感的基本原则之一，而礼貌的言谈举止是其基本的表现形式。在自荐过程中，首先应当注意礼貌地称呼对方，或按照社会习惯称其职务，或沿用学校的习惯称其老师。交谈结束时，应使用辞行场合的礼貌用语。④认真细致。无论哪个用人单位都会喜欢一个办事认真细致的职员。自荐材料书写工整，无涂改痕迹，文法用词恰当，无错字别字，标点符号准确无误等，都会给人以办事认真细致的印象。

三、面试的方法和技巧

1.**做好准备工作**　参加求职面试，除了要随身携带必要的证书、文凭、照片等必需品之外，还要事先做好以下四方面的准备工作：

(1)背熟自己的求职履历。常常遇到有些求职太过频繁，而自己的求职履历则又是经过精心“包装”的人，轮到面试时连自己都记不清究竟“工作经验”是怎样“排列组合”的了，一上阵便迅速“露出马脚”，不战自败。

(2)准备好同所申请的职位相吻合的“道具”。身上穿的、手上戴的、浑身上下的衣着均能反映出求职者对所申请的职位的理解程度。试想如果一家五星级酒店招一名公关经理，而应聘者下雨天穿着高统套鞋去面试恐怕与所申请的职位形象相差甚远。所以面试时的“道具”也应有所选择。

(3)准备好同自己身份相吻合的语言。每个人都应对语言和遣词用字有所选择，面试不同于闲聊，张嘴就来，可以不假思索。每句话、每一个词都应有所挑选。如不少不谙世事的求职者参加面试时张口闭口“你们公司怎么怎么”，听多了肯定会引起别人的反感，应该十分礼貌、客气地说“贵公司”。

(4)准备好同选择的职业和身份相吻合的行为规范。面试时的细小行为最能说明一个人的真实情况，试想一个个人物品杂乱无章，甚至连钢笔都找不到的人，怎么能受到面试考官的青睐呢。

2.**做好形象包装**　现代包装，可以说是一门学问、是一门艺术，它给人一种超凡、脱俗的美感，而这种美带给人们的效果应该是视觉美、感觉良好，使人一见便顿生快感的。

“佛要金装，人要衣装。”应试当天的穿着打扮对录用与否有着举足轻重的影响。虽说留下完美的第一印象未必会被录用，但若给人留下坏印象，极可能因此名落孙山。所以，随着面试日期的到来，应花费心思为自己塑造一个良好的外在形象。

男性在应试时应注意以下几点：

1)注意头发修整，如果稍嫌过长，应修剪一下。

2)避免穿着过于老旧的西装，颜色以素净为佳。

3)正式面试时，以长裤并熨烫笔挺为好。

4)衬衫以白色比较好。

5)尽量选择颜色明亮的领带。太过鲜艳显得花俏，以能带给他人明朗良好印象为宜。

6)领带不平整给人一种衣冠不整的观感，尽可能别上领带夹。

7)西装胸袋放条装饰手帕看起来颇为别致。

8)西装和皮鞋的颜色以保守为原则，最好避免穿着过分突异的颜色。

9)戴眼镜的朋友，镜框的配戴最好能使人感觉稳重、调和。

女性在应试时应注意以下几点：

1)穿着应有上班女性的气息，裙装套装是最合宜的装扮，勿穿长裤应试。裙装长度应在膝盖左右或以下，太短会有失庄重。

2)面谈时应穿着高跟鞋，最好避免穿着平底鞋。

3)服装颜色以淡雅或同色系的搭配为宜，颜色勿过于花俏，形式亦不宜暴露。

4)头发梳理整齐，勿顶着一头蓬松乱发应试。

5)应略施脂粉，但勿浓妆艳抹。

6)不宜擦拭过多的香水。

总之，穿着打扮应谨守给人“信得过”的印象，服装的搭配设计也成为重要的一环，所以对仪容包装缺乏自信的人，多留心看看别人怎么穿，或请求专家指点，也是一个可行的方法。

3.面试抓住最初三分钟至关重要 在令人乏味的招聘现场，别以为考官会有好心情能静下心来听你喋喋不休地讲个没完。职场资深人士指出，实际上从你一踏入大门的3分钟内，主考官就决定了是否要录用你，余下的几分钟完全是安慰性质的敷衍，因此，面试时你要抓住最初三分钟。保持面部微笑，否则会给人一种压抑的感觉。微笑是润滑剂，方便谈话之门的打开，微笑是显示器，显露出你的涵养和风采，面带微笑去面试，一般总能取得好结果。任何的犹豫不决、扭捏不安，迟迟在门边徘徊，不敢进门之举都将会给用人单位极端不自信的印象。需要指明的是，用人单位招聘的是人才，不是搔首弄姿的模特儿，因此必要的装饰打扮是可以的，但切不可喧宾夺主，给人不正经办事的印象。不要一落座就习惯性地掏出香烟，或嚼着口香糖不停嘴，如有狐臭等难言之隐，请有意离考官远一些，满口黄牙再加口臭熏人，只会让人敬而远之。各种证书证明不用一一展示给主考官过目，这并不能证明你的实际能力高人一等，而且主考官也没太多时间去看。一些考官收到简历，还会要求你再介绍一下自己的基本情况，如果以“简历上都有”回敬考官，那也就等于丢掉了宝贵的机会。

4.期望值不要太高 作为一名求职者，绝大多数都会对自己未来的职业岗位做一番美好的设想，如良好的工作条件、丰厚的收入待遇、宽松和谐的人际环境等。但这毕竟是求职者的一厢情愿，所以大学生不要寄希望于通过一次面试就能成功，多年接触大学毕业生的求职经历告诉我们，一次就顺利通过面试、确定单位的幸运儿可以说是寥寥无几，绝大多数都有过这样或那样失败的面试经历，希望所有用人单位都喜欢你、钟情你的思想是大错特错的。从象牙塔刚刚走出来的大学生注定有一个逐步成长的过程，应聘失败几次是再正常不过的事情了。不经历风雨怎么见彩虹，千万不要因自己一时没被录用而难过、消沉。聪明的做法是始终保持豁达、开朗的心胸，坚信“天生我才必有用”“ 吃一堑，长一智”，抛弃那些忧虑，忘掉那些不如意，认真总结上次失败的原因和教训，重拾信心、从头再来，相信成功的大门最终会被叩开。

5.保持平稳心态 在人们的传统观念中，面试的双方似乎是不平等的。主考官严肃的面孔、咄咄逼人的提问、挑剔的目光给人一种居高临下、生杀予夺的感觉。的确，他(她)有录用你或者放弃你的权力，求职者有压力也是必然的。如果求职者此刻没有一个平稳的心态，“零”距离面对主考官时，往往会心跳加快、呼吸急促、讲话磕磕绊绊近乎结巴、错漏百出，甚至连很简单的问题都会回答错，机智幽默更是荡然无存。面试下来，有的求职者甚至都不知自己对主考官说了些什么。其实在面试过程中，应聘者与用人单位的主考官是平等的。你在求职，他在求才。面试实际上是一个追逐过程，你追逐公司的同时也被公司所追逐。所以在面试过程中，你在被主考官选择的同时，你其实也是在选择他以及他所代表的公司（单位），双方是平等的主体。放下一切思想包袱，保持平稳心态，轻装上阵，相信自己的实力，平等的对话交谈之后应该会有一个好的结局。

6.**机智幽默，驾驭语言艺术** 能否恰当地驾驭语言艺术，标志着一个人的成熟程度和综合素质。口齿清晰、语言流畅、表达准确、切中要害，做到发音准确、吐字清晰。除此之外还得注意两点：一是注重语速，切记不可太快以免使对方听不明白你的意思；二是要控制好音量的高低大小，声音过大会令人心烦，声音太小则会让人难以听清。音量高低大小要根据面试现场的情况决定。两人面对面，距离较近时声音不宜过大过高；群体面试时场地开阔、噪声较大时，声音不宜过小。交谈时以双方都听得见和悦耳为原则。交谈时除了语言清晰之外，适当的时候不乏插入一些幽默诙谐的语言，一来打破沉闷局面，增加轻松愉快的气氛，消除自己难免的紧张情绪，二来则可展示自己优雅的气质和从容的大将风度。尤其是遇到棘手问题的时候，运用机智幽默的语言会更显自己的聪明睿智，有助于化险为夷，给主考官留下深刻的印象。但要注意，有时语言俗归俗，但不能太俗气，避免给人留下一种不严肃的印象而产生适得其反的效果。

7.**面试完毕后的礼仪** 面试完毕后主动以握手的方式和主考官道别，千万不要再去补充什么，也不要再提什么问题，更不要和主考官套近乎。另外，不要过早打听面试结果，一般情况下，面试结束后，用人单位要进行筛选，择优录取。参加面试的毕竟不是你一个人，用人单位最后确定录用人选一般要经过一段时间。这段时间也许你会坐卧不安，寝食难眠，但仍需要耐心等待。切不可四处打听，更不要托人"刺探"，急于求成可能会适得其反，欲速则不达的结果会使你倍加难堪。前面已经提到不要寄希望于一次求职就能成功，有可能的话不妨到别的单位再寻找机会尝试一下，要有"人不能吊死在一棵树上，条条道路通罗马！"的乐观态度。另外，要学会感谢，面试结束后，即使用人单位表示不录用，也应该通过各种途径表示感谢，毕竟人家给你了一次面试的机会。打电话、发电子邮件、寄封信等都可以。调查显示，十个大学生求职者，九个都忽视感谢这一环节。如果你没有忽视感谢这一环节，则显得别具一格又不失礼节。细微之处见精神，这也是一个人自身修养和心理承受能力的具体体现，说不定用人单位会因此一举改变对你的初衷。

第三节 求职择业的心理问题及调适

大学生心理健康和求职择业息息相关，健康的就业心理是促进大学生顺利就业和成功就业的保障。健康的就业心理使大学生能够客观地分析个人现实和职业现实，树立科学的人生观和价值观，形成合理的就业观和职业观，更能够经受困难和挫折。在市场竞争中始终勇往直前、积累经验、总结教训，赢得就业机会，获得就业岗位。不良的就业心理成为求职择业的内在屏障,阻碍大学生客观认识就业问题、清醒对待就业问题,使其错过很多就业机会。

一、求职心理的不良倾向

1.存在“精英意识”,对工作期望值过高　近些年,我国高等教育虽然已经实现了向“大众化”的转变,但不少大学毕业生仍存在精英意识,以“天子骄子”的身份自居,认为是“我择职业”,而不是“职业择我”,对就业单位和应聘岗位挑三拣四,特别明显的现象是在诸如北京、上海等一些经济发达地区,求学的学生在择业时对工资待遇、工作环境要求较为苛刻,都希望在东部沿海地区工作,而对经济欠发达地区则缺乏就业热情。

2.不能正确认识和面对日益激烈的就业竞争　当代大学生毕业时都已意识到,要找到自己满意的工作,必须把自己放入人才市场与别人进行激烈竞争,然而面对竞争激烈的就业市场,他们往往顾虑重重,具体表现有:

(1)择业自卑感。自卑是一种缺乏自信心的表现。在择业问题上,自卑感强的人表现为对自己的潜能优势缺乏了解,缺乏自信心,这是大学生很容易产生的消极心理。

(2)择业焦虑。职业选择自由度越大,职业选择行为的责任越重,择业心理压力便越重。过度焦虑如不能在一定时间内化解,则会严重影响学生主观能动性的发挥,给求职带来不必要的困难,甚至造成求职择业失败。

(3)茫然心理。大学生历经十余载寒窗苦读之后,渴望在社会中找到一个适合自己发挥才能的位置,但究竟能够做什么心里却不清楚。过高或过低地评价自己,在就业的过程中,都容易引起大学生职业定位的偏差,出现好高骛远或悲观失望的情况。

(4)嫉妒心理。求职嫉妒心理就是在求职过程中对他人的成就、特长或优越的地位等持既羡慕又敌视的情绪。人际关系紧张,当然也影响求职的顺利进行。

(5)盲目攀高心理。大学生求职择业时盲目攀高,即对主客观条件的估量不够准确,不能正确评价自己的素质和条件,一心追求大城市、高报酬、条件好的用人单位。

(6)消极依赖心理。在择业过程中,一些大学生不能主动地参与就业市场的竞争,而是寄希望于学校、就业主管部门、家庭的安排,或依靠家长去四处奔波。

二、求职择业常见的心理矛盾及心理误区

大学生的择业心理是复杂而多变的。大学生毕业时都为自己即将走向社会,将自己所学的知识与本领奉献给人民,实现自己的人生价值而感到由衷的高兴。就业制度的改革为大学生就业提供了更多的机遇和更大的自由度,提供了挑战的竞争的基础条件,许多大学生都摩拳擦掌、跃跃欲试,准备大展身手。但是在求职择业过程,大学生又难免会出现种种心理矛盾、心理误区和心理障碍。

心理矛盾也可理解为心理冲突,是指两种或两种以上的动机、欲望、目标和反映同时出现,由此而引起的紧张心态。心理冲突是心理失衡的重要原因。心理矛盾并不奇怪,人的一生就是在矛盾心理中度过的,甚至可以说心理矛盾是促进心理发展的动力。但是过分强调持久的心理矛盾冲突对人的心理健康会带来消极的影响。大学生在求职择业中的心理矛盾就属于后者,这类矛盾既有需求矛盾,也有目标矛盾,主要表现为以下几类。

1.有远大的理想但往往不能正视现实 人的一生总是在追求美好的未来，大学生求职择业中，这种追求和憧憬更为丰富，更为远大。经过充实而丰富的大学生活，大学生知识的羽翼日渐丰满，面对汹涌的市场经济大潮，他们豪情满怀准备搏击一番。然而，由于他们接触社会较少，理想往往脱离客观条件，如许多大学生都想成为大经理、大老板、“大款”，想走商业巨子之路，但是在择业中他们并未深入思考自己的知识、能力、性格、爱好、气质等是否适合从商；或者慎重考虑所选择的单位是否有利于自己发展，以致出现了理想自我膨胀和现实自我萎缩之间的矛盾。

2.想做一番事业但是缺乏艰苦创业的心理准备 在择业中，很多大学生都愿意从专业出发，准备干一番事业，实现自己的人生价值，不愿意庸庸碌碌，无所作为。但同时他们又缺乏艰苦创业的心理准备，想走捷径，想涉足层次高、工作条件好的单位，想一举成名，不愿意到艰苦的地方去，不愿意到边远地区去，不愿意深入基层。

3.有较强的自我观念，但缺乏把握自己的能力 丰富的大学生活使大学生的自我日趋完善，他们对自我的存在及意义有了正确的认识。在择业中，他们意识到自己作为人才将会为社会贡献自己的才智。同时，他们也迫切需要社会的承认。但是，由于他们涉世尚浅，社会经验不足，自我还不完善，还不能正确地认识自我。有时又会产生自卑自贱、自怨自艾的心理，出现期望过高或过低的现象。在面对求职择业现实时，有时又不能把握自我，遇到顺利的事时，忘乎所以，狂喜狂欢；遇到挫折时，烦躁苦闷，自暴自弃，不能冷静理智地对待现实，缺乏驾驭自我的能力。

4.渴望竞争，但缺乏竞争的勇气 就业制度的改革，为大学生择业提供了公平平等的竞争环境。大多数学生对此渴望已久，他们已经意识到，在商品意识广泛渗透到社会生活的各个方面，世界经济面向“大市场”的情况下，一个人如果没有强烈的竞争意识，就不可能成就事业。但是，真正面对社会为其提供的竞争机会时，许多大学生又顾虑重重，缺乏勇气，有的怕竞争失败丢了面子，有的怕竞争伤了和气，有的认为不正之风干扰太大，竞争肯定会败北。他们把不愿参与竞争的原因都归结到外界。其实，真正的原因是他们自己的主观努力不够，缺乏实践能力和勇气。尤其是一些学生在求职择业中遇到困难时，不善于调整目标，调整自己，而是自己打退堂鼓，拱手出让竞争的权利。

5.利弊同在，难于决断 在求职择业过程中，往往会遇到很多机会可供选择，但各种选择各有千秋，倘若犹豫不决，往往错失良机。例如，考公务员待遇稳定，但收入不高；经商收入丰富，但不稳定；留在原籍人际关系较熟，但缺乏新鲜感和挑战性；去外地有新鲜感和挑战性，但又人地两生。

6.利己心理严重 当代大学生在职业追求上更多地看重职业的个人价值，关注自身的利益、自我价值的实现和个性的张扬，考虑的主要因素是“有利于个人的发展”“获得理想的个人收入”等，而很少考虑职业的社会价值、个人利益和国家利益的结合，缺乏对社会应有的责任感。有的大学生甚至不顾自己所学的专业知识和自身才能，盲目追求高收入的热门职业，为了眼前利益宁愿放弃所学的专业。

三、求职择业常见心理问题的调适方法

毕业生在求职择业的过程中，可能会出现几种心理问题，大学生需要掌握一定的心理

知识,并进行适当的调整及合理的宣泄。

1.**焦躁心理的调适**　要克服焦虑、急躁的心理,就需要打破事事求稳、求顺的想法,增强竞争意识。而且有竞争必定会有风险和失败,确立了竞争意识,就不要怕风险和挫折,焦虑的心理必定会得到缓解或克服。同时,毕业生还应克服自己求职心切、急于求成的思想,否则越急越容易择业失败,而失败的体验又会强化沮丧和焦虑的情绪。

要客观地分析自己,合理地设计求职目标,不要盲目与他人攀比,更不应有从众心理,尽量减少挫折,也会减轻焦虑的程度。此外,还可以采用合理的情绪宣泄和放松的方法来减轻焦虑。宣泄,是指将自己的忧虑向朋友、老师倾诉,一吐为快,甚至也可以在亲友面前痛哭一场。但是,宣泄一定要注意场合、身份、气氛,注意适度,应是无破坏性的。至于放松,则有很多种方法,如冥想放松法,它是让放松者发挥自我想象和自我暗示的能力,来达到放松的目的。具体做法是:①找一件真实的物件,如橘子。凝视手中的橘子,反复仔细观察它的形状、颜色、纹理脉络;然后用手触摸它的表面质地,看是光滑还是粗糙;再闻闻它有什么气味。②闭上眼睛,回忆或回味这个橘子都给你留下了哪些印象。③放松肌肉,排除杂念,想象自己钻进了橘子里。那么,里面是什么样子?你感觉到了什么?里面的颜色和外边的颜色一样吗?然后再假想你尝了这个橘子,记住它的滋味。④想象暗示自己走出了橘子的内部,恢复了原样。记住刚才橘子里面所看到的、尝到的和感觉到的一切,然后做深呼吸5遍,慢慢数5下,睁开眼睛,你会感到头脑轻松、清爽。

2.**自卑心理的调适**　要消除自卑心理,至关重要的是要能够正确地评价自己,纠正过低的自我评价。人贵有自知之明,自知不仅表现为知道自己的短处,也表现为了解自己的长处。马克思十分推崇一句名言:“你所以感到巨人高不可攀,只是因为自己跪着,不信你站起来试一试,你一定能发现,自己并不比别人矮一截。许多事情别人能做到的你经过努力也一样能做到。”

因此,正确评价自己,是建立自信、消除自卑的有效方法。其次,正确对待自己的弱点和缺陷,并积极进行补偿。积极补偿的方法有“以勤补拙”“扬长补短”等。再次,要克服自卑感,还必须学会恰如其分地表现自己的才能。比如,学会如何平静地与人交谈,如何接近陌生人,如何同别人握手寒暄,如何进行开场白、如何使谈话继续和终止等技巧。最后,克服自卑,除了正确看待客观现实外,还要努力克服自身的心理弱点。如采取有效的方法摆脱紧张、焦急、忧虑等不良情绪,培养乐观自信和积极的生活态度。

3.**盲目自信心理的调适**　克服盲目自信的核心是正确认识和评价自我。认识和评价自我的方法有:①社会比较。首先,要将自己与社会上其他人作比较,通过社会上其他人对自己的态度来认识自己。②自我静思。也叫自我反省,通过反省明确自己的专业发展方向是什么,自己的优势和劣势是什么,自己的爱好特点是什么,自己的性格气质是什么,自己最适合干什么工作等,使自己在择业过程中处于积极主动的位置。③心理测验。大学生可以根据自己的需要选择质量可靠的心理测验,如能力测验、人格测验、兴趣测验等从而对自己的能力倾向、兴趣和性格作一个客观评估,以帮助自己正确认识和评价自己。

4.**依赖心理的调适**　依赖心理的实质是缺乏信心,自己放弃了对大脑的支配权。依赖他人的帮助,毕业生有可能也会找到一份好工作,但是从长远来说,依赖心理对毕业生的社会适应却是有害的,因为依赖的习惯会使人逐渐丧失自信、失去自我,不相信通过自己的努力会达到自己奋斗的目标。在当今竞争激烈的社会，自信心、自我效能感（相信通过自己的努力可以完成任务的自信程度）对于一个人的成功越来越重要。因此，要克服依赖心理，毕业生首先要充分认识到依赖心理的危害，提高自己的动手能力，不要什么事情都指望别人，遇到问题要作出属于自己的选择和判断，加强自主性和创造性。学会独立地思考问题；其次，要在生活中树立行动的勇气，自己能做的事一定要自己做，自己没做过的事要学习做，通过行动上不断累积的成功来强化自己动手的习惯。

5.**盲目从众心理的调适** 从众心理主要表现为：随大流，人云亦云，缺乏个人主见。法国的自然科学家们曾经把一群毛虫放在一个盘子的边缘，让他们一个跟着一个，头尾相连，沿着盘子排成一圈。于是，这些毛虫开始沿着盘子爬行，每一只都紧跟着自己前边的那一只，既不敢掉队，也不敢独自走新路。他们连续爬了七天七夜，终于因饥饿而死去，而在那个盘子中央就摆着它们喜欢吃的食物。人们也许会讥笑毛虫的呆板与愚蠢，但是，人类有时也会犯同样的错误。例如，在就业过程中，部分大学生容易忽视自身所学专业和特长而盲目从众，比如在择业地区中死守“天（天津）、南（南方沿海城市）、海（上海）、北（北京）”，不去“新（新疆）、西（西藏）、兰（兰州）”。

适度的从众，即认为多数人的行为和意见是正确的而怀疑自己的判断，在一定程度上有助于人们遵从一定的规范，形成一致的行为，完成群体目标。但它的消极影响也不容忽视，因为它倾向于形成标准统一的行为模式，排斥与众不同，因此，有时会窒息人们的创新精神，也不利于人们个性的发展。在就业问题上，克服从众心理从根本上说还是要认清自我，了解自己的价值观、弄清自己的条件（优势和劣势），摆正自己的位置，根据自己的实际情况，形成一种脚踏实地的务实态度，而不是盲目随大流。其次，克服从众心理需要适当地表现自己。表现自己能帮助个体发现自己的特长和潜力，人重在自我的突破和发展而不是强调与他人的统一。毕业生应跨越“从众”的矮墙，告别平庸，走向卓越。

第十五章 心理咨询

当今社会,信息量剧增,生活节奏加快,人际关系日趋复杂化,传统观念及生活方式不断更替,人们在享受物质生活繁荣的同时,也承受了更多的心理压力。无处不在的竞争,事业、爱情的受挫,社会交往的不畅,经济收入的失衡,下岗失业等都可使现代人陷入痛苦、烦恼乃至异常变态的生活状态中。因此,人们在不断探索能够医治心灵痛苦的良方,心理咨询正是在这样的背景下引起了人们的广泛关注。本章主要介绍心理咨询方面的有关理论,帮助大学生树立正确的心理咨询观,明确心理咨询的意义和作用,了解心理咨询的途径和方法,有效提高心理健康水平,为在校学习和就业发展打下坚实的基础。

第一节 心理咨询概述

自20世纪80年代中期以来,心理咨询在我国以空前的速度迅速发展起来。随着心理咨询效果的逐步显现,作为维护和增进学生心理健康,优化学生心理素质措施的心理咨询越来越受到社会各界的重视。为了帮助学生对心理咨询有一个更透彻的了解,我们首先谈谈心理咨询的含义和它与临近学科的关系。

一、心理咨询的含义

(一)心理咨询的含义

"咨询"一词最早载于《书·舜典》,"咨有十二牧""询于四岳"。"咨"即为商量之意,"询"就是询问之意。与现代咨询的含义接近。"咨询"一词来源于拉丁语"COUSUITATIO",英语为"COUNSEL",也有商讨、劝告、质疑等意。据《牛津英汉双解词典》,前者是指解答疑难,回答问题,而后者是指心理学的方法,启发当事人的潜力,从而渡过困境,有所进步。咨询的实质就是一种职业性的帮助关系,即由受过专门训练的人员向来咨询者提供帮助。

那么到底什么是心理咨询,这一问题国内外心理学界也有许多不同的说法。罗杰斯将心理咨询解释为:通过与个体持续的、直接的接触,向其提供心理帮助并力图促使其行为、态度发生变化的过程。

《心理学大词典》(朱智贤主编,1989)将心理咨询定义为:"对心理失常的人通过心理商谈的程序和方法,使其对态度和行为,对社会生活有良好的适应。心理失常,有轻度的,有重度的,有属于机能性的,有属于机体性的。心理咨询以轻度的、属于机能性的心理失常为范围。心理咨询的目的就是要纠正心理上的不平衡,使个人对自己与环境有一个清楚的认识,改变态度和行为,以达到对社会有良好的适应的目的。”

1984 年国际心理学会编辑的《心理学百科全书》肯定了心理咨询的两种模式,即教育模式和发展模式,其中认为心理咨询遵循的是教育模式,而不是医学模式。在咨询的过程中,求助者是在应付日常生活的压力和任务方面需要帮助的正常人,而不是病人。心理咨询的任务是教会他们模仿某些策略和新的行为,充分利用现实条件,达到其所追求的现实目标。

心理咨询强调发展的观点,它帮助求助者消除阻碍发展的各类因素,以达到最佳的发展水平。而在《咨询心理学》中,心理咨询这一概念又有广义和狭义之分。广义的概念涵盖了临床干预的方法和手段,而狭义的心理咨询主要是指非标准化的临床干预措施。“广义的心理咨询”这一概念中,包括狭义的心理咨询和心理治疗。

综上所述,心理咨询的概念用一句话表示就是心理咨询师协助求助者解决其心理问题的过程。

(二)心理咨询与思想政治工作的关系

在我国,有很多人认为心理咨询就是做思想政治工作。因为他们认为思想政治工作也是靠谈话来实现的,也要改变人的观点和行为反应等。其实思想政治工作与心理咨询是两回事。

1.心理咨询与思想政治工作的区别

(1)工作对象不同。二者的工作对象虽然都是人,但具体对象不同。思想政治工作的对象较广泛,具有全民性;而心理咨询的对象主要是正常人对轻微的、有自知力或处于心理康复期的病人进行心理咨询。

(2)工作中扮演的角色不同。在思想政治工作中,双方是教育者与被教育者的关系,思想政治工作者处于主导地位 ,群众则是教育对象,并且思想政治工作的评价标准是先定的,有固定的出发点和立足点。在心理咨询中,双方是咨询者和来访者的关系,亦即询问、商议、帮助、指导等类似于参谋、顾问、朋友的关系,其中虽有教育的因素,但主要不是以教育者的角色出现。

(3)内容的侧重点不同。思想政治工作的内容基本上包括两个方面:一是某些共同性、基础性的教育,如党的基本路线教育,爱国主义、集体主义、社会主义教育,革命传统、思想道德、民主法制和纪律教育;二是根据不同时期的要求进行的有的放矢的形势政策教育、热爱本职工作教育等。心理咨询的内容包括各方面心理问题的咨询,如学习、教育、工作、生活、恋爱、婚姻、家庭等;各年龄阶段心理卫生的咨询,如优生与胎教,儿童心理卫生,青春期及青年、中年、更年期、老年的心理卫生等;各种心理障碍的咨询,如认知活动障碍、性心理障碍、人际关系障碍等;各种特殊心理危机干预的咨询,如家庭暴力、危重病人、强奸受害者、自杀者等心理调治;各种神经症、心身症和精神病早期诊断、治疗和康复咨询等。

(4)工作方式不同。虽然它们都是既采取集体的形式,又采取个别的形式,但思想政治工作通常以报告讲座、讨论讲座、评比竞赛、参观访问等公开的集体形式为主,当然也包括一些个别谈话。心理咨询由于涉及个人心理困惑、心理障碍甚至隐私问题,不便在大庭广众之下进行,故常采取个别交谈的方式,注重保密性。当然,对一些共性问题,也会采取知识化咨询和小组治疗等方式。

(5)目的不同。它们虽然都与维持和增进人的健康有关,但各有侧重。思想政治工作是以马克思主义、毛泽东思想为指导,着眼于人的政治思想面貌,主要解决人的世界观、人生观、价值观和道德观的问题,以充分调动人的积极性和创造性为目的。而心理咨询的目的则是帮助来访者解决心理问题、心理困惑、心理障碍、调节情绪、平衡心态、健全人格、矫正行为,以恢复和增进心理健康。

2.心理咨询与思想政治工作的联系

(1)二者在社会生活中发挥作用的总目标是一致的,都是为了促进人的完善,推动社会的发展与进步。

(2)思想政治工作可以保证心理咨询正确的政治方向,而心理咨询又可以增进思想政治工作的吸引力和感染力。

(三)心理咨询与心理治疗的关系

《咨询心理学》中明确界定心理咨询从广义上来说包括心理咨询和心理治疗,并认为这两种干预技术手段是心理咨询的左膀右臂。但二者还是有区别的,要正确理解心理咨询与心理治疗的关系。

1.心理咨询与心理治疗的相同点

(1)二者所采用的理论方法常常是一致的,即在心理咨询和心理治疗的理论上没有明确的界限。罗杰斯是第一个提出心理咨询概念的人。咨询概念、求助者中心疗法以及关于人类心理成长发育潜能的学说,对心理咨询和心理治疗都有极大的影响。其实在实际工作中,咨询心理学家对求助者采用的求助者中心疗法的理论和技术或合理情绪疗法的理论与技术,与心理治疗家采用的同种理论和技术是一样的。

(2)在强调协助求助者成长和改变方面,二者是相同的。心理咨询和心理治疗都希望通过协助者和求助者的互动,达到使求助者改变和成长的目的。

(3)二者都注重建立协助者与求助者之间良好的人际关系,认为这是帮助求助者改变和成长的必要条件。

2.心理咨询与心理治疗的不同点

(1)对象不同。心理咨询的主要对象是精神正常,但遇到了与心理有关的现实问题并请求帮助的人群,或心理健康出现问题并请求帮助的人群,特殊对象是临床治愈的精神病患者,我们称之为来访者。而心理治疗的对象则主要是有严重心理障碍的人,如某些患有神经症、行为障碍的群体,我们称之为患者。

(2)目标不同。心理咨询着重处理的是正常人所遇到的问题,主要有日常生活中人际关系的问题、职业选择方面的问题、教育过程中的问题或恋爱和家庭问题等。最主要目标是解决发展性问题,其主要任务是帮助来访者由一个正常人转变为人格健全并且能自我实现的人。而心理治疗则是以矫治心理疾病(神经症、心理障碍、行为障碍、性心理变态、处于缓解期的精神病)为主要目标,其主要任务是帮助患者由一个心理异常的人转变为一个心理正常的人。

(3)用时不同。心理咨询用时较短,一般咨询一次到几次即可;而心理治疗耗时较长,从几次到几个月甚至几年。

(4)领域不同。心理咨询在意识层次上进行,重视支持性、指导性、发展性,强调对来访者资源的挖掘、利用,使之得到发展或在现存条件的分析基础上提供改进意见。心理治疗则主要在无意识领域中进行,且重视对峙性,重点在于重建患者的人格。

(5)组织机构不同。心理咨询多在学校、社区等非医疗机构中开展。心理治疗则在医院诊所等医疗机构中进行。

(6)专业人员不同。从事心理咨询的人被称为咨询者或咨询员,他们接受过心理学的专业训练。在具体咨询中以个别小组咨询为主,多采用支持、领悟、再教育等方法。从事心理治疗的人被称为心理医生或治疗者,他们都接受过医学训练或临床心理学训练。心理治疗一般以个别治疗为主,多采用矫正、领悟、训练、重建等方法。

二、心理咨询的对象

(一)精神正常但遇到了与心理有关的现实问题并请求帮助的人群

精神正常人群在现实生活中会面对许多问题,如婚姻家庭、爱情、择业、求学、社会适应问题等。他们在面对上述自我发展问题时,需作出现实的选择,以便顺利地度过人生的各个阶段,向他们提供心理帮助的这类咨询叫作发展性咨询。

(二)精神正常但心理健康出现问题并请求帮助的人群

有一部分人,他们长期在困惑、内心冲突之中或者遭到比较严重的心理创伤而失去心理平衡,心理健康遭到不同程度的破坏,尽管他们的精神仍是正常的,但心理健康水平却下降许多,出现严重程度不同的心理问题,甚至达到“可疑神经症”的状态。这时,心理咨询老师所提供的帮助叫作心理健康咨询。

(三)特殊对象

即临床治愈的精神病患者、精神病人经过临床治愈之后,心理活动已基本恢复正常,他们已经基本转为心理正常的人,因此我们就不能再认定他们是精神病人,在这时,心理咨询和治疗具备介入和干预的条件。当然,也只有在这时,心理咨询可以帮助他们恢复社会功能,防止疾病的复发。但是,对这部分人进行心理咨询和治疗时,必须严格限制在一定的条件之内,有时必须同精神科医生协同工作。

三、心理咨询的作用

心理咨询的作用,从总体上来说,是帮助正常人群在生活中化解各类心理问题,克服种种心理障碍,矫治不良行为,理顺人格结构,纠正不合理的认知模式和非逻辑思维,学会调整人际关系,使人健康、愉快、有意义地生活下去。

(一)更好地认识自己的内外世界

人人都生活在客观世界中,但却有各自的内心世界,这两个世界被人们的认知与实践活动连接在一起。因此,两者总是处在既统一又矛盾的状态中。因为,我们的内心世界是由以往积累的经验构成的，是按我们的意志来编排的，而我们的外部世界是由活生生的、不断变化的现实构成的，是不随我们的意志为转移的，这本身就是矛盾的。假如我们对这种矛盾缺乏明确认识，采取了错误的应对方式，那在我们的心灵深处，就会产生困惑不解、烦躁不安，甚至对自身的价值产生怀疑，对自己的固有信仰产生动摇。这些都会成为我们产生心理问题的前提，因此，在充满矛盾的现实世界中，无数的信息资源充实着我们的内部世界，其中，压力、诱惑、假象及变幻莫测的事态又不断袭击我们。在这种利弊兼备的生存环境中，知己知彼是非常重要的。

(二)帮助纠正不合理的欲望和错误观念

在现实生活中，很多人经常确信自己的动机和需要是正确的、合理的，认为自己十分清楚需要什么，但实际上并非如此。他们的心理问题往往是由这种盲目自信造成的。还有一些人，总认为自己对事物的观察和理解是正确的，从不怀疑自己的思想和理解的准确性，这些也会导致他们心理问题的产生。因此，在心理咨询中，帮助求助者总结自己的经验教训，学会评估自己的思维和观念，既能够解决他们当前的心理问题，又能让他们看清未来的方向，从而加速自我成长。

(三)帮助他们学会面对现实和应对现实

生活必须永远面对现实，这是生活的真谛。任何人都有三个时态：过去、现在和未来。过去的一切都是脚印，随着时间的流逝会慢慢地远去。即使偶尔回眸，那也仅是让我们为了应对现实生活从中吸取经验和教训罢了。未来的仅仅是希望，它可以给我们以激励，但不能帮我们解决任何现实问题。我们可以肯定，过去的是历史，未来的是希望，只有现在才是真正属于我们自己可以把握的时间。所以，我们要有勇气面对现实，以正确的生活方式、方法应对现实非常重要。

(四)学会理解他人

任何个体都有发自人性的依附本能。彼此理解是满足依附本能的必要条件。在现实世界中，由于名、利的冲突，打破了这种本能，使人的心理产生扭曲，体验到孤独、嫉妒、怨恨，甚至产生严重心理问题。咨询老师如果帮助求助者唤起自己的依附本能，让他们能自觉地理解别人，以及理解群体对自己的重要性，让其更好地融入群体中，就能缓解人际道德冲突，恢复人际平衡。

(五)增强自知之明

常言道："人贵有自知之明。"这说明人虽能"自知"，但达到"明"并不容易。在现实生活中，一个人若能用客观标准衡量自己，就能全面、正确地了解自己。如果按自我的需要来反思自己，思考的重点常常是"我的需要"，而不是"客观的需要"，这不利于个体的成长。

(六)构建合理的行为模式

受不合理行为模式困扰的人们若想改变自己的现状，必须在心理咨询老师的协助下，建立一种新的、合理的行为模式。只有按这种合理的行为模式生活，其行动才可以变成"新的有效行为"。例如，要建立合理的社会交往模式，必须实施以下有效行为：待人和蔼可亲，耐心倾听别人，真实表达自己，对人无私援助，不计较名利得失等。所以，解除心理问题的关键不在于能否控制自己的思想、欲望，而在于能否将合理的思想、欲望付诸行动。

第二节 树立健康的心理咨询观

心理咨询是心理健康教育的重要组成部分,理解心理咨询的重要意义,使大学生树立正确的心理咨询观显得尤为重要。本节重点从大学生心理咨询的误区、大学生心理咨询的原则、大学生心理咨询的基本步骤等方面进行阐述。

一、大学生心理咨询的误区

2001 年 8 月《心理咨询师国家职业标准》的颁布,加速了心理咨询业的发展,促进了心理健康知识的普及,但仍有一部分大学生对心理咨询存在一些认识上的误区,具体表现在以下几个方面:

(一)有心理问题就是有精神病

在现实生活中,很多有心理问题的人不敢去咨询,怕被人说成是精神病;而有些精神病患者为逃避社会压力却到咨询中心求助,这易造成很多大学生不能正确认识心理咨询,认为去了心理咨询室,别人就会认为自己得了精神病,为了证明自己没有心理疾病或不被人耻笑,即使有不健康的心理或行为也不愿找心理咨询老师,而是一味地压抑或忍受痛苦,结果导致心理问题越来越严重。

(二)健康人不需要心理咨询

这是因为对心理咨询的对象不了解而造成的一种偏颇看法。国内学者张小乔提出一种灰色区域理论,即人的精神正常与不正常无明显的界限,这是一个连续变化的过程,即根据心理健康程度可将人分为纯白、浅灰、深灰和纯黑四个区域,纯白区域的人心理完全健康,深灰区域的人主要包括变态人格、人格障碍及神经症,纯黑区域的人主要是指精神病患者。而实际上大多数人属于浅灰区域,即心理状态整体衡量是接近健康的,但仍有可能在生活中产生心理冲突和心理障碍。它可发生于任何一个年龄阶段,儿童、青少年、中老年时期都可能会出现心理问题,健康人一旦出现心理问题就需要及时进行心理咨询。

(三)心理咨询等于被动治疗

在咨询过程中,来访者是心理咨询的主体,咨询是协助、启发来访者自我探索,是个体自觉能动的过程,咨询效果如何取决于来访者的积极配合。有些大学生不了解这一点,他们认为解决问题是咨询师的事情,与自己无关,自己把问题说明后,等待咨询师解决就可以了,所以当听到咨询是咨询师协助求助者解决好心理问题,最主要还是自己的努力时就放弃了。

(四)一次咨询就想解决所有问题

有些大学生来咨询时急于解决自己的问题,希望一次咨询就能彻底解决自己的心理问题,如果做不到这一点,就认为是咨询师无能,其实这不符合事物发展的规律。许多心理问题往往是日积月累形成的,问题的解决自然也需要一个过程。通常,一般心理问题的解决需要 1~3 周的时间,较严重的心理问题需要 1~3 月的时间,而严重的或可疑神经症的心理问题则需要 3 个月以上,平均每周 1~2 次,每次时间为 50 分钟左右。

二、大学生心理咨询的原则

心理咨询原则是心理咨询工作的规律概括和经验总结,也是对心理咨询工作的一般要求,对心理咨询工作具有指导意义。因此,了解心理咨询的原则,能更好地理解心理咨询的重要性,把握心理咨询的方向。综合学者们的看法和当代大学生心理发展的实际情况,我们认为心理咨询的原则主要有以下几条。

(一)自愿性原则

来访者自愿原则是指每一次咨询都是以来访者愿意使自己有所改变为前提,咨询员不能以任何形式强迫来访者接受或维持心理咨询。

来访者自愿原则是由咨询自助目标所决定的,也是由咨询的人际互动性质所决定的。因为咨询的根本目标是协助来访者自助,那么自助的前提是来访者能意识到自己的困惑或问题,有自我改变的意愿或动机,并积极主动地寻求咨询师的帮助。所以忽视来访者的求助意愿和动机,或违背来访者意愿的咨询将变成一种强迫性的说教,都背离了咨询的意义。另一方面,缺乏来访者的意愿或合作,咨询双方也难以建立良好的人际关系,而良好的人际关系又是咨询得以开展或维持的前提,而且整个咨询过程的维持和继续都受到来访者意愿的约束。

(二)整体性原则

这一原则是指在咨询过程中,学校心理咨询人员要有整体观念,对求询者的心理问题做到全面考察,系统分析,既要重视心理活动要素的内在联系,又要考虑心理生理及社会因素的相互制约和影响,以使咨询工作准确有效,防止或克服咨询工作中的片面性。

整体性原则是系统观的体现和要求,按照系统的观点,人的心理是一个有机的整体。知、情、意、行是密切联系在一起的,心理过程、心理状态和个性心理交互影响,心理因素与生理因素也相互作用,密不可分,就个体身心因素与外部环境特别是社会环境的关系来看,也存在着彼此互为因果的错综复杂关系。因此,作为探查人的心理奥秘,帮助学生更好地适应环境和求得发展的心理咨询工作者,绝不能“头痛医头,脚痛医脚”“只见树木,不见森林”。应注意个体心理发展的完整性和统一性,个体身心因素与外部环境的制约性、协调性,全面考察和分析学生心理问题的形成原因及其咨询对策和措施。例如,在心理健康咨询中,要判断一个大学生是否偏离常态以及问题的成因,除了要对情绪的表现进行外部观察,对情绪的特异性和非特异性进行专门评量外,还应结合个体的认知过程、意志过程、个性特征、生理因素和应激环境等进行综合考察与分析,特别是对家庭、学校和社会交往中诱发性不良情绪的主要应激源,咨询人员更应具有清醒的和准确的把握,这样才能从整体上深刻认识求助者情绪异常的表现及成因,才能对求助者的情绪困扰与问题症结作出科学的诊断和恰当的处理。而在职业指导咨询中,不仅要考虑求助者的兴趣、能力、气质、性格等心理因素,也要考虑求助者的身体适应力与家庭条件,特别是应当考虑社会的发展和国家的需要,积极鼓励求询者在个人条件允许的情况下,努力选择与国家急需相联系的就业方向,以便争取为国分忧、为民造福。

(三)发展性原则

这一原则是指在心理咨询过程中,咨询人员要用发展变化的观点看待求助者的问题,不仅要在问题的分析和本质的把握中善于用发展的眼光做动态的考察,而且在问题的解决和咨询结果的预测上也要具有发展的观点。

运动、发展、变化是自然界与人类社会的普遍规律,人的心理问题也不例外。就学校心理咨询来说,求助者所反映的心理问题总有一个发生、发展的历史过程。以学生的考试焦虑问题为例,有些学生的考试焦虑可能最初是由父母恐吓与过高要求形成的,以后又由于升学或就业的压力而逐步加剧;有些学生的考试焦虑一开始可能是渴望在学校取得较高分数,以便受到老师和家长的赞扬而引起的,这种自我期待的逐步升级与偶尔遇到的挫折,增强了其内心冲突,因而导致较高的考试焦虑水平。

在各种内容的学校心理咨询中,遵循发展性原则都是很有必要的。特别是在以发展为内容的学校心理咨询中,对这一原则更有其特殊要求。发展性原则的目的不仅在于了解个体已有的发展历程及其结果,更重要的还在于提示个体今后发展的可能性及方向。这要求咨询人员必须有较高的洞察力和预见能力,还要有对求助者的内在潜能和发展条件的准确估计。另外,还要对发展目标和发展道路有恰如其分的提示和把握,这样才能达到发展性咨询的目的。

(四)非指导性原则

这一原则是指咨询师对求助者的思想暴露和行为表现不予任何批评和是非判断,而是鼓励对方去自己判断个人的行为表现。

这一原则的理论基础是美国心理咨询学家罗杰斯的“求助者中心疗法”的心理治疗理论,这一理论认为每个人都有成长的潜能,只要人际环境适宜,他就会有效发挥自身的潜能,积极成长。心理咨询的任务就是帮助求助者创造良好的人际氛围,使其有条件自我发掘。

(五)保密性原则

这一原则是指保守求助者谈话内容的秘密,不得对外公开求助者的姓名,拒绝任何关于求助者情况的调查,尊重求助者的合理要求,这一原则包括以下内容:①不经过求助者本人同意,不得向其父母、老师、朋友谈及求助者的隐私。②不能在报刊上报道求助者隐私。若作为典型案例分析,需注意文字技巧。③除有关心理咨询人员外,不允许查阅心理档案。④除求助者触犯刑律,并经公检法认定证明外,任何机构和个人不得借阅心理档案。

保密是学校心理咨询的一项重要原则。保密既是咨询双方建立和维系信赖关系的基础,也是维系学校心理咨询工作的名声、信誉的大问题。试想,如果一位学校心理咨询人员对求助者的隐私或缺陷不尊重,随意泄露,还有哪位求助者敢来向咨询人员倾吐心声呢?另外,替求助者保守秘密也是维护社会伦理道德,捍卫宪法尊严和公民权利的必然要求,从道义上讲,求助者反映的隐私或缺陷既可能涉及个人今后在学校和社会中的名誉和前途,又有可能牵涉到求助者与家庭成员、学校师生和其他人的矛盾冲突,如果求助者这些深层的自我揭露得不到应有的保护和保密,就很有可能激化矛盾引起事端,甚至有可能造成求助者的绝望和轻生，对此咨询员绝不可以掉以轻心。在我国宪法中有明文规定：作为学校心理咨询的专业人员应牢记个人的法律责任和义务，坚持为求助者保守秘密，尊重求助者的个人隐私或缺陷。这是学校咨询工作者一项义不容辞的义务。

（六）成功感原则

心理咨询最终目标的实现与求助者在咨询者的帮助下不断获得成功有直接的关系。求助者所体验到的成功感，不仅可以减弱乃至消除其心理困扰，而且有利于恢复其自信心，形成良好的习惯。咨询人员可以从以下几方面落实成功感原则：①为求助者创设多方面的成功机会。②为求助者指点成功之路，鼓励求助者尝试改变自己的行为，从中体会效果。③培养不断鼓励自己，逐步形成积极的自我教育机制。④应用鼓励性评价，建立支持求助者成功的评价机制。

（七）主体性原则

指在咨询中要承认和尊重每个咨询对象都具有独立的价值和个人的尊严与权利。咨询老师不能替代求助者解决自己的问题，而应促使求助者的自觉、自知与自助。咨询成效的高低也以主体参与的积极性和自觉性水平为转移，咨询不能采取强制手段使求助者参与。

坚持主体性原则，要求咨询师在咨询过程中必须给求助者以选择和决定的自由，协助求助者认清自己的问题，了解客观环境的障碍，从而参与解决自己的问题。这样，求助者才能在咨询过程中逐步成长。

（八）预防重于治疗的原则

预防重于治疗的原则是指学校心理咨询老师不仅应重视求询学生心理偏常或心理障碍的诊治工作，更重要的是应重视咨询过程中心理卫生知识的宣传教育，只有把每一项工作做好，才能更好地发挥学校心理咨询在促进学生心理健康方面的作用。预防重于治疗的思想在学校心理咨询的发展过程中逐渐被人们理解和接受。现在，人们对这个问题的意义已经有了更深刻的认识。因为，只治不防，无益于广大学生的身心健康，只能是极少数学生从中获益，与学校心理咨询尽可能地为全体学生服务的宗旨是相违背的。相反，预防重于治疗，不仅可以使具有心理障碍的人得到应有的治疗，而且可以使更多的学生懂得心理卫生的意义，掌握自我心理保健的方法。

三、大学生心理咨询的基本步骤

心理咨询不是随便谈话和聊天，心理咨询作为一个完整的过程是由相互联系的步骤组成的。一般认为心理咨询操作过程包括建立咨询关系，资料的收集，分析，综合评估与诊断，咨询与治疗，结束咨询。

（一）建立咨询关系

良好的咨询关系是有效咨询的前提，也是贯穿整个咨询过程的一个极为重要的问题。咨询员和来访者之间建立一种坦率、信任的关系，是咨询过程中头等重要的事情，是有效咨询的前提条件。能否建立起良好的咨询关系，咨询员担负着重要的责任。为此，咨询者要做到以下几点：①在初次会晤时向来访者进行简明扼要的自我介绍，如姓名、工作部门，从事心理咨询工作的简历及在咨询方面的特长等，使求助者对咨询师有初步的了解而降低初次来访的不安情绪，并对咨询师产生初步的信任感。对初次来询者，还应简要介绍心理咨询的性质与原则，特别要讲明尊重隐私的保密性原则，消除求助者的戒备心理。②对求助者要耐心，热情友好、自然，以消除来访者首次见面的陌生感。③咨询师要衣着整洁，打扮得体，仪态大方，举止端庄，切记不修边幅或浓妆艳抹。④细心倾听是建立良好关系的决定因素，咨询师要真诚、热情、尊重、理解，无条件地关注、接纳来访者。

(二)收集资料

临床资料是我们进行心理咨询工作的基本依据。没有资料或者资料不完整，心理咨询就会陷入盲目或无从着手的状态。具体的资料包括两个方面，一是求助者的背景资料，如年龄、个人成长史、家庭、生活、学习、工作状况等，了解这些基本情况有助于分析其心理问题产生的社会背景。二是了解求助者存在的心理问题，通过摄入性会谈等方法了解求助者的主观感受、行为表现、症状等，弄清他们当前究竟被什么问题困扰；问题的严重程度如何；问题持续的时间，问题产生的原因；并弄清求助者本人对此有无明确的意识、有无强烈的求助愿望等。

(三)分析诊断

这一阶段主要是从收集和观察到的信息中，经过排序、筛选、比较等方法，找出最重要、最有意义的资料，诊断求助者的心理问题及原因。在这个阶段要解决以下问题：

①问题的类型。是学习问题、婚恋问题还是自我发展的问题。②问题的性质。是一般心理问题还是严重心理问题，是障碍性咨询还是发展性咨询。③问题的原因。有些求助者的问题和症状背后除了表面的原因外，还有更深层次的心理问题，咨询师要透过表面现象挖掘出求助者的深层心理问题。④做好鉴别诊断工作。制定防止误诊的措施，判定心理问题程度的轻重，另外，不管是心理障碍或心理疾病都可以参考心理测试的结果。

(四)咨询与治疗

这一阶段主要是咨询者与求助者协商确立咨询目标，选择咨询方案，实施咨询与治疗。

1.**确立咨询目标** 最一般的咨询目标有以下几种：①协助求助者获得准确积极的认知，激发求助者的自尊与自信。②协助求助者调整认知方式，重建认知结构。③协助求助者调整情绪，改善情绪的动力模式。④协助求助者采取建设性的意志行动，获得健康的行为方式和生活方式。⑤向求助者提供自我心理训练技术和方法。⑥协助求助者调整外部环境。

对具体的目标而言，咨询师要在咨询实践中，在心理诊断的基础上与求助者共同协商，同时确立的咨询目标还应符合咨询目标有效性的七要素：具体，可行，积极，可接受，属于心理学性质，可评估，多层次统一。

2.**选择咨询与治疗的方式方法** 一般来说，解决求助者心理问题的方法很多，究竟选择哪一种应慎重考虑。根据求助者的情况和可供利用的客观条件，哪一种方法成功的可能性大而付出的代价小，就选哪一种。

3.**实施咨询** 确定了咨询目标和方法后，咨询师要与求助者一起研究制订咨询方案。咨询方案是咨询师根据已作出的分析判断采取具体咨询措施的行动计划。方案中要明确咨询的目标、步骤,咨询活动的形式、时间安排、次数,在各个环节上所应进行的具体活动和应达到的标准及咨询中可能出现的问题和解决办法。咨询方案确定之后,接下来就要予以实施,这当中既可以是指导性的建议,也可以是认识上的疏导或规劝,还可以是治疗措施的落实和逐步实施。同时在咨询过程中,咨询师要鼓励、协助求助者实践新的行为,只有实践新的行为才会突破原有的行为障碍,才会获得积极的情绪体检,才能实现预定的咨询目标。

(五)结束咨询

经过系统的咨询,在求助者的问题基本解决的情况下,咨询师可以考虑结束咨询会谈,结束应逐渐进行,以免由于咨询这种特别的人际关系实施中断而造成求助者新的心理不适。在这一阶段,咨询师要向求助者指出他在咨询中已取得的成绩和进步,并向其指出还有哪些应注意的问题。

第三节　大学生心理咨询的特点和作用

随着社会的发展,人们普遍面临着如何适应新的生活方式 、新的人际关系和新的思想观念的问题,心理上也日益受到冲击,不少人会产生心理问题。为了缓解或调适心理问题,提高人的适应能力,使人的心理更加健康,大学生应该了解心理咨询的理论、方法、特点和作用。

一、大学生心理咨询的理论和方法

心理咨询的理论流派和模式众多。从 20 世纪 20 年代初到如今,各种理论此起彼伏,发展迅速。其中对大学生心理咨询过程的性质、目标、方法等方面影响最大的有四个流派的理论,即精神分析理论、行为主义理论、人本主义理论和认知理论。

(一)精神分析理论

精神分析理论,又叫精神分析法或心理动力学理论,由弗洛伊德创立。弗洛伊德的心理分析理论和方法对心理咨询、心理治疗的发展产生了决定性影响。他提出的一整套理论推动了精神病学、心理学乃至其他学科的发展。他的精神分析理论可以概括为以下几部分:心理结构、人格结构、心理动力、心理发展、适应问题。

1.**心理结构**　弗洛伊德认为,人的心理结构分为意识、前意识、潜意识三个层次。意识是个体能够直觉到的有关心理活动,正常人的思维和行为都属于意识,如现在心情如何,不高兴的原因等,这些自己都很清楚。所以意识是心理活动的表层,它面向外部世界,由外在世界的种种文化内容构成。弗洛伊德曾把心理结构的意识部分比作冰山露在海洋面上的小小山尖。前意识介于意识和潜意识之间,是指虽然在此时此刻意识不到,但可经努力、注意、思维后可回忆起来的那部分经验。

2.**人格结构理论**　弗洛伊德把人格分为本我、自我、超我三部分。本我代表人的各种生物成分,自我是心理要素,超我是社会文化因素。本我是追求生物本能欲望的满足,是人格结构的基础，按照“快乐原则”行事，致力于降低压力，避免痛苦和获取快乐，要求毫无掩盖、无约束地寻找肉体的快感，以满足基本的生物需要。如果受阻或被延迟，就会出现烦恼和忧虑。

自我介于“本我”和“超我”之间，按“现实原则”行事。自我通过与外界的接触，经由后天学习获得特殊发展。它的本质是调节本我与周围环境之间的关系，能检查和控制不被超我接纳的本我的那些盲目欲望。本我所知道的是主观的现实，而自我则调节两者的冲突，具有防御和中介两种职能。

超我是代表良心或道德力量的人格结构部分，它遵循“道德原则”。其功能在于抑制本我的冲动，说服自我以合乎道德的目标来取代实际的目标，达到完美的人格。它在很大程度上来自于父母的影响。

人格结构中的本我、自我和超我必须有均衡的发展，如果失调，心理异常就会出现。

3.**心理动力** 心理动力是精神分析理论的核心内容。它包括两方面的本能，一是性本能，二是营养本能，即自我保存的本能。弗洛伊德认为这两种本能是人的心理发展的动力，它们同时促进心理的发展。

4.**心理发展** 按照弗洛伊德的观点，人的发展就是性心理的发展，这一发展从婴儿期就已开始，他还把人的性心理发展从婴儿期到青春期分为五个阶段，在不同的阶段中性欲满足的对象也随之变化。每一阶段的性活动都可能影响人的人格特征，甚至成为日后发生心理障碍的根源。其中，儿童早期的经历对一个人的心理发展至关重要。心理发展的五个阶段是：

1）口欲期（0~1 岁左右），其快乐源泉是唇、口、手指头，在长牙后，快乐来自于咬牙。

2）肛欲期（1~3 岁），其快乐来源为忍受和排粪便。

3）生殖器期（3~5 岁），其快乐来源是生殖部位的刺激和幻想，恋母或恋父。

4）潜伏期（5~12 岁），这时儿童不对性感兴趣，不再通过躯体的某一部分而获得快乐，而是将兴趣转向外部，去发展各种知识和技能，以便应付环境需要。

5）生殖期（12 岁以后），性欲逐渐转向异性。这一阶段起于青春期，贯穿于整个成年期。

5.**适应问题** 弗洛伊德认为，人的本能得以实现，必须经过不懈的努力和艰苦的、形式不同的应对。而基本的应对方式则分为两种：变相宣泄和自我防御。

（二）行为主义理论

行为主义理论形成于 20 世纪 50 年代末及 60 年代初。行为主义认为，变态心理和异常行为都是个体在生活过程中通过条件反射，即学习、训练和后天培养获得的。因此在治疗过程中，可以利用条件反射原理，通过奖励或惩罚的强化，设计某些特殊的情景和治疗程序，来消除和矫正来访者的异常和变态行为。较常见的行为疗法有以下几种：

1.**系统脱敏法** 系统脱敏法主要是利用交互抑制或反条件作用的原理，来矫正当事人在某一特定的情境下产生的超出一般紧张的焦虑或恐惧状态。系统脱敏法由三部分组成：放松训练，建立恐惧或焦虑的等级层次，逐级脱敏。此种方法对治疗学生的考前焦虑是十分有效的。

2.**厌恶疗法** 厌恶疗法是一种应用具有惩罚性的厌恶刺激来消除和矫正某些适应不

良行为的方法。多用于戒烟，戒网瘾，贪食症，性心理异常等。但厌恶疗法的使用要依赖来访者有心戒除不良行为的强烈动机，因此在运用厌恶疗法时还应配合教育、宣传手段使来访者自愿接受治疗。

3.**模仿学习**　模仿学习在咨询实践和教育工作中运用广泛。它利用人类通过模仿学习获得的新行为反应倾向，帮助某些具有不良行为的人以适当的反应取代不适当的反应，或帮助某些缺乏某种行为的人学习某种行为。它包括想象模仿和参与模仿。

行为疗法的理论着眼于行为本身，却忽视了人的心理因素的作用。实际上，行为矫正是不能同人的心理因素分开的，故矫正行为也必须同时注意消除心理上的障碍。

（三）人本主义理论

人本主义理论的创始人是美国心理学家罗杰斯。该理论重视人的价值和尊严，研究的中心是人性观，即自我的成长、需要、天赋、潜能、自我实现等。

人本主义心理学派提出了自己的心理疗法——求助者中心疗法。此法是罗杰斯于1942年提出的，其基本思想不是治疗求助者的行为，而是依靠来访者进行自我探索、自行发现和判断自我的价值，调动自己的潜能，认识自己的问题，改变自己的症状。咨询工作者和治疗者只需要为求助者提供适宜的环境和创设良好的心理氛围，对来访者积极关注和尊重即可。罗杰斯认为，此方法成功的关键不在于咨询技巧，而在于咨询师对求助者的态度。

（四）认知理论

认知理论兴起于20世纪60年代，它强调人的行为受人的认识所支配。心理咨询的关键是指导求助者改变原来的认知结构而明确新的认知结构。近年来在心理咨询中流行的“合理情绪疗法”就是该理论的主要治疗方法。合理情绪疗法的核心理论是ABC理论。A是指诱发事件；B是指在遇到诱发事件之后，对该事件的看法、解释和评价；C是指这一事件后，个体的情绪及行为结果。该疗法分为四个阶段：

（1）心理诊断阶段。主要了解来访者所关心问题的情绪反应，以制约咨询所要达到的目标和情绪状态。

（2）领悟阶段。使来访者认识到ABC之间的关系，即认识到造成不良情绪和行为的不合理信念或信念的不合理性。

（3）沟通阶段。主要通过与不合理信念辩论，以消除其不合理信念（包括以不合理信念辩论技术或合理情绪想象技术来完成）。

（4）再教育阶段。即巩固心理治疗的成果，进一步消除不合理信念。建立合理的信念并能在日常生活中运用自如，恢复其健康情绪。

（五）心理咨询常用的方法

1.**会谈法**　会谈法是由心理咨询人员和求助者为特定的目的进行面对面交谈的一种方法，它包括开放式会谈和封闭式会谈。

（1）开放式会谈。没有固定的结构或谈话程序，交谈双方可以自由随便交流。最主要的优点是轻松、灵活，交谈双方易于表达真情实感，但缺点是费时、易跑题、谈话过程难以控制。

（2）封闭式会谈。事先准备好提纲或问卷，交谈时严格按照固定的程序进行，这种会谈便于收集信息,省时省力,规范标准,但它比较刻板,了解问题难以深入,求助者的积极性难以发挥。

运用这种方法是否能取得成功,关键在于咨询人员的会谈技巧和表达艺术,其中包括提问的技巧,倾听的艺术,沉默的使用等。

2.**测验法** 测验法是凭借标准的工具对求询者的心理和行为进行比较客观的测定方法。心理测验的种类很多,就国内目前的情况来看,有多种经过修订的国外测验量表可供学校心理咨询人员选用。如临床症状自评量表(简称 SCL-90),由上海铁道医学院吴文源引进修订。此外,我国的一些心理学工作者还自行编制了一些测验量表,用于心理学的研究和实际应用等。

3.**个案法** 个案法是通过收集某个求询者的个案资料,从而全面、深入系统地了解这个求询者心理特征的方法。

个案法收集资料一般通过下列渠道:一是求询者本身提供;二是由求询者的家属、朋友、邻居、同学提供。总之与求询者有关的资料都要全面收集,尽可能不遗漏。对于个案中的重要内容,要调查核实,保证其真实性,不可道听途说,其个人资料的主要内容包括个人成长史、身份特征、主要心理障碍、家庭背景和受教育状况、人格特征等。

二、大学生心理咨询的类型和特点

1.**大学生心理咨询的类型** 大学生是有较高智力、较高文化和较高自尊的群体。他们通常有着不同于一般青年的更高的抱负和追求,面临着更高的挑战,因而承受着更大的心理压力和冲突。由于年龄、性别、年级、城乡等方面的不同,他们的心理问题也存在着差别。一般来说,新生主要是适应不良问题,如人际关系、学习方法等的不适应。大二学生是由日常的琐事而引发的心理矛盾;大三的突出问题是恋爱、情感,还有就业压力、职业选择等问题。

从性别上看,男、女生的问题也有差别。男生主要表现为人际交往、恋爱、自我发展、能力培养、个性塑造、自我评价等,女生集中在人际关系问题、恋爱和情感问题、情绪问题等。

从城乡生源来看,城市的学生多表现为人际关系、个性塑造、能力培养、事业发展、情感问题等;而农村的学生多集中在人际关系、自卑情绪和环境适应上。具体来说主要表现为以下四种类型:

(1)以教育发展为中心的咨询类型,主要包括青年期的发展目标与影响因素,家庭、学校、同辈群体和社会环境在发展中的作用,促进学生最佳发展的教育、教学方式和途径等。

(2)以校园指导为中心的咨询类型,主要包括学习困难的心理机制和对策;感知,记忆,理解,应用书本知识的科学方法和规律,良好学习习惯的培养和不良学习习惯的纠正;增强学习动机的途径和方式;学习方法的自我检查和调整;人际交往的原则和技巧;环境心理适应和自我心理调节;就业前的职业定向和准备等。

(3)以心理卫生为中心的咨询类型,主要包括影响学生心理卫生的条件和因素;不同应激源对学生心理健康的影响;心理挫折、冲突所导致的心理危机及其预防;吸烟、饮酒等不良习惯对学生的身心危害及矫正;青春期心理卫生的原则和对策;大学生的恋爱导向;不良性格对心理健康的影响等。

(4)以心理治疗为中心的咨询类型,主要包括大学生常见的心理疾病的诊断、治疗和护理问题,如神经衰弱、强迫性神经症等神经官能症的致病因素和治疗,病态人格、性行为变态的治疗和矫正等。

2.大学生心理咨询的特点　心理咨询是通过语言、文字等媒介,协助求助者解决心理问题的过程。大学生的心理咨询具有独特的特点,具体表现为:①双向性。咨询作为一种特殊的过程,需要双方相互依赖,离开任何一方都构不成心理咨询过程。在咨询过程中,咨询人员起着主导作用,咨询对象(求询者)是心理咨询过程中的主体,咨询师与求助者相互影响,相互配合,使咨询活动在愉快的气氛中进行。②多端性。大学生的心理问题有时不能光看表面的陈述,因为人的心理过程和个性心理是相互联系的统一体,所以一个人的心理问题有可能是多方面认知偏差的结果。③社会性。人的发展受多方面因素的影响,不管是健全的心理结构,还是不良的心理品质,都是在社会环境中形成的。大学生是社会的一份子,所以具有社会性的表现。④反复性。任何事物的发展都是曲折的,人的心理品质的发展也是如此,因此,心理咨询教师要看到这一点,对咨询对象的反复出现不能表现出厌恶、冷漠,更不能批评指责,要有耐心。

三、大学生心理咨询的作用

1.倾吐心声　每个人都有倾吐心声的需求。当遇到高兴的事情时,希望与亲人朋友分享;当遇到困难时,希望能有人指点迷津,这些都需要通过倾诉来释放心中的压力。同学、朋友、亲人都可以成为倾诉的对象,但是当他们的一些隐私不方便与同学、朋友、亲人倾诉时,与自己没有亲缘、利害关系的心理咨询师却能耐心倾听他们的诉说,并且心理咨询师能帮助来访者分析问题,排忧解难。

2.解决问题　人的心理问题有各种类型,不同的问题应当用不同的方法去解决。有些是与学习有关的心理问题,如学习动机、厌学情绪、考试焦虑等;有些是与自我观念有关的问题,如自卑、自恋、自傲、自尊等;有些是人际交往中产生的问题,如回避交往、交往焦虑、过分依赖等;大学生还面临恋爱问题如失恋、多角恋、单相思等。诸如此类问题,若不及时解决,就会影响人的情绪,影响学生的学习和工作,甚至引发心理问题,应当通过心理咨询及时调适。

3.磋商对策　在咨询的过程中,咨询师可与求助者共同分析问题,磋商解决对策。有些求助者的看法存在偏差,而咨询师作为一个旁观者,能帮助求助者分析原因,正确认识面临的问题,提出一些合理化的建议,协助求助者学会明智地处理问题,对来访者人格的完善和发展起着很大的帮助作用。

4.稳定情绪,促进发展　学校心理咨询的性质属于发展性咨询,它主要帮助来访者解决在成长过程中产生的各种心理问题,而不是治疗精神疾病。通过前面几种作用可以让来访者宣泄压抑的情绪,缓解紧张的情绪,放松自己的心情。

5.助人成长　大学生心理咨询不仅能协助来访者处理好当前的问题,而且能通过问题的处理提高他们的认识水平,增强其自信心,促进其身心健康发展。

参考文献

[1] 姜宪明.大学生心理自我保健[M].北京:北京出版社,2001.
[2] 詹万生.职业道德与职业指导[M].北京:教育科学出版社,2001.
[3] 樊富珉.大学生心理素质教程[M].北京:北京出版社,2002.
[4] 谭顶良.高等教育心理学[M].南京:河海大学出版社,2002.
[5] 陈朝晖.上网聊天技巧[M].北京:中国工人出版社,2002.
[6] 丛生.改变一生的劣势[M].北京:中国致公出版社,2003.
[7] 李进宏.当代大学生心理解读[M].武汉:武汉理工大学出版社,2003.
[8] 吴丽娟.理情教育课程设计[M].北京:世界图书出版公司,2003.
[9] 刘慧娟.心理健康教育指导情绪篇[M].北京:科学出版社,2004.
[10] 易法建.心理医生[M].重庆:重庆大学出版社,2005.
[11] 许德宽.大学生心理健康指导[M].郑州:河南人民出版社,2005.
[12] 郭念锋.心理咨询师[M].北京:民族出版社,2005.
[13] 汪海燕.高职高专学生心理健康指导[M].北京:高等教育出版社,2005.
[14] 乔纳森·蒂施.团队的力量[M].北京:北京师范大学出版社,2006.
[15] 刘慧.一等人用一等人[M].北京:北京工业大学出版社,2006.
[16] 马艳萍.浅析大学生如何正确处理人际关系[J].教育与职业,2007.
[17] 张泽玲.当代大学生心理素质教育与训练[M].北京:机械工业出版社,2007.
[18] 吴均林.心理健康教育学[M].北京:人民卫生出版社,2007.
[19] 钱明.健康心理学[M].北京:人民卫生出版社,2007.
[20] 刘嵋.心理健康教育与辅导教程[M].北京:机械工业出版社,2008.
[21] 王晓刚.大学生心理健康[M].北京:清华大学出版社,2008.
[22] 姜莉莉.大学生心理素质教育[M].北京:机械工业出版社,2008.
[23] 杜亚松.青少年心理障碍咨询与治疗[M].北京:北京大学医学出版社,2008.
[24] 郝春生.高职心理健康指导[M].北京:清华大学出版社,2009.